油气田
噪声治理技术与应用

朱利捷　翟彦和　郭明　李喆　主编

Noise Control Technology and Application in
Petroleum and Natural Gas Fields

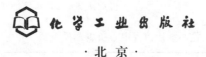
化学工业出版社
·北京·

内容简介

《油气田噪声治理技术与应用》以油气田典型场站噪声源设备为研究对象，着重从油气田的降噪设计、噪声治理与设计方法、常用降噪材料与设备进行讲述，通过对场站设备所产生的噪声进行综合治理，使噪声污染满足国家排放标准，同时改善厂区区域声环境。本书共分五章，前两章讲述了噪声基础知识和噪声控制的基本原理与技术，包括吸声、隔声、消声、隔振减振等技术，后三章在油气田噪声源及其特性的基础上，分析了噪声治理方案和工作中的典型案例，总结了油气田噪声治理的重点和难点，从而进一步完善降噪方案的科学性、先进性、经济性，有利于我国油气田噪声治理水平不断提高和进步。

《油气田噪声治理技术与应用》可供油气田系统从事噪声控制的设计、安装、运行的技术人员、技能人员及管理人员，环保部门及相关部门从事噪声监测的技术人员学习使用，可为从事注水泵站、集气站、天然气处理厂、天然气增压站噪声研究工作的技术人员提供技术参考，也可供大专院校相关专业师生阅读参考。

图书在版编目（CIP）数据

油气田噪声治理技术与应用/朱利捷等主编 . —北京：化学工业出版社，2023.11
　ISBN 978-7-122-44572-8

Ⅰ.①油…　Ⅱ.①朱…　Ⅲ.①油气田-噪声控制-研究　Ⅳ.①TE3

中国国家版本馆 CIP 数据核字（2023）第 220944 号

责任编辑：刘志茹　　　　　　　　　装帧设计：韩　飞
责任校对：王鹏飞

出版发行：化学工业出版社（北京市东城区青年湖南街 13 号　邮政编码 100011）
印　　装：北京印刷集团有限责任公司
787mm×1092mm　1/16　印张 14　字数 340 千字　2024 年 3 月北京第 1 版第 1 次印刷

购书咨询：010-64518888　　　　　售后服务：010-64518899
网　　址：http://www.cip.com.cn
凡购买本书，如有缺损质量问题，本社销售中心负责调换。

定　　价：88.00 元

《油气田噪声治理技术与应用》
编写组

主编：朱利捷　翟彦和

　　　郭　明　李　喆

参编：卢朝辉　郭　亮

　　　夏　琰　刘宏梅

　　　周晓亮　闵祥兵

　　　王　璐　陈　磊

　　　薛　喆　雷　蕾

　　　刘　成　加红艳

　　　李　聪　高　翔

　　　刘伟锋　卢金平

前　言

随着社会的不断进步和发展，人类对生活质量的要求也不断提高，噪声污染给人们带来的危害等同于污水垃圾，不可小觑。油气田生产运行单位普遍存在着噪声超标问题，高强度的噪声，不仅损害人的听觉，引起听力下降，而且对神经系统、消化系统、心血管系统等都有不同程度的影响。环境噪声污染已成为现代社会的一大公害，直接关系到公众健康和经济建设。根据《工业企业厂界环境噪声污染标准》（GB 12348—2008）和《声环境质量标准》（GB 3096—2008）等相关标准，从工作人员及周围居民身心健康出发，应对油气田场站等相关高噪声设备进行噪声治理。从环境保护的角度出发，噪声作为环境污染中物理污染的重要组成部分，已经出现在国民生活的各个领域中，且随着现代化建设的飞速发展，对国民的工作、生活、学习产生越来越严重的负面影响。随着国家环境保护可持续发展战略的全面贯彻落实，为建设和谐、幸福的社会环境，噪声治理刻不容缓。

对油气田噪声的治理应根据各种声源的特征，综合考虑经济性、安全性、可行性、环保、实用等方面因素，有针对性地对各种声源及各类噪声作相应的综合治理，才能达到整体降噪效果。综合考虑和充分利用油气田厂区周边环境及对其声环境要求的特点，合理布置主要噪声源位置。声源设备及厂房集中布置，并尽量远离对噪声敏感的区域。根据厂区周围声环境特点以及噪声敏感点的分布状况，将高噪声设备及厂房布置在厂区中间，借助噪声随距离的衰减，有效避免噪声扰民的可能。根据主要噪声源，调整建筑布局使主要噪声源远离敏感区域。对存在明显噪声指向的噪声源，使其噪声指向厂内，背离厂界和敏感点。

总体而言，油气田噪声控制大致分为两个方面：一方面从声源本身着手，针对具体设备采取噪声控制措施，降低噪声源；另一方面当对噪声源采取措施后，噪声还未达到允许标准时，通过吸声、隔声、消声、隔振的办法，用传播途径的降噪措施来控制总体噪声效应和改善油气田厂区工作环境。

本书共分五章，前两章讲述了噪声基础知识和噪声控制的基本原理与技术，包括吸声、隔声、消声、隔振减振等技术，后三章在讲述油气田噪声源及其特性的基础上，分析了噪声治理方案和工作中的典型案例，总结了油气田噪声治理的重点和难点，从而进一步完善降噪方案的科学性、先进性、经济性。相信本书的出版有利于我国油气田噪声治理水平不断提高和进步，对从事环境评价、环境噪声治理的工程技术人员有一定的参考价值。

本书由朱利捷、翟彦和、郭明、李喆任主编。参编人员有长庆工程设计有限公司卢朝辉、郭亮、夏琰、刘宏梅、周晓亮、闵祥兵、王璐、陈磊、薛喆、雷蕾、刘成、加红艳；长庆油田第二采气厂李聪；长庆油田第九采油厂高翔；西北农林科技大学刘伟锋、卢金平。

感谢参与本书编写过程中所有人的帮助和在此项工作中付出的劳动。

由于编者水平有限，书中难免有疏漏或不妥之处，恳请读者批评指正。

编者

2023 年 8 月

目录

第一章

噪声基础知识

1.1 噪声基础理论

1.1.1 噪声

生活中人们离不开声音，声音作为信息，传递着人们的思维和感情，因此声音在生活中起着非常重要的作用。但有些声音干扰人们的工作、学习、休息，影响人们的身心健康。如各种车辆嘈杂的交通声音、压缩机的进排气声音等，这些声音都是人们不需要的。

声音源于物体的振动，通过空气介质传播至人的耳朵，从而被人们所感知。从物理学上讲，噪声是指不规则的、间歇的或随机的声振动；从心理学上而言，噪声是指一切人们不需要的声音。可见，噪声不仅仅是一种物理现象，而且还和人们的心理活动密切相关。

噪声的产生必须同时具备声源和传声介质这两个条件，凡是能发出声音的物体都可以称之为声源，包括固体、液体和气体。产生噪声的物体或机械设备称为噪声源，能够传递声音的物质称为传声介质。人耳对噪声的感觉大小与噪声的强度和频率有关，频率低于 20Hz 的声音称为次声，频率超过 20kHz 的声音称为超声，次声和超声都是人耳听不见的声音。人耳能够感觉到的声音（可听声）频率范围是 20～20000Hz，常用频率、波长、声速、声压、声强、声功率、声压级等来描述声音的特性。

1.1.2 声压、声强和声功率

（1）声压

声压是指某瞬时在媒质中的压强相对于无声波时的内部压强的改变量，即单位面积的压力变化，所以声压（p）的单位采用压强的单位，即为 Pa。瞬时声压是随时间变化的，在一定时间间隔内，瞬时声压对时间取均方根值称为有效声压 p_{eff}，即：

$$p_{\text{eff}} = \sqrt{\frac{1}{T} \int_0^T p^2 \, \mathrm{d}t} \tag{1-1}$$

式中，T 代表平均的时间间隔。

对于正弦波，有效声压等于瞬时声压的最大值除以$\sqrt{2}$。通常所说的声压，如未加说明，均指有效声压。

（2）声强

声波是能量的携带者，声波的传播伴随声能流。为了反映声能的传播情况，常用能流密度来描述声波在媒质中传播时各点的强弱。能流密度即声强，反映的是在某一点上，一个与声波传播方向垂直的单位面积上，单位时间通过的平均声能量，记作I，单位为W/m^2。

声压与声强关系密切。在自由场中，对于平面波和球面波，在传播方向上某处的声强与该处声压的平方成正比：

$$I = \frac{p^2}{\rho_0 c_0} \tag{1-2}$$

式中，p指有效声压，Pa；ρ_0指空气密度，kg/m^3；c_0指空气中声速，m/s；$\rho_0 c_0$称为特性阻抗，常温下$\rho_0 c_0$的值为$416Pa \cdot s/m$。

（3）声功率

声强与声源辐射的声功率有关。所谓声功率是指声源在单位时间内辐射出来的总声能，一般记为W，其单位为W。如果围绕声源的传播面积为S，不考虑声波在传播中的衰减，则：

$$W = \oiint I \mathrm{d}S \tag{1-3}$$

对于平面波，声源发出的声功率为：

$$W = IS \tag{1-4}$$

对于球面波，声源发出的声功率为：

$$W = I \times 4\pi r^2 \tag{1-5}$$

式中，r指球半径。

如果声源放置在刚性地面上，声波只能向半球面空间辐射，则其声功率为：

$$W = I \times 2\pi r^2 \tag{1-6}$$

声源的声功率只是声源总功率中以声波形式辐射出去的很小一部分功率。如一辆汽车在行驶中，当其速度为70km/h时，发出的噪声的声功率只有0.1W左右。

1.1.3　声压级、声强级和声功率级

如前所述，声音强弱可用声强、声压和声功率等物理量描述，这些量变化的范围非常宽广。如使人感到难受的汽车喇叭声，在距其1m处声强高达$1W/m^2$，而人耳能听到的最轻声音的声强仅为$10^{-12}W/m^2$，两者相差10^{12}倍，这使得计量很不方便。因此采用对数标度来表示一个声音的强弱，称为声级。声级是一个无量纲的量，其单位为分贝，记为dB。采用对数标度来量度声音的强弱，符合人耳的听觉特性。人耳对声音"响"的感觉，并不与声强的变化呈线性关系。声强增加1倍，人们听起来并不觉得声音响1倍，而声级每增加1dB，即声强增加10倍，人们听起来才觉得响1倍。

（1）声压级

使人耳刚刚听得到的声压约为$2 \times 10^{-5}Pa$，人耳不堪忍受的声压为20Pa，两者的绝对值相差数百万倍。显然，用声压的大小来表示声音的强弱变化是很不方便的。为了实用方

便，考虑到人耳对声音响度的感觉与声强的对数成比例，可用对数法将声压分为一百多个声压级。所谓声压级，就是声压与基准声压（2×10^{-5}Pa）之比的以 10 为底的对数乘以 20，其单位为分贝，记作 dB。其表达式为：

$$L_p=20\lg\frac{p}{p_0}\tag{1-7}$$

式中 L_p——声压级，dB；

　　p——声压，Pa；

　　p_0——基准声压，$p_0=2\times10^{-5}$Pa。

在空气中，基准声压 $p_0=2\times10^{-5}$Pa，这个数值是具有正常听力的人对 1kHz 声音刚刚能够觉察到的最低声压值。也就是说，1kHz 声音是最低的可听声压，低于这一声压值，一般人就不能觉察到此声音的存在了，即可听阈声压级为 0dB。式（1-7）也可以写为：

$$L_p=20\lg p+94\tag{1-8}$$

人耳的感觉特性，从可听阈的 2×10^{-5}Pa 的声压到痛阈的 20Pa，两者相差 100 万倍，而用声压级来表示则变化为 0～120dB 的范围，使声音的量度大为简明。由此可以看出，声压值变化 10 倍相当于声压级增加 20dB；声压值变化 100 倍，相当于声压级增加 40dB。

（2）声强级

一个声音的声强级等于这个声音的声强与基准声强比值的常用对数。声强级用 L_I 表示，即：

$$L_I=10\lg\frac{I}{I_0}\tag{1-9}$$

式中 L_I——声强级，dB；

　　I——声强，W/m^2；

　　I_0——基准声强，$I_0=10^{-12}$W/m^2，它是空气中参考声压 $p_0=2\times10^{-5}$Pa 相对应的值。

（3）声功率级

声功率与基准声功率之比的以 10 为底的对数乘以 10，称为声功率级，以 dB 计。同样方法，声功率级的表达式为：

$$L_W=10\lg\frac{W}{W_0}\tag{1-10}$$

式中 L_W——声功率级，dB；

　　W——声功率，W；

　　W_0——基准声功率，$W_0=10^{-12}$W。

利用声强与声功率的关系，以及空气中声强级近似地等于声压级的关系，可得：

$$L_p\approx L_I=10\lg\frac{I}{I_0}=10\lg\frac{W}{S}\frac{1}{I_0}=L_W-10\lg S\tag{1-11}$$

这就是空气中声强级、声压级与声功率级之间的关系。必须注意的是，式（1-11）成立的条件必须是自由声场，即除了声源发声外，其他声源的声音和反射声的影响均小到可以忽略不计的程度。

1.1.4 声级的运算

如果已知一台机器在某点产生的声压级为 80dB，另一台机器为 85dB，那么该点的总声压级是否可将两声压级的数值直接作算术相加呢？要回答这一问题，必须注意到分贝的含义。

一般情况下，两个以上的噪声源产生的声波是不相干的，因此可以用声能量叠加的概念。两个声源在该点产生的总声压 p_T 应有：

$$p_T^2 = p_1^2 + p_2^2 \tag{1-12}$$

式中，p_1 和 p_2 分别为两个声源单独在测点产生的声压。如果第一个声源在测点处产生的声压级为 L_{p1}，则由声压级的定义得：

$$p_1^2 = p_0^2 \times 10^{0.1L_{p1}} \tag{1-13}$$

对第二个声源也是如此，于是可得：

$$p_T^2 = p_0^2 (10^{0.1L_{p1}} + 10^{0.1L_{p2}}) \tag{1-14}$$

对于 N 个噪声源的情况，有：

$$p_T^2 = p_0^2 \sum_{i=1}^{N} 10^{0.1L_{pi}} \tag{1-15}$$

这样，总声压级为：

$$L_{pT} = 10\lg \frac{p_T^2}{p_0^2} = 10\lg \left(\sum_{i=1}^{N} 10^{0.1L_{pi}} \right) \tag{1-16}$$

对于仅有 2 个声压级相叠加的情况，总声压级为：

$$L_{pT} = 10\lg (10^{0.1L_{p1}} + 10^{0.1L_{p2}}) \tag{1-17}$$

如果 $L_{p1} = 80\text{dB}$，$L_{p2} = 85\text{dB}$，由上式可得 $L_{pT} = 86.2\text{dB}$。这就是所谓的"分贝相加"，在工程实际中广泛应用。

式(1-17) 也可以利用两个声压级 L_{p1} 和 L_{p2} 的差值 $\Delta L_p = L_{p1} - L_{p2}$ （假定 $L_{p1} \geqslant L_{p2}$）求出合成的声压级为：

$$L_{pT} = 10\lg [10^{0.1L_{p1}} + 10^{0.1(L_{p1} - \Delta L_p)}] \tag{1-18}$$

由对数和指数运算法则得出：

$$L_{pT} = 10\lg [10^{0.1L_{p1}} (1 + 10^{-0.1\Delta L_p})] = L_{p1} + 10\lg (1 + 10^{-0.1\Delta L_p}) = L_{p1} + \Delta L_p' \tag{1-19}$$

其中：

$$\Delta L_p' = 10\lg (1 + 10^{-0.1\Delta L_p}) \tag{1-20}$$

$\Delta L_p'$ 与 ΔL_p 的关系可以绘成图 1.1 所示的曲线，这里假定 $L_{p1} \geqslant L_{p2}$。用图 1.1 不经过对数和指数运算可以很快查出两个声压级叠加后的总声压级。

例如，已知一声压级比另一声压级高出 2.5dB，即 $\Delta L_p = L_{p1} - L_{p2} = 2.5\text{dB}$，从图 1.1 中横坐标 2.5dB 处向上作垂直线与曲线交于一点，该点的纵坐标为 1.9dB，即总声压级比第一个声压级 L_{p1} 高出 1.9dB。

在测量噪声的过程中，往往会受到其他外界噪声的干扰，此种噪声称为背景噪声（或本底噪声）。如果所测得车间内某机器运行时包括背景噪声在内的总声压级为 L_{pT}，在机器停止时，测得背景噪声声压级为 L_{pB}，那么如何从这一测量结果中得出这一机器的真实声压

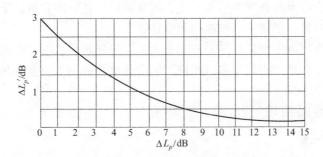

图 1.1　噪声"分贝相加"曲线

级？这一问题实际上是求 L_{pT} 中扣去因 L_{pB} 所引起的增加值等于多少，也就是所谓的"分贝相减"问题。

由式(1-17) 变换可以得：

$$10^{0.1L_{p1}} = 10^{0.1L_{pT}} - 10^{0.1L_{pB}} \tag{1-21}$$

两边取对数后变形：

$$L_{p1} = 10\lg(10^{0.1L_{pT}} - 10^{0.1L_{pB}}) \tag{1-22}$$

如果令总声压级 L_{pT} 与背景噪声级 L_{pB} 的差值为 $\Delta L_{TB} = L_{pT} - L_{pB}$，则总声压级 L_{pT} 与被测机器声压级 L_{pS} 的差值表示为：

$$L_{pS} = 10\lg[10^{0.1L_{pT}} - 10^{0.1(L_{pT} - \Delta L_{TB})}] = L_{pT} + 10\lg(1 - 10^{-0.1\Delta L_{TB}}) \tag{1-23}$$

式(1-23) 也可类似图 1.1 那样绘制成 ΔL_{TS} 与 ΔL_{TB} 的关系曲线，如图 1.2 所示，称为"分贝相减"曲线。从图中虽然可以查到 $\Delta L_{TB} = 1$dB 的修正值 ΔL_{TS}，但背景噪声和所测量的噪声通常都有一定的涨落，所以实际上当测得的总声压级 L_{pT} 高出背景噪声声压级 L_{pB} 不到 3dB 时，所测得的结果是不可靠的。

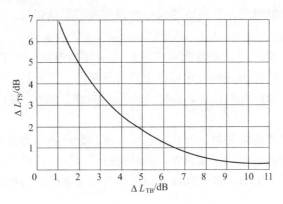

图 1.2　噪声"分贝相减"曲线

在实际测量中，通常对"分贝相减"做近似处理（大多数国家标准是如此规定的），如表 1.1 所示。

表 1.1　"分贝相减"的近似处理

ΔL_{TB}/dB	≥10	6~9	4~5	3	≤2
ΔL_{TS}/dB	0	1	2	3	测量无效

如果测量的是多频率复合噪声的声压级，则在测量背景噪声和机器噪声时，应分别按各个频带进行测量，对每一频带声压级逐一加以修正。

上面所讲的都是以声压级来推导公式和举例的，但其本质是不相干波的能量相加，所以这里所列的这些关于分贝"相加"和"相减"的公式也都适用于声强级和声功率级。

1.1.5　声波的传播特性

1.1.5.1　声波的分类

声波在传播过程中，振动相位相同的质点所构成的曲面称为波阵面。按波阵面的不同，声波可分为球面波、柱面波和平面波三类。如果声波的波阵面为一系列同心球面，这样的声波就是球面声波；球面声波由球形声源产生，是实际环境下最常见的一种声波形式。当脉动球形声源的直径远小于所辐射声波的波长，此声源则近似为点声源。在无界空间中（也称为自由空间），点声源辐射产生的声波为各向均匀的球面波。

平面波指的是声波沿一个方向传播，在其余方向上所有质点的振幅和相位均相同的声波。通常条件下并不会产生真正意义上的平面波，不过在声学领域中，平面波却是主要的研究对象。原因有三：①在辐射声场的远场，各种类型的声波均可近似为平面波；②在管道中或利用特殊的声学装置（如驻波管）可以产生理想的平面波；③平面波具有其他类型声波主要的物理特性，但其理论分析又相对简单。

1.1.5.2　声波传播的一般规律

声波在传播过程中，能量的逐渐减少称为衰减。声能衰减的原因较多，如由声波传播范围扩大引起的扩散，由空气吸收引起的吸收，由地面植物、各种构筑物及气象因素等引起的衰减。声波在传播过程中会遇到各种障碍物，这时依据障碍物的形状和大小，会产生声波的反射、透射、折射、衍射等现象。声波的这些现象与光波十分相近。

（1）声场

声波传播的范围非常广泛，声波影响所及的范围称为声场。对于辐射表面比较大的声源，在离声源的距离与声源的几何尺寸可以比拟的范围内，称近场；反之，称远场。对于几何尺寸比较小的声源，除声场的远近，还应考虑距离与波长的比，当距离比波长大很多时，可看作远场。

如果声场所处的媒质是均匀的，而且没有反射面，此声场称为自由声场。实际上，实现自由声场比较困难。如果所处的范围较大，各种反射可以忽略，只剩地面的反射，则叫半自由声场。在一般情况下，距离声源较远或反射影响可以忽略时，均可将声场近似为自由声场或半自由声场。

（2）声源声辐射的指向特性

绝大多数声源，既不是点声源，也不是球面声源，因此声源向周围辐射的声能不均等。有的方向强些，有的方向弱些，呈现出一定的指向特性，可用指向性因数 Q 来描写声源的指向特性。指向性因数 Q 定义为给定方向和距离的声压平方对同一距离的各方向平均声压平方的比值，即：

$$Q = \frac{p_\theta^2}{p^2}$$

（1-24）

式中　p_θ——给定方向和距离的声压，Pa；

　　　p——同一距离的各方向平均声压，Pa。

声源的指向性与自身几何尺寸有密切关系，当声源的几何尺寸大到与波长可以比拟时，指向性就变得很显著了。

（3）垂直入射声波的反射和透射

声波在两种介质的分界面上会发生反射、透射（对垂直入射声波）和折射（对斜入射声波）现象。要获得入射波、反射波、透射波（或折射波）之间的定量关系，需要用到边界条件。

当声波入射到两种介质的界面上时，一部分会经界面反射返回到原来的介质中称为反射声波，一部分将进入另一种媒质中称为透射声波。

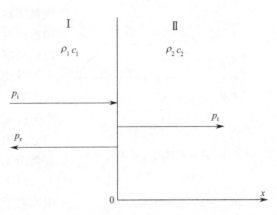

图 1.3　平面声波正入射到两种介质的分界面

p_i—入射声波；p_r—反射声波；p_t—透射声波

以平面声波为例，入射声波 p_i 垂直入射到介质Ⅰ和介质Ⅱ的分界面，介质Ⅰ的特性阻抗为 $\rho_1 c_1$，介质Ⅱ的特性阻抗为 $\rho_2 c_2$，分界面位于 $x=0$ 处，如图 1.3 所示。

在分界面两边的声压是连续相等的，且因为两种介质在界面密切接触，界面两边介质质点的法向振动速度也应该连续相等，即：$p_1=p_2$，$v_1=v_2$，式中，p、v 分别为分界面上的声压和质点振速，下标 1 和 2 分别表示介质 1 和介质 2。

反射声波与入射声波的振幅之比，称为声压反射系数，透射声波与入射声波的振幅之比称为透射系数。通常，用声压的反射系数 r_p 和透射系数 τ_p 来表述界面处的声波反射、透射特性。由上述两式可以得到：

$$r_p=\frac{p_r}{p_i}=\frac{\rho_2 c_2-\rho_1 c_1}{\rho_2 c_2+\rho_1 c_1} \tag{1-25}$$

$$\tau_p=\frac{p_t}{p_i}=\frac{2\rho_2 c_2}{\rho_2 c_2+\rho_1 c_1} \tag{1-26}$$

当 $\rho_1 c_1<\rho_2 c_2$ 时，媒质Ⅱ比媒质Ⅰ"硬"些。若 $\rho_1 c_1\ll\rho_2 c_2$，则有 $r_p\approx 1$、$\tau_p\approx 2$，空气中的声波入射到空气与水的界面上或空气与坚实墙面的界面上时，就相当于这种情况，媒质Ⅱ相当于刚性反射体。在界面上入射声压与反射声压大小相等，且相位相同，总的声压达到极大，近等于 $2p_i$，而质点速度为零。这样在媒质Ⅰ中形成声驻波，在媒质Ⅱ中只有压强的静态传递，并不产生疏密交替的透射声波。

反之，当 $\rho_1 c_1>\rho_2 c_2$ 时，称为"软"边界。若 $\rho_1 c_1\gg\rho_2 c_2$，则有 $r_p=-1$、$\tau_p\approx 0$，这样在媒质Ⅰ中，入射声压与反射声压在界面处大小相等、相位相反，总声压达到极小，近似等于零，而质点速度达到极大，在媒质Ⅰ中也产生驻波声场。这时在媒质Ⅱ中也没有透射声波。

（4）声波的散射与衍射

如果障碍物的表面很粗糙（也就是表面的起伏程度与波长相当），或者障碍物的大小与波长差不多，入射声波就会向各个方向散射。这时障碍物周围的声场是由入射声波和散射声波叠加而成。

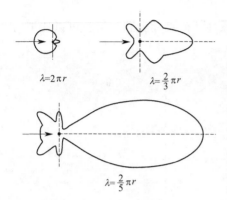

图 1.4　刚性圆球的散射声波强度
的指向性分布

散射波的图形十分复杂，既与障碍物的形状有关，又与入射声波的频率（即波长与障碍物大小之比）密切相关。一个简单的例子，障碍物是一个半径为 r 的刚性圆球，平面声波自左向右入射。它的散射波声强的指向性分布如图 1.4 所示。当波长很长时，散射声波的功率与波长的四次方成反比，散射波很弱，而且大部分均匀分布在对着入射的方向。当频率增加，波长变短，指向性分布图形变得复杂起来。继续增加频率至极限情况时，散射波能量的一半集中于入射波的前进方向，而另一半比较均匀地散布在其他方向，形成如图 1.4 的图形（心脏形，再加上正前方的主瓣）。

由于总声场是由入射声波与散射声波叠加而成的，因此对于低频情况，在障碍物背面散射波很弱，总声场基本上等于入射声波，即入射声波能够绕过障碍物传到其背面形成声波的衍射。声波的衍射现象不仅在障碍物比波长小时存在，即使障碍物很大，在障碍物边缘也会出现声波衍射。波长越长，这种现象就越明显。例如，当声波的频率较高即波长很短时，就会在声屏障板的背面形成一个"声影区"，在"声影区"内噪声将会得到较大的衰减，如图 1.5 所示。

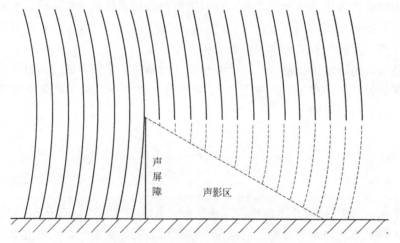

图 1.5　声屏障板背面声影区的形成

1.1.5.3　声波的扩散衰减

声波的扩散衰减与声源的形状有关。一般把声源分为 3 类，即点声源、线声源和面声源。下面分别讨论它们的扩散衰减规律。

（1）点声源的扩散衰减

理想的点声源是声源表面各点的振动具有相同的振幅和相位，它向周围辐射的声波是球面波。实际声源与理想的点声源有明显差别，当某实际声源的几何尺寸与其所辐射的声波波长相比很小时，或在其远场时，可近似看作是点声源。

在自由声场中，点声源辐射的波是球面波，声压级与声功率级的关系为：

$$L_p = L_W - 20\lg r - 11 \tag{1-27}$$

在半自由声场中，声压级与声功率级的关系为：

$$L_p = L_W - 20\lg r - 8 \tag{1-28}$$

若已知 r_1 处的声压级为 L_{p1}，则 r_2 处的声压级为 L_{p2}：

$$\Delta L_p = L_{p2} - L_{p1} = 20\lg \frac{r_2}{r_1} \tag{1-29}$$

由上式可知，若 $r_2 = 2r_1$，则 $\Delta L_p = 6\text{dB}$。即在点声源的声场中，距声源的距离加倍，声级衰减 6dB，这是用来检验声源是否可作为点声源处理的简便方法。

（2）线声源的扩散衰减

铁道上运行的列车、平直公路上行驶的车队都可以看做是线声源。工厂里的长车间，若车间内声源分布比较均匀，也可近似看作是线声源。线声源辐射的声波是柱面波。下面根据线声源的不同组成，讨论线声源的衰减规律。

① 离散声源组成的线声源

一队汽车在平直公路上行驶，就是一个由离散声源组成的线声源。如果各车与前后相邻车的距离为 d，声功率一样，且每辆车都可看作是一个点声源，则距离这个线声源 r_0 处的 O 点声压级为各声源在该点的声压级之和，见图 1.6 所示。

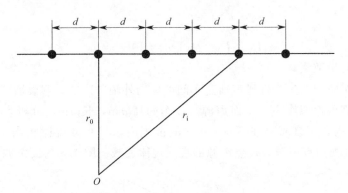

图 1.6 离散声源组成的线声源

O 点的声压级分两种情况：

当 $r_0 > \dfrac{d}{\pi}$ 时

$$L_p = L_W - 10\lg r_0 - 10\lg d - 6 \tag{1-30}$$

当 $r_0 \leqslant \dfrac{d}{\pi}$ 时

$$L_p = L_W - 20\lg r_0 - 11 \tag{1-31}$$

上述分析说明，当 $r_0 \leqslant \dfrac{d}{\pi}$ 时，仅有靠近 O 点的声源影响最显著，相当于点声源的扩散衰减；只有当 $r_0 > \dfrac{d}{\pi}$ 时，才考虑所有声源的影响，式(1-30)描述的就是线声源的衰减规律。

② 有限长连续线声源

列车在轨道上运行，可以看作是彼此靠得很近的离散声源组成的连续线声源。有限长连续线声源的总声功率 W 均匀地分布在有限长 L 上，单位长度的声功率为 W/L。距声源 r_0

处测点 O 的声压级分两种情况，见图 1.7。

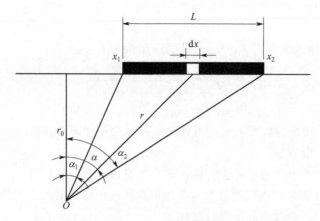

图 1.7　离散声源组成的线声源

当 $r_0 > \dfrac{L}{\pi}$ 时

$$L_p = L_W - 20\lg r_0 - 11 \tag{1-32}$$

当 $r_0 \leqslant \dfrac{L}{\pi}$ 时

$$L_p = L_W - 10\lg r_0 - 10\lg L - 6 \tag{1-33}$$

（3）面声源的扩散衰减

在工厂中，车间内的生产性噪声通过车间墙体向外辐射声能，假设墙体表面辐射的声能分布是均匀的，则可近似作为一个面声源。设车间高 a m，长 b m，分析表明，在距面声源 a/π（或 $a/3$）以内，不衰减；在 $a/\pi \sim b/\pi$ 的范围内，其衰减规律相当于线声源的衰减；b/π 以外，可将其视为点声源，按点声源的衰减规律衰减。图 1.8 为面声源衰减示意图。

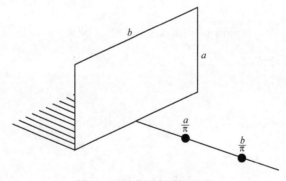

图 1.8　面声源衰减示意图

1.1.5.4　障板和绿化带对声波的衰减

地面上有各种构筑物，如树木草地、堤坝护墙以及各种建筑物，它们都能使声波在传播过程中声能得到衰减。

（1）障板衰减

在声波传播的路径上，设置由密实材料制成的板或墙，称为障板。它使声波的传播受到阻碍，声波越过障板后，声级明显降低，称障板衰减或声屏障衰减。当声波在传播中遇到障板，若障板尺寸大于声波波长，就会产生反射、透射和衍射，阻止直达声的传播，隔离透射声，并使衍射声的声能有足够的衰减。由于障板都由密实材料制成，因此不再考虑透射声。由于衍射，在障板后面一定距离内形成"声影区"，区域的大小与声波的频率有关，频率越高，声影区越大。

图 1.9 是障板示意图，S 为声源，O 为测点，D 为障板。其声程差为 $d=(A+B)-C$。根据波的衍射理论，当障板为无限长时，衍射声场平均声压级 L_{pb} 为：

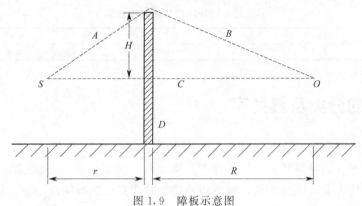

图 1.9　障板示意图

$$L_{pb}=L_{pd}+10\lg\left(\frac{\lambda}{3\lambda+20d}\right) \tag{1-34}$$

式中　L_{pd}——无障板时测点的声压级，dB；

　　　λ——声波波长，m；

　　　d——声程差，m。

把未加障板时某点的声压级与加了障板后衍射声场的声压级之差，称为插入损失，用 IL 表示。

$$IL=L_{pd}-L_{pb}=-10\lg\left(\frac{\lambda}{3\lambda+20d}\right) \tag{1-35}$$

由图 1.9 可知：

$$d=\sqrt{r^2+H^2}+\sqrt{R^2+H^2}-(r+R)$$

当 $\leqslant Hr\leqslant R$ 时，$d\approx\dfrac{H^2}{2r}$，因此

$$IL\approx-10\lg\left(\frac{\lambda}{3\lambda+10H^2/r}\right)$$

若 $10H^2/r\gg3\lambda$，则：

$$IL\approx10\lg\frac{H^2}{r}+10\lg f-15 \tag{1-36}$$

式中　H——障板顶端距声源的高度，m；

　　　r——声源距障板的距离，m；

　　　f——声波频率，Hz。

以上结果适用于点声源（障板与声波的传播方向垂直）。对于线声源，IL 比按点声源算

出的要低 6～8dB。

实际上障板对声波的实际降低量即衰减量，还与障板的透射有关。当障板的隔声性能很好时，可不必考虑。此时障板对声波的衰减量约等于插入损失。

（2）绿化带衰减

绿化带对噪声也有一定的衰减。一般来说，树木越高，枝叶越密，树林越深，声波的频率越高，绿化带的减噪效果越明显。单排树木对噪声的衰减效果不明显。一般的阔叶树林或针叶树林对噪声的衰减量为 1～5dB/10m，见表1.2。

表 1.2　阔叶林绿化带减噪效果

频率/Hz	250	500	1000	2000	4000	8000
衰减量/(dB/10m)	1	2	3	4	4.5	5

1.2　噪声的分类及其危害

噪声污染、大气污染、水污染、固废污染被称为当今世界的四大公害。噪声污染面积大，到处可见，如交通噪声污染、厂矿噪声污染（各类机械设备）、建筑噪声污染、社会噪声污染。随着现代工业的迅猛发展，噪声污染越来越严重，控制噪声污染、保护环境已成为人们的共识。噪声的危害是多方面的，如损伤听力、影响睡眠、诱发疾病、干扰语言交流，特别强的噪声还会影响仪器设备的正常运转，损坏建筑结构等。下面分别加以简要阐述。

1.2.1　噪声的分类

根据噪声源的特性及人类活动生产方式，可将噪声大致分为交通噪声、工业噪声、建筑施工噪声和社会噪声等。

（1）交通噪声

随着社会的快速发展，交通工具（如汽车、火车、飞机等）产生的噪声已成为影响城市环境的主要噪声。我国的城市交通噪声主要是汽车行驶过程中产生的噪声，随着城市规模逐渐扩大，人口密度不断增加，交通运输量不断增长，城市环境噪声污染日益加重。我国城市道路交通噪声统计结果表明，噪声等效升级范围在 68～76dB（A）之间，有 3390 万人受到公路交通噪声的影响，其中 2700 万人生活在高于 70dB（A）的噪声严重污染的环境中。汽车噪声主要包含喇叭声、发动机声、冷却风扇声、进排气声、轮胎声等，当车速超过 50km/h 时，轮胎与路面接触所产生的噪声成为交通噪声的主要组成部分。近年来随着新能源汽车的变革发展，电机作为新一代的汽车动力装置替代传统的燃油发动机，其产生的电机噪声对城市的环境影响依然较大。

（2）工业噪声

工业噪声是指在工业生产活动中产生的干扰周围生活环境的声音。由于工业涉及的领域十分宽广，设备种类极其繁多，工业噪声按其产生的机理可分为气体动力性噪声、机械噪声和电磁性噪声三种。

① 气体动力性噪声

高速气流、不稳定气流以及由于气流与物体相互作用产生的噪声，称为气体动力性噪声。按气体动力性噪声产生的机制和特性，可分为喷射噪声、涡流噪声、旋转噪声和周期性进排气噪声等。如工业生产中普遍使用的空气压缩机，是典型的气体动力性噪声源。

② 机械噪声

机械噪声是由于固体结构振动而产生的，物体间的撞击、摩擦、周期性交变力是产生机械噪声的主要方式。利用冲击力做功的机械会产生较强的撞击噪声，如冲床、锻锤、气锤、凿岩机等机械设备；摩擦噪声绝大部分是摩擦引起摩擦物体的张弛振动所激发的噪声，如汽车的刹车声、齿轮啮合时的啸叫声等；旋转机械一般产生与旋转频率相关的周期性的噪声，如电机、发动机等机械设备。

③ 电磁性噪声

电磁性噪声是由于电磁振动、电机等的交变力相互作用产生的噪声，如电流和磁场相互作用产生的噪声，变压器、电机等电力设备是产生电磁噪声的主要噪声源。

工业噪声不仅直接危害现场生产作业工人，而且对附近居民的生活也造成了一定的影响。工业噪声中，因生产设备的不同所产生的噪声大小也不同，如电子工业和轻工业噪声在90dB（A）以下，纺织厂噪声为90～110dB（A），机械工业噪声为80～120dB（A），凿岩机、大型球磨机达120dB（A），风铲、风铆、大型鼓风机在130dB（A）以上。表1.3为常见工业设备的噪声范围。

表1.3 常见工业设备噪声范围

设备名称	声级范围/dB（A）	设备名称	声级范围/dB（A）
飞机发动机	107～140	冲床	74～98
振动筛	93～130	砂轮	91～105
球磨机	87～128	风铲	91～110
织布机	96～130	轧机	91～110
鼓风机	80～126	冲压机	91～95
引风机	75～118	剪板机	91～95
空压机	73～116	粉碎机	91～105
破碎机	85～114	磨粉机	91～95
蒸汽锤	86～113	冷冻机	91～95
柴油机	107～111	抛光机	96～100
锻机	89～110	锉锯机	96～100
木工机械	85～120	挤压机	96～100
电动机	75～107	卷扬机	80～90
发电机	71～106	退火炉	91～100
水泵	89～103	拉伸机	91～95
车床	91～95	细纱机	91～95

（3）建筑施工噪声

建筑施工的噪声声压级如表1.4和表1.5所示。

表1.4 建筑施工机械噪声声压级/dB（A）

设备名称	距离声源 10m		距离声源 30m	
	范围	平均	范围	平均
打桩机	93～112	105	84～103	91
地螺钻	68～82	75	57～70	63
铆枪	85～98	91	57～70	86
压缩机	82～98	88	78～80	78
破路机	80～92	85	74～80	76

表 1.5　施工现场边界噪声声压级/dB(A)

场地类型	居民建筑	办公楼等	道路工程等
场地清扫	84	84	84
挖土方	88	89	89
地基	81	78	88
安装	82	85	79
修整	88	89	84

（4）社会噪声

社会噪声是指人为活动所产生的除工业噪声、交通噪声和建筑施工噪声之外的干扰周围生活环境的声音。由于城市人口和建筑物比较集中，特别容易遭受环境噪声污染，所以社会生活噪声污染防治的重点，主要集中在城市特别是城市市区范围内。社会生活噪声分为 3 类：营业性场所噪声、公共活动场所噪声、其他常见噪声。营业性场所噪声，典型声源包括营业性文化娱乐场所和商业经营活动中使用的扩声设备、游乐设施等产生的噪声；公共活动场所噪声，典型声源包括广播、音响等产生的噪声；其他常见噪声，典型声源包括装修施工、厨卫设备、生活活动等产生的噪声。

1.2.2　噪声对听力的损伤

噪声对人体的直接危害就是损伤听力。大量的调查研究表明，由于人们长期在强噪声环境下工作，会使内耳听觉组织受到损伤，造成噪声性耳聋。对听觉的影响，是以人耳暴露在噪声环境前后的听觉灵敏度来衡量的，这种变化称为听力损失。国际标准化组织规定，听力损失用 500Hz、1000Hz 和 2000Hz 三个频率下的听力损失的平均值来表示。听力损失在 15dB 以下属正常，15～25dB 属接近正常，25～40dB 属轻度耳聋，40～55dB 属中度耳聋，55～70dB 属显著耳聋，70～90dB 属重度耳聋，90dB 以上属最重度耳聋。一般讲噪声性耳聋是指平均听力损失超过 25dB。在这种情况下，人与人相互间进行 1.5m 外的正常交谈会有困难，句子的可懂度下降 13%，句子加单音节词的混合可懂度降低 38%。按照听力损失的大小，对耳聋性程度进行分级，见表 1.6 所示。

表 1.6　听力损失级别

级别	听觉损失程度	听力损失平均值/dB	对谈话的听觉能力
A	正常(损害不明显)	<25	可听清低声谈话
B	轻度(稍有损伤)	25～40	听不清低声谈话
C	中度(中等程度损伤)	40～55	听不清普通谈话
D	高度(损伤明显)	55～70	听不清大声谈话
E	重度(严重损伤)	70～90	听不到大声谈话
F	最重度(几乎耳聋)	>90	很难听到声音

大量的统计资料表明，噪声级在 80dB 以下，方能保证人们长期工作不致耳聋。在 90dB 以下，只能保护 80% 的人工作 40 年后不会耳聋。即使是 85dB，仍会有 10% 的人可能产生噪声性耳聋。噪声性耳聋有两个特点，一是除了高强噪声外，一般性噪声耳聋都需要一个持续的累计过程，发病率与持续作业时间有关，这也是人们对噪声污染忽视的原因之一。二是噪声性耳聋是不能治愈的，因此有人把噪声污染比喻成慢性毒药。

上面所述的噪声性耳聋是慢性的，即指听力损失是由于强噪声环境的影响日积月累缓慢发展形成的。另外还有一种急性的噪声性耳聋，称为爆振性耳聋，当突然暴露在极其强烈的噪声环境中，例如 150dB 以上的爆炸声，会使人的听觉器官发生急性外伤，出现鼓膜破裂、内耳出血、基底膜的表皮组织剥离等症状。这种声外伤可使人耳即刻失聪。

1.2.3　噪声对睡眠的影响

睡眠是人们生存必不可少的。人们在安静的环境下睡眠，能使人的大脑得到休息，从而消除疲劳和恢复体力。噪声会影响人的睡眠质量，强烈的噪声甚至使人无法入睡，心烦意乱。实验研究表明，人的睡眠一般分四个阶段：第一阶段是瞌睡阶段；第二阶段是入睡阶段；第三阶段是睡着阶段；第四阶段是熟睡。一般由瞌睡到熟睡阶段，进行周期循环。睡眠质量好坏，取决于熟睡阶段的时间长短，时间越长，睡眠越好。一些研究结果表明，噪声促使人们由熟睡向瞌睡阶段转化，缩短熟睡时间；有时刚要进入熟睡便被噪声惊醒，使人不能进入熟睡阶段，从而造成人们多梦，睡眠质量不好，不能很好地休息。

一般来说，理想的睡眠环境噪声级在 35dB(A) 以下，40dB(A) 的连续噪声可使 10% 的人睡眠受影响，当噪声级超过 50dB(A)，约有 15% 的人正常睡眠受到影响，70dB 可使 50% 的人受影响。而突发性噪声在 40dB 时可使 10% 的人惊醒，到 60dB 时，可使 70% 的人惊醒。据有关资料证实，城市街道的交通噪声在 70~90dB(A)；在靠近工厂、建筑工地的住宅区，噪声可高达 70~90dB(A)。这些场合的噪声严重干扰临街居民、住宅区居民的休息和睡眠。

噪声除了对人们休息和睡眠有影响外，它还干扰人们谈话、开会、打电话、学习和工作。人们通常谈话声音是 60dB(A) 左右，当噪声在 65dB(A) 以上时，就干扰人们的正常谈话，如果噪声高达 90dB(A)，就是大喊大叫也很难听清楚，就需贴近耳朵或借助手势来表达语意。

1.2.4　噪声对人体生理的影响

噪声除了损伤人耳的听力外，对人体的生理机能也会引起不良反应。长期暴露在强噪声环境中，会使人体的健康水平下降，诱发各种慢性疾病。例如，噪声会引起人体的紧张反应，使肾上腺素分泌增加，引起心率加快，血压升高。一些工业噪声调查结果显示，在高噪声条件下工作的人们，高血压病、动脉硬化和冠心病的发病率比低噪声条件下工作的人要高 2~3 倍。对小学生的调查发现，经常暴露于飞机噪声下的儿童比安静环境下的儿童血压要高，噪声也会引起消化系统方面的疾病。有关调查报道，在某些吵闹的工业行业中，消化性溃疡的发病率比低噪声条件下要高 5 倍。通过人和动物实验都表明，在 80dB 环境下，肠蠕动要减少 37%，随之而来的是胀气和肠胃不适。当外加噪声停止后，肠蠕动由于过量的补偿，节奏加快；幅度增大，结果引起消化不良。长期的消化不良将诱发胃肠黏膜溃疡。在神经系统方面，噪声会造成失眠、疲劳、头晕及记忆力衰退，诱发神经衰弱症。

当然，引发各种慢性疾病的原因是多方面的。噪声的危害程度究竟多大，还难以得到明确的定量结论。

1.2.5　噪声对语言交流及工作效率的影响

通常情况下，人们相对交谈距离 1m 时，平均声级大约是 65dB。但是，环境噪声会掩蔽语言声，使语言清晰度降低。语言清晰度是指被听懂的语言单位百分数，噪声级比语言声级低很多时，噪声对语言交谈几乎没有影响。噪声级与语言声级相当时，正常交谈受到干扰。噪声级高于语言声级10dB时，谈话声会被完全掩蔽。当噪声级大于90dB时，即使大声叫喊也难以进行正常交谈。在噪声环境下，发话人会不自觉地提高发话声级或缩短谈话者之间的距离。通常噪声每提高10dB，发话声级约增加7dB。虽然，清晰度的降低可由噪声的提高而得到部分补偿，但是发话人极易疲劳甚至声嘶力竭。

在噪声较高的环境下工作，人会感觉烦恼、疲劳和不安，从而注意力分散，降低工作效率并容易出现差错。噪声还能掩蔽安全信号，比如报警信号和车辆行驶信号，在噪声的混杂干扰下，人们不易觉察，从而容易造成工伤事故。

实验证明，噪声对语言交流的干扰情况如表1.7所示。

表 1.7 噪声对语言交流的干扰

噪声级/dB(A)	主观反映	保持正常谈话距离/m	交流质量
45	安静	10	很好
55	稍吵	3.5	好
65	吵	1.2	较困难
75	很吵	0.3	困难
85	太吵	0.1	不可能

1.2.6　噪声对仪器设备及建筑结构的影响

噪声对仪器设备的危害与噪声的强度、频谱以及仪器设备本身的结构特性密切相关。当噪声级超过135dB时，电子仪器的连接部位会出现错动，引线产生抖动，微调元件发生偏移，使仪器发生故障而失效。当噪声级超过150dB时，仪器的元器件可能失效或损坏。在特强噪声作用下，由于声频交变负载的反复作用，会使机械结构或固体材料产生声疲劳现象而出现裂痕或断裂。在冲击波的影响下，建筑物会出现门窗变形、墙面开裂、屋顶掀起、烟囱倒塌等现象。当噪声级达到140dB时，轻型建筑物就会遭受损伤。此外剧烈振动的振动筛、空气锤、冲床、建筑工地的打桩和爆破等，也会使振源周围的建筑物受到损害。

1.3　噪声测量仪器

噪声测量是噪声监测、控制及噪声研究的重要手段。通过噪声测量，可以了解噪声的污染程度、噪声源的状况和噪声的特征，确定控制噪声的措施，检验与评价噪声控制的效果。噪声测量仪器有：声级计、频谱分析仪、电平记录仪与磁带记录仪、计算机控制测量仪器。本节介绍常用噪声测量仪器声级计和频谱分析仪。

1.3.1　声级计

1.3.1.1　声级计的分类

声级计是一种按照一定的频率计权和时间计权测量声级的最基本的噪声测量仪器。它在把声信号转换成电信号时，可模拟人耳对声波反应速度的时间特性；对高低频有不同灵敏度的频率特性，以及不同响度时改变频率特性的强度特性。它所反映的量是通过时间计权、频率计权处理后的量，其大小反映人耳对声音的主观感受，因此，声级计是一种主观性电子仪器。具有体积小、质量轻、操作简单、便于携带等优点。声级计可以应用于环境噪声、机电产品噪声、交通噪声、建筑声学和电声学等的测量。

声级计按用途可分为一般声级计、脉冲声级计、积分声级计等。国际电工委员会 IEC 651 和国家标准 GB 3785.1—2010 将声级计按精度分为 0 型、Ⅰ 型、Ⅱ 型和Ⅲ型四种类型。0 型声级计的精度为 ±0.4dB，在实验室作标准仪器使用；Ⅰ 型声级计的精度为 ±0.7dB，在实验室作精密仪器使用，用于声学研究；Ⅱ 型声级计的精度为 ±1.0dB，是现场测量的通用仪器；Ⅲ型声级计的精度为 ±1.5dB，作为噪声监测和普查型声级计使用。按习惯称 0 型和Ⅰ型声级计为精密声级计，Ⅱ 型、Ⅲ型声级计为普通声级计。各型声级计的主要性能指标见表 1.8 所示。

表 1.8　各型声级计的主要性能指标/dB

声级计类型		0	Ⅰ	Ⅱ	Ⅲ
测量精度		±0.4	±0.7	±1.0	±1.5
工作 1h 内的读数变化		0.2	0.3	0.5	0.5
不同频率范围声级	31.5Hz～8kHz	±0.3	±0.5	±0.7	±1.0
量程精度容差	20Hz～12.5kHz	±0.5	±1.0		

精密声级计具有测量频带声压级的功能，精密声级计配有倍频程或 1/3 倍频程滤波器。GB 3096—2008 规定，用于城市区域环境噪声测量的精度为Ⅱ型以上的积分声级计。

1.3.1.2　声级计的工作原理及组成

（1）声级计的工作原理

如图 1.10 所示，声压由传声器膜片接收，将声压信号转换成电信号，经前置放大器作阻抗变换后送到输入衰减器，表头指示范围一般只有 20dB，而所测声压有时可达 140dB 以上，必须使用衰减器衰减较强的信号，再由输入放大器定量放大。放大后的信号由计权网络计权，模拟人耳对不同频率有不同灵敏度的听觉响应。在计权网络处可外接滤波器，这样可做频谱分析。输出的信号由输出衰减器减到额定值，送到输出放大器放大，使信号达到相应的功率输出，输出信号经 RMS（均方根检波电路）检波后送出有效值电压推动电表，显示所测的声压级分贝值。

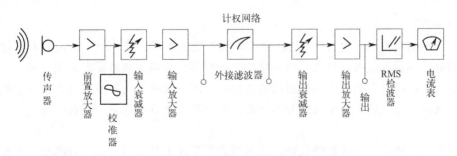

图 1.10　声级计工作方框图

（2）声级计的组成

各类声级计的工作原理大致相同，由传声器、放大器、衰减器、计权网络、检波器和指

示器等部分组成

① 传声器

传声器是声学测量中基本器件之一，是一种声电换能器件，用来将声信号转换成相应的电信号。按换能原理和构造不同，大体分为三种类型：电动式、压电式和电容式。一个好的传声器具有动态范围宽、频率响应平直、失真小、灵敏度高、噪声小、稳定性好、电噪声低、电磁场干扰小、温度系数小等特点。电容传声器具有这些优点，因此，近年来用于声学测量的仪器，大都采用电容式传声器，而且预极化测试电容传声器获得广泛应用。传声器的质量好坏，对整个声级计性能的影响甚大，出厂前制造厂对每个传声器都进行过个别校准，并将传声器的频响曲线和开路灵敏度等数据标注在卡片上，方便使用。传声器的性能与它的尺寸大小有关。尺寸大，灵敏度高可测声级的下限低，但频率范围较窄；小尺寸的传声器灵敏度较低，但频率范围较宽，可测声级上限高。在声级计中，多选用空气电容传声器和驻极体电容传声器。

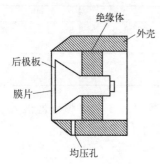

图 1.11　电容传声器

电容传声器主要由很薄的金属膜片（或涂金属外壳的塑料膜片）和相互紧靠着的后极板组成，如图 1.11 所示。电容传声器的膜片和后极板相互绝缘，构成以空气为介质的电容器的两个电极板，声波作用在膜片上，使膜片与后极板间距变化，电容变化产生交变电压信号输送到仪器。电容传声器是精密的测量元件，膜片很薄，容易破损，使用时必须十分小心，妥善保管，避免受潮，否则两极板间容易放电并产生噪声，严重时会造成击穿而损坏。

电容传声器具有频率响应平直，动态范围大，灵敏度高，固有噪声低，受电磁场和外界振动影响较小等优点。

驻极体电容传声器在膜片与后极板之间填充驻极体，用驻极体的电压代替外加的直流极化电压，这种传声器使用方便，但性能比一般电容传声器差。

② 放大器

电容传声器把声音变成电信号，电信号一般很微弱，需要进行放大。对声级计中放大器的要求是：具有较高的输入阻抗和较低的输出阻抗，有较小的非线性失真和较宽的频率范围，频率响应特性平直，本底噪声低。在使用中要求性能稳定，放大倍数随温度和时间的变化小，以保证测量的准确性和可靠性。声级计内的放大系统包括输入放大器和输出放大器。

③ 衰减器

声级计的测量范围一般为 25～140dB。声级计的放大器、检波器、指示器不可能有这么大的动态范围和量程范围，故要采用衰减器。衰减器分为输入衰减器和输出衰减器，其作用为：保证高、低声级在电表上都有适当的指示，以减少误差；可使放大器保持一定的动态范围，高声级通过衰减后，其输入信号不因放大器过载而失真；保证一定的信噪比。

④ 计权网络

声级计是一种反映主观量的仪器，使其读数能反映人耳对声音的主观感受。计权网络是一组进行频率滤波的电网络。国际电工委员会（IEC）根据计权网络衰减特性的不同，分为 A 计权网络、B 计权网络和 C 计权网络。各计权网络的频率响应见表 1.9。各计权网络频率响应的特性曲线见图 1.12 所示。

表 1.9　各计权网络的频率响应/dB

频率/Hz	A 计权网络	B 计权网络	C 计权网络	频率/Hz	A 计权网络	B 计权网络	C 计权网络
10	−70.4	−38.2	−14.3	500	−3.2	−0.3	−0.0
12.5	−63.4	−33.2	−11.2	630	−1.9	−0.1	−0.0
16	−56.7	−28.5	−8.5	800	−0.8	−0.0	−0.0
20	−50.5	−24.2	−6.2	1000	0	0	0
25	−44.7	−20.4	−4.4	1250	+0.6	−0.0	−0.0
31.5	−39.4	−17.1	−3.0	1600	+1.0	−0.0	−0.1
40	−34.6	−14.2	−2.0	2000	+1.2	−0.1	−0.2
50	−30.2	−11.6	−1.3	2500	+1.3	−0.2	−0.3
63	−26.2	−9.3	−0.8	3150	+1.2	−0.4	−0.5
80	−22.5	−7.4	−0.5	4000	+1.0	−0.7	−0.8
100	−19.1	−5.6	−0.3	5000	+0.5	−1.2	−1.3
125	−16.1	−4.2	−0.2	6300	−0.1	−1.9	−2.0
160	−13.4	−3.0	−0.1	8000	−1.1	−2.9	−3.0
200	−10.9	−2.0	−0.0	10000	−2.5	−4.3	−4.4
250	−8.6	−1.3	−0.0	12500	−4.8	−6.1	−6.2
315	−6.6	−0.8	−0.0	16000	−6.6	−8.4	−8.5
400	−4.8	−0.5	−0.0	20000	−9.3	−11.1	−11.2

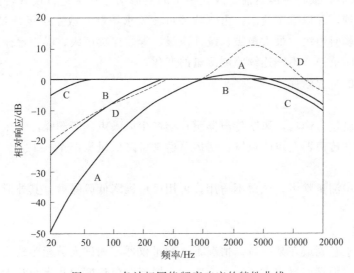

图 1.12　各计权网络频率响应的特性曲线

图 1.12 中，A 计权网络是模拟人耳对 40 方等响曲线倒过来的形状设计的滤波网络，它对低频（200Hz 以下）有较大衰减，在较高的频率（8000Hz 以上）有一定程度的衰减。B 计权网络频率响应曲线相当于 70 方等响曲线，C 计权网络频率响应曲线相当于 100 方等响曲线，它在低频和高频有一定程度的衰减。用计权网络测得的读数经过频率计权后的声压级，其单位分别为 dB(A)、dB(B)、dB(C)。

近年来，人们在噪声测量和评价中常常用 A 计权网络测得的声压级表示噪声的高低。由于人们公认 A 声级与人的主观感觉比较接近，宽频率范围噪声引起的烦恼和造成的听觉危害程度与 A 计权网络测得的声级相关性较好，同时它与许多噪声评价量都有换算关系，所以 A 声级得到了广泛的应用，所有声级计上均有 A 计权网络。因此在测量一般宽频率噪声时，多用 A 计权网络。

声级计设有时间计权挡位"S"（慢）、"F"（快）挡，有时还设有"I"（脉冲）挡位。"S"、"F"、"I"挡反应速度的时间常数分别为125ms、1000ms、35ms。"S"挡适合测量起伏变化较大的噪声；"F"挡的平均时间与人耳的听觉生理特性相近，适合测量稳态噪声和记录噪声随时间的起伏变化；"I"挡适合测量脉冲噪声。有些声级计上设有 Flat 频率响应，它在整个工作频率范围内具有平直的频率响应，但在频率下限设有高通滤波器，在其频率上限设有低通滤波器，以便将不需要的干扰信号滤除。

⑤ 检波器与指示器

鉴于噪声频率分布范围宽，各频率成分的幅值也不同，且无一定规律，为了测量这种复杂的波形，声级计电路里必须装有均方根值检波器，经放大整流推动指示仪表指示出被测噪声的有效值声压级。检波器用来将放大器输出的交流信号检波（整流）成直流信号，以便在表头上获得适当的指示。为了测量不同的值，相应有峰值、平均值和近似有效值检波电路，其中有效值（均方根值）使用较多。有时也测量信号的峰值和平均值，如测量冲击信号的幅度或考虑放大器是否会出现过载时，需要测量峰值。

声级计可用指针方式指示，指针读数按分贝刻度，缺点是体积大、读数不直观、不耐振动、读数不易精确。用数字显示的声级计称数字声级计，是将模拟电路检波输出的直流信号反馈给 A/D 转换器，或将传声器前置放大输出的交流信号直接进行模数转换，然后对数字信号进行分析处理，并以数字显示。由于软件可按要求编制，数字声级计具有多用性优点：可根据需要提供瞬时声级、最大声级、统计声级、等效连续声级、噪声暴露声级等数据；缺点是数字显示不断更换，不能连续监测测量的变化。

（3）声级计的主要附件

① 防风罩

风对噪声的测量有影响，风吹传声器膜片会产生风噪声。所测噪声声压级越低，风的影响越大，为此需在传声器上罩防风罩，防风罩通常可降低风噪声 10~12dB。

② 鼻形锥

在高速气流中测量噪声，风罩不适用，可用鼻形锥降低风噪声。其外形呈流线型，像炮弹弹头。

③ 延伸电缆

测量精度要求较高或在某些特殊情况下，测量仪器与测试人员相距较远，可用屏蔽电缆连接电容传声器（随接前置放大器）和声级计。屏蔽电缆长度为几米至几十米，电缆的衰减很小，可以忽略。但插头与插座接触不良，会带来较大衰减，因此要对连接电缆后的整个系统用校准器校准。

（4）声级计的校准

为了保证测量准确性，声级计使用前后要进行校准。通常使用活塞发生器、声级校准器或其他声压校准仪器对声级计进行校准。

活塞发生器：是较精确的校准器，在传声器的膜片上产生一个恒定的声压级（如124dB）。活塞发声器的信号频率一般为 250Hz，在校准声级计时，频率计权必须放在"线性"挡或"C"挡，不能在"A"挡校准。用活塞发生器校准时，要注意对环境大气压的修正，特别是在海拔较高地区，国产的 NX6 活塞发生器产生 124dB±0.2dB 声压级，频率250Hz，非线性失真不大于 3%。

声级校准器：是简易校准器，如国产 ND9 校准器。校准时，其信号频率是 1000Hz。在

1000Hz 处，任何计权或线性响应、灵敏度都相同。校准时，对 1 英寸或 24mm 外径的自由声场响应电容传声器，校准值为 93.6dB；对 1/2 英寸或 12mm 外径的自由声场响应传声器，校准值为 93.8dB。

校准器应定期送计量部门鉴定。

声级计使用电池供电，在声级计使用前后及使用过程中，必须检查电池的电力。若电池电力不足，应及时更换电池，重新进行测量。

1.3.2　频谱分析仪

人们听到的各种声音是由不同频率、不同强度的纯音组合成的复音。组成复音的各个成分的强度与频率关系图，称频谱图。频谱图通常以频率（或频带）为横坐标，以反映相应频率（或频带）处声音信号强弱的量（如声压、声强、声压级、声功率级等）为纵坐标。

可听声频率范围宽广，各种声音波形复杂，因而频谱的形状多种多样。典型的噪声频谱有线状谱、连续谱和复合谱。图 1.13 所示的噪声频谱图，反映了声能量在各个频率处的分布特性。

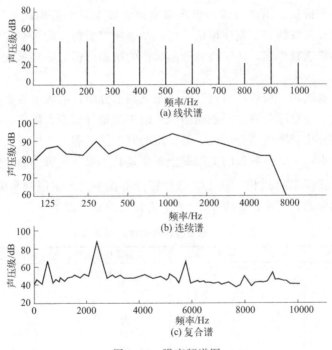

图 1.13　噪声频谱图

对声信号进行频谱分析的设备称频谱分析仪或频率分析仪，其核心部分是滤波器。声学测量的频谱分析经常使用带通滤波器，只允许一定频率范围（通带）内的信号通过，高于或低于这一频率的信号不能通过。图 1.14 所示为一个典型带通滤波器的频率响应。带宽 $\Delta f = f_2 - f_1$，f_1 称下限截止频率，f_2 称上限截止频率，f_0 称中心频率，三者之间的关系为：

$$f_0 = \sqrt{f_1 f_2} \tag{1-37}$$

频谱分析仪通常分为两类：一类是恒定带宽频谱分析仪，另一类是恒定百分比带宽频谱分析仪。

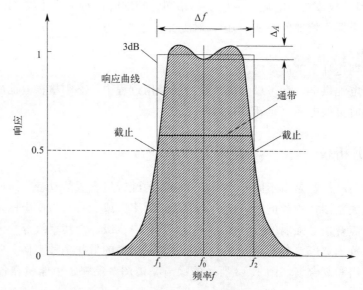

图 1.14 带通滤波器的频率响应

恒定带宽频谱分析仪：当放大器与恒定带宽滤波器配置，就构成了恒定带宽频谱分析仪。恒定带宽频谱分析仪的频带宽度恒定不变，每个频带所包容的频率数恒定，与频带的中心频率无关。其频率选择性强，适于检验产品噪声的精确分析，但要求被分析的噪声频率必须十分稳定。

恒定百分比带宽频谱分析仪：恒定百分比带宽频谱分析仪的频率带宽是中心频率的一个恒定百分比值，频带宽度随频率的增加而增宽，适于测量分析不太稳定的噪声。在一般噪声测量中多用恒定百分比带宽频谱分析仪，最常用的有倍频程和 1/3 倍频程频谱分析仪。

倍频程分析仪中，一个倍频带的上限截止频率是其下限截止频率的 2 倍，每个倍频带的中心频率是下限截止频率的 $\sqrt{2}$ 倍。在 1/3 倍频带分析仪中上、下限频率的比值是 $\sqrt[3]{2}$，中心频率是上、下限频率的几何中值。表 1.10 表示为常用的滤波器带宽。

表 1.10 滤波器通带的准确频率/Hz

通带号	中心频率	1/3 倍频程滤波器带宽	倍频程滤波器带宽
14	25	22.4~28.2	
15	31.5	28.2~35.5	22.4~44.7
16	40	35.5~44.7	
17	50	44.7~56.2	
18	63	56.2~70.8	44.7~89.1
19	80	70.8~89.1	
20	100	89.1~112	
21	125	112~141	89.1~178
22	160	141~178	
23	200	178~224	
24	250	224~282	178~355
25	315	282~355	
26	400	355~447	
27	500	447~562	355~708
28	630	562~708	

通带号	中心频率	1/3 倍频程滤波器带宽	倍频程滤波器带宽
29	800	708～891	
30	1000	891～1120	708～1410
31	1250	1120～1410	
32	1600	1410～1780	
33	2000	1780～2240	1410～2820
34	2500	2240～2820	
35	3150	2820～3550	
36	4000	3550～4470	2820～5620
37	5000	4470～5620	
38	6300	5620～7080	
39	8000	7080～8910	5620～11200
40	10000	8910～11200	
41	12500	11200～14100	11200～22400
42	16000	14100～17800	
43	20000	17800～22400	

利用上述仪器进行噪声频谱分析，只适用于稳态连续噪声。对于非稳定连续噪声，如语言信号，其频谱随时间变化，脉冲冲击噪声作用时间非常短暂，用这种仪器测量时，一种方法是利用记录器记录噪声信号，然后反复进行测量，另一种方法是采用实时分析仪进行测量分析。

1.4　噪声测量方法

噪声的测量一般可归纳为两类：第一类是对噪声源所辐射的噪声大小和特性的确定，第二类是评价噪声对人们的工作、学习、身心健康的影响。这两类问题都与噪声有关，对噪声的控制目的是把声源辐射的噪声降低到人们可以接受的程度。

1.4.1　稳态噪声测量

稳态噪声的声压级用声级计测量。如果用快挡来读数，当频率为 1000Hz 的纯音输入时，在 200～250ms 以后就可以给出真实的声压级。如果用慢挡读数，则需要在更长时间才能给出平均声压级。

对于稳态噪声，快挡读数的起伏小于 6dB，如果某个倍频带声压级比邻近的倍频带声压级大 5dB，就说明噪声中有纯音或窄带噪声，必须进一步分析其频率成分。对于起伏小于 3dB 的噪声，可以测量 10s 时间内的声压级；如果起伏大于 3dB 但小于 10dB，则每 5s 读一次声压级并求出其平均值。更详细的分析可以测量声压级的统计分布。

测量时背景噪声的影响可用表 1.9 给出的数值作修正。例如，噪声在某点的声压级为 100dB，背景噪声为 93dB，则实际声压级应为 99dB。注意：表 1.11 给出的修正值也可以应用于每个倍频带声压级。

表 1.11　环境噪声的修正值/dB

测量噪声级与环境噪声级之差	3	4	5	6	7	8	9	10
修正值	−3.0	−2.3	−1.7	−1.25	−0.95	−0.75	−0.6	0

测得 N 个声压级值后，可以求得平均声压级为：

$$\overline{L}_p = 20\lg \frac{1}{N}\sum_{i=1}^{N}10^{L_i/20} \tag{1-38}$$

式中，L_i 为第 i 次测得的声压级。

在噪声测量过程中广泛使用 A 声级，可用 A 计权网络直接测量，也可以由测得的倍频带或 1/3 倍频带声压级转换为 A 声级，其转换公式如下：

$$L_A = 10\lg \sum_{i=1}^{N}10^{(R_i+\Delta_i)/10} \tag{1-39}$$

式中，R_i 为测得的倍频带声压级；Δ_i 为 A 声级修正值，由表 1.12 给出。

表 1.12 倍频带和 1/3 倍频带声压级换算为 A 声级的修正值

中心频率/Hz	修正值/dB	中心频率/Hz	修正值/dB
25	−44.7	800	−0.8
31.5	−39.4	1000	0
40	−34.6	1250	+0.6
50	−30.2	1600	+1.0
63	−26.2	2000	+1.2
80	−22.5	2500	+1.3
100	−19.1	3150	+1.2
125	−16.1	4000	+1.0
160	−13.4	5000	+0.5
200	−10.9	6300	−0.1
250	−8.6	8000	−1.1
315	−6.6	10000	−2.5
400	−4.8	12500	−4.8
500	−3.2	16000	−6.6
630	−1.9	20000	−9.3

1.4.2 非稳态噪声测量

（1）不规则噪声测量

对于不规则噪声，根据需要，可以测量声压级的时间-频率分布特性，具体测量值有最大值、最小值和平均值；声压级的统计分布（如累积百分声级 L_x）；等效连续声级；噪声的频谱分布。

在测量声压级的时间分布特性时，可每隔 5s 读一次，获得约 50 个数值，然后按大小顺序排列，然后可获得最大值、最小值、平均值，以及累积百分声级（如 L_{10}、L_{90}）等。等效连续声级反映按能量平均的声级，如被平均的声级被加权，则可形成不同形式的等效连续声级，最常用的是等效连续 A 声级，其表达式为：

$$L_{eqA} = 10\lg \frac{1}{T}\int_{0}^{T}10^{L_A/10}\mathrm{d}t \tag{1-40}$$

式中，L_{eqA} 为连续等效 A 声级，dB(A)；T 为测量的总时间，s；L_A 为瞬时 A 声级。

对于起伏很大的噪声应该用统计方法测量，并且以不同噪声级出现的概率或累积概率来表示。累积声级 L_N 定义为测量时间内 N％所超过的噪声级，例如，L_{10}、L_{50}、L_{90} 分别为在整个测量期间有 10％、50％、90％时间超过的噪声级。通常 L_{10} 相应于峰值平均噪声级，L_{50} 相应于平均噪声级，L_{90} 相应于背景噪声级。测量 L_N 时从某一时刻开始，每隔 5 秒测一次声级，连续测量 50 次。将测量结果从大到小排列，其中第 5 个声级就是 L_{10}，第 25 个

声级是 L_{50}，第 45 个声级是 L_{90}。

当然，也可以用噪声级分析仪直接测量和显示 L_{10}、L_{50}、L_{90}，其中 N 可任意选择。例如，丹麦 B&K 公司的 4426 噪声级分析仪，它包含模拟输入和数字处理两部分。检波器输出送到 8 位模数转换器，将 64dB 的动态范围分为 266 挡，每挡为 0.24dB。L_N 由 N 个通路计数器的存储量来计算，采用逐次逼近方法，也就是累积百分数被反复计算，直到它等于被选择的 N 值，找出正确的 L_N 并显示。

另外，如果需要噪声的频域特性，其频谱可用倍频程或 1/3 倍频程声压级谱来表示，也可以用 L_c 或 L_A 来近似描述。

（2）脉冲噪声测量

脉冲噪声是指大部分能量集中在持续时间短于 1s 而间隔时间长于 1s 的猝发噪声。关于 1s 的选择是任意的，在极限情况下，如果脉冲时间无限短而间隔时间无限长，这就是单个脉冲。

脉冲噪声对人的影响通常是能量而不是峰值、持续时间和脉冲数量。因此，对连续的猝发声序列应该测量声压级和功率，对于有限数目的猝发声则测量暴露声级。

常用记忆示波器测量脉冲噪声峰值声压和持续时间，或用脉冲声级计测量。如果只需要测量声压级，则可以使用峰值指示仪表测量。

1.4.3　声强及声功率测量

1.4.3.1　声强测量法

声压是定量描述噪声的一个有用参量，但是用来描述声场的分布特性或声源的辐射特性，有时还不够，为此提出声强测量和声功率测量。

使用声级计测量的噪声量一般为声压，声强的测量需要借助声压测量进行计算转换。在声场中某点，与质点速度方向垂直的单位面积上在单位时间内通过的声能称为瞬时声强，它是一个矢量 $I = pu$。实际应用中，常用的是瞬时声强的时间平均值为：

$$I_r = \frac{1}{T} \int_0^T p(t) u_r(t) \mathrm{d}t \tag{1-41}$$

式中　$u_r(t)$——某点的瞬时质点速度在声传播 r 方向上的分量；

　　　　$p(t)$——该点 t 时刻的瞬时声压；

　　　　T——取声波周期的整数倍时间。

声强测量的原理是利用声压与质点的速度关系，来求出质点速度，再依据公式：

$$I = \frac{p^2}{\rho c} \tag{1-42}$$

及公式：

$$p = \rho u c \tag{1-43}$$

即可得出 $I = pu$，求出声强。

由声强原理的基本概念知道，要测量出声强，必须测出某点的声压 p 与质点速度 u。声压可用一个传声器测得，而该点的质点速度则无法用一个传声器测量，此时需用双传声器的测量系统，其两个传声器设置简图如图 1.15 所示。

1 和 2 为两个相同的传声器，其中心距为 Δr，O-O 为两个传声器之间的中心，该处的声压为 p，质点速度为 u，两个传声器测出的声压分别为 p_1 和 p_2，则声压梯度近似为：

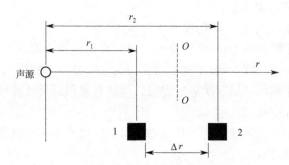

图 1.15　测量声强时两个传声器的位置示意图

$$\frac{\partial p}{\partial r} \approx \frac{p_2 - p_1}{\Delta r} \tag{1-44}$$

当 $\Delta r \ll \lambda$（λ 为测试声波的波长）时，将两个声压传声器测得的声压 p_1 和 p_2 的平均值视为传声器连线中点的声压值 p，$p = (p_1 + p_2)/2$

由质点速度与声压间的关系：

$$\rho_0 \frac{\partial u}{\partial t} = \frac{\partial p}{\partial r} \tag{1-45}$$

可得质点速度的表达式：

$$u = -\frac{1}{\rho} \int \frac{\partial p}{\partial r} \mathrm{d}t = -\frac{1}{\rho} \int \frac{p_2 - p_1}{\Delta r} \mathrm{d}t \tag{1-46}$$

再由声压和声强的关系 $I = pu$，可得声强的计算表达式为：

$$I = pu = -\frac{p_1 + p_2}{2\rho \Delta r} \int (p_2 - p_1) \mathrm{d}t \tag{1-47}$$

由此可见，由两个传声器测得的声压 p_1 和 p_2 即可求出声强，其近似性和测量误差与传声器的中心间距 Δr 以及两传声器本身的测量系统有关。

声强测量的用处很多，由于声强是一个矢量，因此声强测量可用来鉴别声源和判定它的方位，可以画出声源附近声能流动路线，可以测定吸声材料的吸声系数和墙体的隔声量，甚至在现场强背景噪声条件下，通过测量包围声源的封闭包络面上各面元的声强矢量求出声源的声功率。

目前，大致有三类声强测量仪器：

① 小型声强仪，它只给出线性的或 A 计权的单值结果，且基本上采用模拟电路。

② 双通道快速傅里叶变换（FFT）分析仪或其他实时分析仪，通过互功率谱计算声强。

③ 利用数字滤波器技术，由两个具有归一化 1/3 倍频程滤波器的双路数字滤波器获得声强的频谱。

如果只需要测量线性的或 A 计权的声强级，可以采用小型声强仪；如果需要进行窄带分析，而且在设备和时间上没有什么限制，可以采用互功率谱方法。

1.4.3.2　声功率测量法

用声压级描述噪声源辐射特性，测量结果与测量位置和声学环境有关，它不能全面刻画噪声源辐射声波的强度及特性。因此，在声学测量中声功率的测量占有非常重要的地位。声

功率指单位时间内辐射声波的平均能量，单位为瓦（W）。若用声功率级表示，则为

$$L_W = 10\lg \frac{W}{W_0} = 10\lg W + 120 \tag{1-48}$$

式中，L_W 为声功率级，dB；W 为声源辐射的声功率，W；W_0 为基准声功率，$W_0 = 10^{-12}$W。声源声功率级的频率特性和指向特性可以用声功率级、频率函数或频谱表示。

国际标准化组织已颁布了一系列关于测定机器声功率方法的标准，如表 1.13 所示。参考 ISO 标准，我国自 20 世纪 80 年代开始，先后制定了 12 条与测量噪声源声功率相关的国家标准，其中 GB/T 14367—2006 和 GB/T 4129—2003 是关于一般测量准则和测量设备的，其余 10 项标准分为 4 类方法，适用不同测试环境和测试精度，一般它们与 ISO 标准都是等效的或有渊源关系，具体情况列于表 1.14。

表 1.13　ISO 颁布的噪声源声功率测试标准

标准编号	精度分类	测试环境	声源体积	噪声特性	可得到的声功率	可供选择的信息
3741	精密	满足特殊要求的混响室	最好小于测试间体积的 1%	稳态、宽带稳态、窄带或离散频率	1/3 倍频带或倍频带	A 计权声功率级
3742						
3743	工程	专用混响室	最好小于测试间体积的 1%	稳态、宽带、窄带或离散频率	A 计权和倍频带	其他计权的声功率级
3744	工程	户外或在大房间内	最大尺寸小于 15m	任意	A 计权 1:1 和 1:3 倍频带	指向性和声压级随时间变化
3745	精密	消声室或半消声室	最好小于测试间体积的 0.5%	任意	A 计权、1:1 或 1:3 倍频带	指向性和声压级随时间变化
3746	调查	没有专用的测试环境	只受现有测试环境限制	任意	A 计权	声压级随时间变化，其他计权声功率级

表 1.14　我国颁布的噪声源声功率测试标准

方法分类	标准编号	精度分类	主要特点	声源体积	对应的 ISO 标准
声压法	6282—2016	精密	消声室和半消声室精密法	小于测试间体积的 0.5%	3745:1997
	3767—1996	工程	反射面上方近似自由场的工程法	无限制，由有效测试环境限定	3774:1994
	3768—1996	简易	反射面上方采用包络测量表面的简易法	无限制，由有效测试环境限定	3746:1995
	6881.1—2002	精密	混响室精密法	小于混响室体积的 1%	3741:1975 3742:1975
	6881.2—2017	工程	硬壁测试室中工程法	小于混响室体积的 1%	
	6881.3—2002	工程	专用混响室中工程法	小于混响室体积的 1%	3743:1976
声强法	16404—1996	精密	离散点上的测量	无限制，测量表面由声源尺寸确定	9614-1:1993
	16404.2—1999	精密	扫描测量	无限制，测量表面由声源尺寸确定	9614-2:1996
标准声源法	16538—2008	简易	使用标准声源简易法	无限制	3747:1987
振速法	16539—1996	精密	封闭机器的测量	无限制	7849:1987

现对声压法、声强法、标准声源法以及振速法进行介绍。

（1）声压法

声压法是指通过测量声压值换算声功率的测量方法。从声学环境来讲，总体上分为自由场法和混响室法两类，下面分类给予介绍。

① 自由场法

产生自由场的环境可以是消声室或半消声室，以及近似满足自由场条件的室内或户外，因此，所测量的精度有所不同。分为三级：精密法、工程法和简易法，即 1 级、2 级和 3 级精度，其特征由 GB/T 14367—2006 规定，见表 1.15。表中有几点需要说明：①三种方法都适合各类噪声，如宽带、窄带、离散频率、稳态、非稳态、脉冲等；②K 为对 A 计权或频带的环境修正值，等于所测得的声功率级减去标准声源校准的声功率级；③$K_1 = 10\lg(1 - 10^{-0.1\Delta L})$ 为背景噪声修正值，ΔL 等于被测声源工作期间的测量表面平均声压级减去测量表面平均背景噪声声压级。

表 1.15　自由场法测试噪声源声功率标准

参量	精密法 1 级	工程法 2 级	简易法 3 级
测量环境	半消声室	室外或室内	室外或室内
评判标准	$K_2 \leqslant 0.5\text{dB}$	$K_2 \leqslant 2\text{dB}$	$K_2 \leqslant 7\text{dB}$
声源体积	最好小于测试间体积的 0.5%	无限制，由测试环境限定	无限制，由测试环境限定
对背景噪声的限定	$\Delta L \geqslant 10\text{dB}$（如有可能大于 15dB），$K_1 \leqslant 0.4\text{dB}$	$\Delta L \geqslant 6\text{dB}$（如有可能大于 15dB），$K_1 \leqslant 0.4\text{dB}$	$\Delta L \geqslant 3\text{dB}$（如有可能大于 15dB），$K_1 \leqslant 0.4\text{dB}$
测量数目	$\geqslant 10$	$\geqslant 9$	$\geqslant 4$

利用声压法可以测量无指向性和有指向性声源的声功率，以及指向性声源的指向性指数和指向性因数。

② 混响室法

把噪声源放在混响室内，测得室内平均声压级后可以求出噪声源功率级。在混响室内，除了非常靠近声源处，离开壁面半波长的其他任何地方的声压级差不多相同，这时声压和声源总功率的关系为：

$$W_A = \frac{\alpha_S p^2}{4\rho c} \tag{1-49}$$

其声功率级为：

$$L_W = \bar{L}_p + 10\lg(\alpha_S) - 6.1 \tag{1-50}$$

式中，α_S 为室内总吸声量；$\bar{L}_p$ 为室内平均声压级。式(1-50) 没有考虑空气吸收对高频声的影响，如作高频空气吸收修正，则可改写为：

$$L_W = \bar{L}_p + 10\lg(\alpha_S + 4) - 6.1 \tag{1-51}$$

测量时应该使用无规响应传声器。传声器的位置离墙角和墙边至少 $3\lambda/4$，离墙面至少 $\lambda/4$（λ 是最低频率声波的波长）；传声器不要太靠近声源，至少相距 1m，平均声压级至少要在一个波长的空间内进行。测量位置约 3~8 点，与噪声源频谱有关，如噪声源有离散频率，则需要更多的传声器测点。

混响室的总吸声量是通过测量混响时间来计算的，这时噪声源声功率用下式计算：

$$L_W = \bar{L}_p + 10\lg\frac{V}{T} + 10\lg\left(1 + \frac{S\lambda}{8V}\right) - 14 \tag{1-52}$$

式中，V 为混响室体积，m^3；T 为混响时间，s；λ 为相应于测试频带中心频率的声波波长，m；S 为混响室内表面的总面积，m^2；$\bar{L}_p$ 为平均声压级。

混响室法要求的条件比自由场法要简单，近年来使用较多。需要注意的是，测量混响时间（特别是在低频率）须根据衰变曲线开始 10dB 的斜度，否则算出的 L_W 值会低很多。

（2）声强法

与上面的声压法相比，应用声强技术有两个优点：①不需要使用消声室或混响室等声学设施；②在多个声源辐射叠加声场中能区分不同声源的辐射功率。这意味着声强技术能用于测量现场条件下各种实际噪声源的辐射功率。

理论上讲，任何情况下、任意形状声源（或功率吸收源）辐射（或耗散）的声功率都能用声强技术测定。只要封闭曲面唯一包围被测声源（或功率吸收源），测量结果就与曲面的形状和大小选择无关，同时与曲面外是否有其他噪声源存在也无关。但实际上并非如此，声强测量伴随有许多测量误差。例如，有限差分近似估算误差、声强仪中传感器间相位不匹配而引起的声强测量误差等。声功率流测量精度不仅与流体声强技术有关，而且还与测量曲面的形状和大小（即测点与声源距离）、声源和声场性质、环境噪声的强弱、采样时间的长短等多种因素有关，其中测量曲面形状较为重要。测量曲面应根据实际声源形状和其辐射声场特性选择，一般情况下测量曲面应相对于声源对称，其形状应与声源形状相似。

应用声强技术测量声源辐射声功率流的方法有两种：定点式测量方法和扫描式测量方法，与此相关的国家标准是：①GB/T 16404—1996《声学 声强法测定噪声源的声功率级 第 1 部分：离散点上的测量》；②GB/T 16404.2—1999《声学 声强法测定噪声源的声功率级 第 2 部分：扫描测量》，下面分别予以讨论。

① 定点式测量方法

声源辐射声功率可以由在包围该声源的封闭曲面上多点处测量的声强法向分量值估算。很明显，声源辐射功率的测量精度取决于测点数目的多少和声强测量误差的大小。在声强测量误差一定的情况下，测点数目越大，声源辐射功率的测量精度应该越高。但事实上并非如此简单，图 1.16 给出了在实验室条件下正方形平面（5 个等面积正方形平面和刚性地面组成的封闭测量曲面，声源放置在刚性地面中心）上几种不同测点数目和位置分布与声功率测量误差的关系。图中的正方形平面为 $1m \times 1m$，测量误差级为 ΔL_W；"○"表示测点位置。该图表明：声功率测量精度不但与测量曲面上测点数目成正比，而且与测点位置选择有关。如果测点位置选择恰当，即使测点数目少，也能获得较高的声功率测量精度；如果测点位置选择不当，增加测点数目不一定能提高功率测量精度。一般情况下曲面上测点面密度每平方米不应小于 1 个。

② 扫描式测量方法

测量面上各小曲面积分可表示为小曲面表面积 S_k 与其声强法向分量的空间平均值 $\bar{I}_{nk}$ 之积，因而通过测量曲面的声功率流可表示为：

$$L_W = \sum_{i=1}^{N} \bar{I}_{nk} S_k \tag{1-53}$$

由声强探头在第 k 个小曲面上移动时采集的数据可以估算 $\bar{I}_{nk}$，它是时间和空间的平均结果。运动的声强探头采集的是非稳态信号，势必影响声功率测量精度。为抑制声强探头移动对声场产生的影响，声强探头移动速度应当很慢并且保持为常数。若声强探头移动速度为

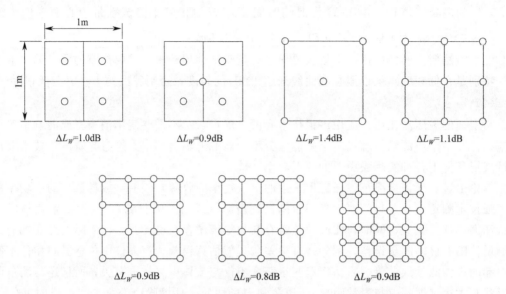

图 1.16 测点数目和位置分布与声功率测量误差之间的关系

u，每采集一次信号移动距离为 d，则应满足不等式：

$$\frac{d}{u} \gg B_e \qquad (1\text{-}54)$$

式中，B_e 是谱线带宽。对于宽频带声功率测量，应根据分析仪中谱线带宽选择声强仪移动速度。ANSI 标准草案建议：声强仪移动速度应在 $0.1 \sim 0.5 \text{m/s}$ 范围内，最大极限速度为 3m/s，各小曲面上声强探头移动路径为正交平行线，即在数学上声功率流测量值等价于两次曲面积分的平均值。很显然声强探头运动速度的快慢和运动路径的形状对声功率流测量精度是有影响的，有关定量的研究结果可参看相关文献。

扫描式测量方法中，声强法向分量的曲面积分是由其曲线积分近似代替的，这势必产生声功率流的估算误差。但数值模拟结果表明：在理想条件下扫描式测量方法（即使在声强探头移动速度不是常数值的情形下）比定点式测量方法的测量精度高；扫描式测量方法的近似估算误差和由于声强探头移动速度变化 ［但满足不等式(1-54)］ 而引起的测量误差都很小。当用 P-P 技术测量声功率流时，无论声强探头移动速度多慢，采样的信号不是处于同一空间位置的声压信号，测量的声压信号相关函数通常较低。因为声压互谱密度函数是空间位置的函数，但这并不意味着扫描式声功率流测量值的随机误差大。研究表明：只要声强探头移动缓慢，例如，0.1m/s，扫描式测量方法和定点式测量方法具有相似的随机测量误差，它主要取决于声源和声场特性、采样时间等因素，与测量方式无关。在较为理想的声场条件下，声功率流测量值的随机误差较小，当测量曲面上有负向功率流存在时，无论采样时间多长或者声强仪移动速度多慢，声功率流的随机测量误差总是较大。

与定点式测量方法相比，扫描式测量方法具有测量速度快、操作简便等优点，已被广泛地应用在工程测量中。已有很多文献报告对这两种测量方法进行了比较，其结论是两种测量方法获得的结果"等同"，其差异在测量精度范围内。

（3）标准声源法

与标准声源法有关的国家标准是：①GB/T 16538—2008《声学 声压法测定噪声源声功率级 现场比较法》；②GB/T 4129—2003《声学 用于声功率级测定的标准声源的性能与校

准要求》。

使用标准声源的方法有下述三种：①置换法，把机器移开，用标准声源代替它作测量；②并摆法，若机器不便移动，可以把标准声源放在对称的位置；③比较法，把标准声源放在厂房另一端，周围反射面位置和机器旁相似。

标准声源有空气动力式、电声式和机械式三种，空气动力式标准声源是一种特殊设计的风扇，由风扇的旋转速度和风扇叶片大小、形状决定声功率输出和频谱特性。电声式标准声源是由数只扬声器组成，并由无规噪声信号激发。机械式标准声源是将标准冲击机放入金属罩内打击薄板辐射噪声。从声功率来看，基本上有两类，一类为（90 ± 5）dB，另一类则为大于 100dB。标准声源的另一个特性是它的功率谱特性，通常在 $200\sim6000\,\mathrm{Hz}$ 间功率谱是比较平直的，此外标准声源应该基本上没有方向性。

（4）振速法

在实际工作中，经常会遇到下列情况：①背景噪声比被测机器直接辐射的噪声还要高；②需要将结构噪声与空气动力噪声分开；③需要确定整个声源的结构噪声是来自机器的结构噪声还是来自机组的另一部分；④需要确定机器负载的噪声又要排除被拖动负载及其他噪声影响。

遇到上述情形就需要采用所谓的振速法测量声源声功率。国家标准中只有一项与振速法有关，即 GB/T 16539—1996《声学 振速法测定噪声源声功率级 用于封闭机器的测量》。

标准中的封闭机器是指机械结构振动噪声主要通过封闭于机器外表面辐射的那类机器设备，测量时将振动传感器安装在振动表面上，作为宽频率范围的振动测量，优先采用压电加速度计。在规定的运行条件下，各测点在规定的频率范围内按频带测定振动速度级，对于第 i 个测点有：

$$L_{VI}=L_{VI}'-K_{Ii}+K_{mi} \tag{1-55}$$

式中，L_{VI}' 是未修正的实测振动速度级；K_{Ii} 是附加结构修正因数；K_{mi} 是传感器质量修正因数。一般情况下，上述修正因数可以忽略。

测点分为均匀分布和不均匀分布两种情况，当从初始结果中已知振动测试面的某些部分比其他部分的振动更强烈时，则应该在较强的那部分更密集地配置测点，这就是不均匀分布测点。

1.4.4　工业企业噪声测量

工业企业噪声测量分为工业企业生产环境噪声测量、机器设备噪声现场测量和工业企业厂界噪声测量三种。

1.4.4.1　工业企业生产环境噪声测量方法

安装传声器的高度要求：测量时，传声器的位置应在操作人员的耳朵位置，但人需离开。

测点选择的原则：若车间内各处 A 声级波动小于 3dB，只需在车间内选择 1～3 个测点；若车间内各处声级波动大于 3dB，应按声级大小，将车间分成若干区域，任意两区域的声级应大于或等于 3dB，每个区域的声级波动必须小于 3dB，每个区域取 1～3 个测点。这些区域必须包括工人经常工作、活动的地点和范围。

对稳态噪声测量 A 声级，记为 dB(A)；对不稳态噪声，测量等效连续 A 声级或测量不同 A 声级下的暴露时间，计算等效连续 A 声级，测量时使用慢挡，取平均读数。

测量时要注意减少环境因素对测量结果的影响，避免或减少气流、电磁场、温度和湿度等因素对测量结果的影响。

1.4.4.2　机器设备噪声现场测量方法

测量现场机器噪声，是为了掌握机器正常运转时整体机器噪声源的声学特性，以便采取有效的控制措施。

现场测量机器噪声，必须避免或减少环境背景噪声反射的影响，可使测点尽可能接近机器噪声源，关闭其他无关的机器，要减少测量环境的反射面，增加吸声面积等。对于室外或高大车间内的机器噪声，没有其他声源影响时，测点可选在距机器稍远的位置。选择测点应使被测机器的直达声大于本底噪声 10dB，至少要大 3dB。对于大小不同的机器和空气动力机械进排气噪声的测点位置和数目，可参考以下建议：

① 外形尺寸小于 30cm 的小型机器，测点距表面的距离为 30cm。

② 外形尺寸为 30~100cm 的中型机器，测点距表面的距离为 50cm。

③ 尺寸大于 100cm 的大型机器，测点距表面的距离为 100cm。

④ 特大型或危险性设备，测点可选在较远的位置。

⑤ 各类型机器噪声的测量，需按规定距离在机器周围均匀选点，测点数目视机器尺寸和发声部位的多少而定，可取 4~6 个；测点高度应以机器的 1/2 高度为准或选择在机器轴水平线的水平面上，测量 A、C 声级和倍频带声压级，并在相应测点上测量背景噪声。

⑥ 测量各种类型的通风机、鼓风机、压缩机等空气动力性机械的进排气噪声和内燃机、燃气轮机的进排气噪声时，进气噪声测点应在吸气口轴向，与管口平面距离不小于 1 倍管口直径，也可选在距离管口平面 0.5m 或 1m 等位置；排气噪声测点应选在与排气口轴线成 45°夹角方向，或在管口平面上距管口中心 0.5m、1m、2m 处，进排气噪声应测量 A、C 声级和倍频带声压级，必要时测量 1/3 倍频程声压级。

机器设备噪声测量的结果，随测点位置的不同而异。为了便于对比，各国的测量规范对测点位置都有专门规定，有时由于具体情况不能按规范要求布置测点，应注明测点位置，必要时应表示出测量场地的声学环境。

1.4.4.3　工业企业厂界噪声测量方法

《工业企业厂界环境噪声排放标准》（GB 12348—2008）规定了工业企业和固定设备厂界环境噪声测量方法，分别在昼间、夜间两个时段测量。夜间有频发、偶发噪声影响时同时测量最大声级。被测声源是稳态噪声，采用 1min 的等效声级。被测声源是非稳态噪声，测量被测声源有代表性时段的等效声级，必要时测量被测声源整个正常工作时段的等效声级。

（1）测量仪器及测量项目

测量仪器为积分平均声级计或环境噪声自动监测仪，其性能应不低于 GB/T 37875—2019 和 GB/T 3785.2—2010 对 Ⅱ 型仪器的要求。测量 35dB 以下的噪声应使用 Ⅰ 型声级计，且测量范围应满足所测量噪声的需要。校准所用仪器应符合 GB/T 15173—2010 对 1 级或 2

级声校准器的要求。

测量仪器和校准仪器应定期检定合格，并在有效使用期限内使用；每次测量前、后必须在测量现场进行声学校准，其前、后校准示值偏差不得大于 0.5dB，否则测量结果无效。

测量时传声器加防风罩。

测量仪器时间计权特性设为"F"挡，采校时间间隔不大于 1s。

（2）测量条件

气象条件：测量应在无雨雪、无雷电天气，风速为 5m/s 以下时进行。不得不在特殊气象条件下测量时，应采取必要措施保证测量准确性，同时注明当时所采取的措施及气象情况。

测量工况：测量应在被测声源正常工作时间进行，同时注明当时的工况。

（3）布点

一般情况下，测点选在工业企业厂界外 1m、高度 1.2m 以上、距任一反射面距离不小于 1m 的位置。

当厂界有围墙且周围有受影响的噪声敏感建筑物时，测点应选在厂界外 1m、高于围墙 0.5m 以上的位置。

当厂界无法测量到声源的实际排放状况时（如声源位于高空、厂界设有声屏障等），应按界外 1m、高度 1.2m 以上设置测点，同时在受影响的噪声敏感建筑物户外 1m 处另设测点。

室内噪声测量时，室内测量点位设在距任一反射面至少 0.5m 以上、距地面 1.2m 高度处，在受噪声影响方向的窗户开启状态下测量。

固定设备结构传声至噪声敏感建筑物室内，在噪声敏感建筑物室内测量时，测点应距任一反射面至少 0.5m 以上、距地面 1.2m、距外窗 1m 以上，窗户关闭状态下测量。被测房间内的其他可能干扰测量的声源（如电视机、空调机、排气扇以及镇流器较响的日光灯、运转时出声的时钟等）应关闭。

（4）背景噪声测量

测量环境：不受被测声源影响且其他声环境与测量被测声源时保持一致。测量时段：与被测声源测量的时间长度相同。

（5）测量记录

噪声测量时需做测量记录。记录内容应主要包括：被测量单位名称、地址、厂界所处声环境功能区类别、测量时气象条件、测量仪器、校准仪器、测点位置、测量时间、测量时段、仪器校准值（测前、测后）、主要声源、测量工况、示意图（厂界、声源、噪声敏感建筑物、测点等位置）、噪声测量值、背景值、测量人员、校对人、审核人等相关信息。

（6）测量数据处理

噪声测量值与背景噪声值相差大于 10dB（A）时，噪声测量值不做修正。噪声测量值与背景噪声值相差在 3~10dB（A）之间时，对噪声测量值与背景噪声值的差值取整后，按表 1.16 进行修正。

噪声测量值与背景噪声值相差小于 3dB（A）时，应采取措施降低背景噪声值后，视情况按上述情况处理，仍无法满足前两款要求的，应按环境噪声监测技术规范的有关规定执行。

表 1.16　背景值修正

差值/dB（A）	3	4~6	7~9
修正值/dB（A）	−3	−2	−1

1.5 噪声的评价及标准

1.5.1 噪声的评价

在噪声的物理量度中，声压和声压级是评价噪声强度的常用量，声压级越高，噪声越强，声压级越低，噪声越弱。但人耳对噪声的感觉，不仅与噪声的声压级有关，而且还与噪声的频率、持续时间等因素有关。人耳对高频噪声较敏感，对低频噪声较迟钝。声压级相同而频率不同的声音，听起来很可能是不一样的。如大型离心压缩机的噪声和活塞压缩机的噪声，声压级均为90dB，可是前者是高频，后者是低频，听起来前者比后者响得多。再如声压级高于120dB，频率为30kHz的超声波，尽管声压级很高，但人耳却听不见。

为了反映噪声的这些复杂因素对人的主观影响程度，需要有一个对噪声的评价指标。下面就常用的评价指标做简略介绍。

1.5.1.1 响度级和等响曲线

根据人耳的特性，人们模仿声压的概念，引出与频率有关的响度级，响度级的单位是方（phon），是选取以1000Hz的纯音为基准声音，取其噪声频率的纯音和1000Hz纯音相比较，调整噪声的声压级，使噪声和基准纯音（1000Hz）听起来一样响。该噪声的响度级就等于这个纯音的声压级（dB）。例如，噪声听起来与声压级为85dB、频率1000Hz的基准音一样响，那么该噪声的响度级就是85phon。

响度级是表示声音响度的主观量，它把声压级和频率用一个单位统一起来。

利用与基准声音比较的方法，可测量出整个人耳可听范围的纯音的响度级，绘出响度级与声压级频率的关系曲线，反映人耳对各频率敏感程度的等响曲线，如图1.17，表1.17表示响度级与声压级和频率的关系。

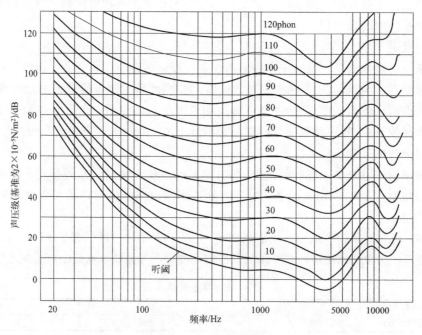

图 1.17 等响曲线

表 1.17　响度级与声压级和频率的关系

声压级/dB	各频率(Hz)下的响度级/phon											
	20	40	60	100	250	500	1000	2000	4000	8000	10000	15000
120	81.5	108.5	112.5	117.0	119.4	119.9	120	128.6	136.5	113.0	110.9	103.4
110	74.5	97.1	102.1	107.8	111.1	111.3	110	117.0	124.7	103.4	104.5	99.0
100	57	84.7	90.8	98.3	102.3	102.4	100	105.7	113.1	93.7	97.3	94.4
90	37.4	71.2	78.9	88.0	93.1	93.2	90	94.6	101.7	83.8	89.5	87.6
80	17.0	56.7	66.4	77.3	83.4	83.7	80	83.6	90.5	73.7	80.9	79.3
70	(−5.8)	41.2	53.1	66.1	73.2	74.0	70	72.6	79.5	63.5	71.7	69.4
60		24.7	39.2	54.4	62.6	63.9	60	62.3	68.7	53.0	61.7	58.0
50		7.1	24.6	47.1	51.5	53.5	50	52.0	58.5	42.4	51.7	45.0
40		(−11.5)	9.3	25.6	40.0	42.8	40	41.9	47.6	31.6	39.7	30.5
30			(−6.6)	16.0	28.0	31.8	30	31.9	37.4	20.7	27.7	14.4
20				2.2	15.5	20.5	20	22.2	27.4	9.5	14.9	(−3.2)
10				(−12.1)	2.6	8.9	10	12.4	17.5	(−1.8)	1.5	
0					(−10.8)	(−3.0)	0	3.3	7.9		(−12.7)	

等响曲线的横坐标为频率，纵坐标是声压级。每一条曲线相当于声压级和频率不同而响度相同的声音，即相当于一定响度（phon）的声音。最下面的曲线是听阈曲线，上面120phon 的曲线是痛阈曲线，听阈和痛阈之间是正常人耳可以听到的全部声音。

从等响曲线可以看出，人耳对高频噪声敏感，而对低频噪声不敏感，如同样是响度级80phon，对 30Hz 的声音来说，声压级是 101dB，对于 100Hz 的声音，声压级是 85dB，而对于 4kHz 的声音，声压级为 71dB。从等响曲线还可以看出，当声压级较小和频率低时，声压级和响度级的差别很大。如声压级为 40dB 的 40Hz 的低频声是听不见的，没有进入听阈范围，而同样声压级为 40dB，频率为 800Hz 的声音，响度级为 42phon，而 1000Hz 的频率声的响度级为 40phon。

响度级是个相对值，有时需把它化为自然数，即用绝对值和百分比来表示，这就要引入响度单位——sone。40phon 为 1sone，50phon 为 2sone，60phon 为 4sone，70phon 为 8sone……，响度和响度级的关系可用下式表示：

$$L_N = 33.3 \lg N + 40 \tag{1-56}$$

式中　L_N——响度级，phon；

$\qquad$ N——响度，sone。

式(1-56) 的适用范围是 20～120phon，在 20phon 以下不适用。为了应用方便，由式(1-56) 计算出响度和响度级的对应关系，见表 1.18。

表 1.18　响度与响度级的对应关系

响度/sone	1	2	4	8	16	32	64	128	256	512	1024	2048	4096
响度级/phon	40	50	60	70	80	90	100	110	120	130	140	150	160

响度和响度级都是评价人对噪声的主观感受，响度级增加或减少 10phon，则主观感觉的响度加倍或减半。用响度表示噪声大小较直观，并且可以直接计算出响度增加或降低的百分数。

1.5.1.2　A 声级和等效连续 A 声级

响度和响度级来反映人们对噪声的主观感受过于复杂，为了方便，又要使声音与人耳听觉感受近似一致，人们普遍使用 A 声级和等效连续 A 声级对噪声做主观评价。

（1）A 声级

A 声级即 A 计权声级，它能较好地反映人耳对噪声强度与频率的主观感觉，因此，对一个连续的稳态噪声是一种较好的评价方法。用 A 声级评价噪声对人的危害已得到满意结果，A 声级已成为国际标准化组织和绝大多数国家用作评价噪声的主要指标。

（2）等效连续 A 声级

噪声常常是间歇性的，或强度随时间起伏，对这种非稳态噪声，用 A 声级进行评价是不合适的。如交通噪声随车辆流量和种类而变化；一台机器工作时某声级稳定，但它是间歇工作，与另一台声级相同、连续工作的机器对人的影响就不一样。因此，人们用等效 A 声级代替 A 声级评价非稳态噪声。等效 A 声级是对在某个规定时段内的非稳态噪声的 A 声级，用能量平均的方法，以一个连续不变的 A 声级来表示该时段内噪声的声级。

由于环境噪声测量都用 A 声级，所以等效 A 声级可简单称为等效声级，用符号 L_{eq} 表示。

在规定的时间 T 内，设 A 声级为 L_{Ai}，持续时间为 t_i，按定义等效 A 声级为：

$$L_{eq} = 10\lg\left(\frac{1}{T}\sum_{i=1}^{n}10^{0.1L_{Ai}}t_i\right) \tag{1-57}$$

式中，$T = \sum_{i=1}^{n}t_i$。

当测量是采样测量，采样的时间间隔都是 t 时，上式可表示为：

$$L_{eq} = 10\lg\left(\frac{\Delta t}{T}\sum_{i=1}^{n}10^{0.1L_{Ai}}\right) = 10\lg\left(\frac{1}{n}\sum_{i=1}^{n}10^{0.1L_{Ai}}\right)$$

$$= 10\lg\left(\sum_{i=1}^{n}10^{0.1L_{Ai}}\right) - 10\lg n \tag{1-58}$$

在工业噪声测量中，计算等效声级可采用如下方法。以一天工作 8h 计，$T = 480\text{min}$。在某个测点，测出的声级按由小到大的顺序排列，每 5dB（A）为一挡：80、85、90⋯80dB（A）表示 78～82dB（A），85dB（A）表示 83～87dB（A）。低于 78dB（A）不予考虑。将一天各声级的持续时间（min）统计填入表 1.19。

表 1.19　等效声级计算表

档次（n）	1	2	3	4	5	6
中心声级/dB(A)	80	85	90	95	100	105
持续时间/min	t_1	t_2	t_3	t_4	t_5	t_6

一天的等效声级可近似计算为：

$$L_{eq} = 80 + 10\lg\left[\sum_{i=1}^{n}\left(10^{\frac{n-1}{2}}t_n\right)\right] - 10\lg 480$$

$$= 53.2 + 10\lg\left[\sum_{i=1}^{n}\left(10^{\frac{n-1}{2}}t_n\right)\right] \tag{1-59}$$

【例 1.1】某工人一天工作 8h，接受噪声情况如下：每小时 4 次暴露于 102dB（A），每次 6min；暴露于 106dB（A）1 次，持续时间 1min，其余时间仅受背景噪声 79dB（A）影响。求该工人一天接触噪声的等效声级。

解：102dB（A）归 5 档：100dB（A），得：$n = 5$，$t_5 = 6 \times 4 \times 8 = 192$

106dB（A）归 6 档：105dB（A），得：$n=6$，$t_6=1\times8=8$

79dB（A）归 1 档：80dB（A），得：$n=1$，$t_1=480-192-8=280$

所以 $L_{eq}=53.2+10\lg(10^{\frac{1-1}{2}}\times280+10^{\frac{5-1}{2}}\times192+10^{\frac{6-1}{2}}\times8)=97.6$dB（A）

1.5.1.3 昼夜等效声级

昼夜等效声级用来评价区域环境噪声，表示一昼夜（24h）噪声的等效作用。昼间一般指 6 点至 22 点，夜间指 22 点至次日 6 点。若昼间等效声级为 L_d，夜间等效声级为 L_n，则定义昼夜等效声级 L_{dn} 为：

$$L_{dn}=10\lg\left[\frac{16\times10^{0.1L_d}+8\times10^{0.1(L_n+10)}}{24}\right] \tag{1-60}$$

昼间和夜间的时间，可依地区和季节不同而变更。为了表明夜间噪声对人的干扰更大，故计算夜间等效声级时应加 10dB 的计权，与我国制定的环境噪声标准同类区域昼间比夜间高 10dB（A）相一致。

1.5.1.4 累积百分声级（统计声级）

在评价区域环境噪声和交通噪声时，常用累积百分声级。在现实生活中，许多环境噪声属于非稳态噪声。对这类噪声前面已述，可用等效声级 L_{eq} 表达，但对噪声随机的起伏程度却没有表达出来，应使用统计方法，按噪声级出现的时间概率或累积概率表示。目前，主要采用累积概率的统计方法，也就是用累积百分声级 L_x 表示。累积百分声级也称统计声级。

L_x 是表示 $x\%$ 的测量时间内所超过的噪声级。在取样时间内共取得 100 个或 200 个数据（瞬时 A 声级），由大到小排列。如 $L_{10}=70$dB（A），表示在整个测量时间内有 10% 的时间噪声级超过 70dB（A），其余 90% 的时间噪声级低于 70dB（A）；同理，$L_{50}=60$dB（A），表示有 50% 的时间噪声级低于 60dB（A）；$L_{90}=50$dB（A），表示有 90% 的时间噪声级超过 50dB（A），只有 10% 的时间噪声级低于 50dB（A）。因此，L_{90} 相当于本底噪声级，L_{50} 相当于中值噪声级，L_{10} 相当于平均峰值噪声级。

根据数理统计方法，用累积百分声级求出标准偏差 σ。在规定的时间内，共采样 n 个，则标准偏差为：

$$\sigma=\sqrt{\frac{1}{n-1}\sum_{i=1}^{n}(\bar{L}_A-L_{Ai})^2} \tag{1-61}$$

式中，$\bar{L}_A$ 为 n 个声级的算术平均值，即

$$\bar{L}_A=\frac{1}{n}\sum_{i=1}^{n}L_{Ai} \tag{1-62}$$

城市交通干线噪声一般遵从正态分布，计算标准偏差可简单取近似值为：

$$\sigma=\frac{L_{16}-L_{84}}{2} \tag{1-63}$$

1.5.1.5 噪声评价数

A 声级作为评价噪声的主要指标，缺点是 A 声级只是单一的数值，虽综合了噪声所有

的频率成分，但不能准确反映频率特性。完全不同的频谱，可能有相同的 A 声级。如图 1.18 所示，曲线 1 的 A 计权声级为 96.7dB，曲线 2 的 A 计权声级为 96.6dB，两种噪声仅相差 0.1dB，但具有不同的频谱。根据人耳对各频率响应的特点，同时考虑噪声的强度和频率两个主要因素，可用噪声评价数进行评价。

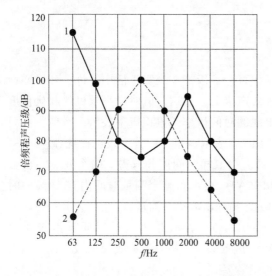

图 1.18　具有相同 A 声级的两个不同声音频谱

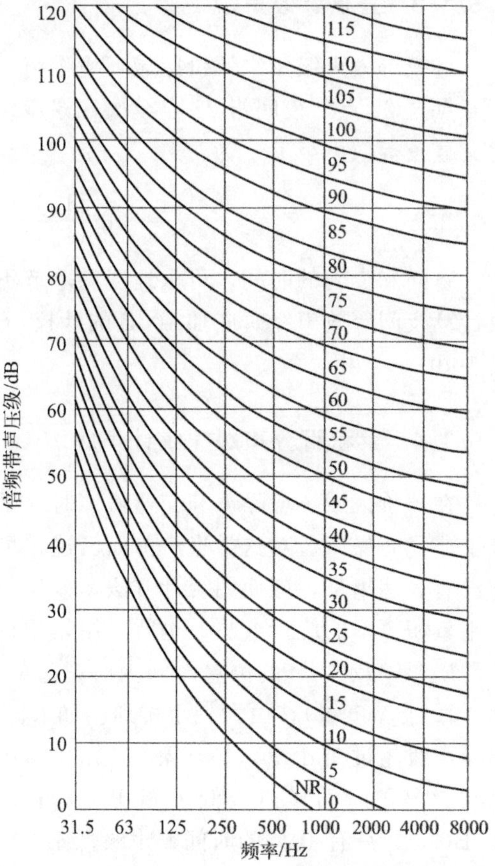

图 1.19　噪声评价曲线簇

国际标准化组织于 1961 年公布了一簇噪声评价曲线（NR 曲线），如图 1.19 所示。该曲线簇考虑了高频噪声比低频噪声对人有更大干扰，可弥补 A 声级反映频率特性的不足。该曲线簇由一组 NR 值从 0 到 130，以 5 为单位的曲线组成，它的噪声级范围是 0～130dB，频率范围是 31.5～8000Hz 内 9 个倍频程。每条曲线有一个 NR 值，等于该曲线与 1000Hz 相并处的声压级。不同频率的，但在同一条曲线上的声音对人有相同的干扰。

表 1.20 所示为噪声评价曲线修正值，表示对不同 NR 值的评价曲线，以 1000Hz 为比较标准时，各频带声压级容许提高或降低的值。

表 1.20　噪声评价曲线修正值

评价曲线（NR）	倍频程声压级修正值/dB							
	31.5	63	125	250	500	2000	4000	8000
0	55	36	22	12	5	−4	−6	−7
5	53	35	21	11	4	−4	−6	−7
10	52	33	20	11	4	−4	−6	−7

评价曲线（NR）	倍频程声压级修正值/dB							
	31.5	63	125	250	500	2000	4000	8000
15	50	32	20	11	4	−4	−6	−7
20	49	31	19	10	4	−4	−6	−7
25	47	30	18	10	4	−4	−6	−7
30	46	29	18	10	4	−4	−5	−7
35	44	28	17	9	4	−3	−5	−7
40	42	27	17	9	4	−3	−5	−7
45	41	26	16	9	3	−3	−5	−7
50	39	25	15	8	3	−3	−5	−6
55	38	24	15	8	3	−3	−5	−6
60	36	23	14	8	3	−3	−5	−6
65	35	22	13	7	3	−3	−5	−6
70	33	21	13	7	3	−3	−5	−6
75	31	20	12	7	3	−3	−5	−6
80	30	19	12	6	2	−3	−4	−6
85	28	18	11	6	2	−3	−4	−6
90	27	17	10	5	2	−3	−4	−6
95	25	16	10	5	2	−3	−4	−6
100	23	15	9	5	2	−3	−4	−5
105	22	14	8	5	2	−2	−4	−5
110	20	12	8	5	2	−2	−4	−5
115	19	11	7	4	2	−2	−4	−5
120	17	10	7	4	1	−2	−4	−5

　　用噪声评价数评价噪声，需要求出该噪声的噪声评价数 NR。若噪声的频谱已知，可由噪声评价曲线查得各频带相应的 NR，其中最大者即为该噪声评价数 NR。由已知的倍频带声压级，相应的 NR 为：

$$NR = \frac{L_p - a}{b} \qquad (1\text{-}64)$$

式中　L_p——倍频声压级；

　　　a，b——常数，其值见表 1.21。

表 1.21　a、b 数值表

倍频带中心频率/Hz	a/dB	b/dB
63	35.5	0.790
125	22.0	0.870
250	12.0	0.930
500	4.8	0.974
1000	0.0	1.000
2000	−3.5	1.015
4000	−6.1	1.025
8000	−8.0	1.030

　　必须指出，噪声评价数一般用来评价稳态声场噪声，在噪声控制工程设计中用作参考量。建议的 NR 环境噪声标准：卧室，20～30dB；办公室，30～40dB；教室，40～50dB；工厂，60～70dB。为保护听力，NR＝85dB 是允许的最大噪声评价数，NR 低于 45dB，人们才感觉适宜。

1.5.2 噪声相关标准

环境噪声不但影响到人的身心健康，而且干扰人们的工作、学习和休息，使正常的工作生活环境受到破坏。前面介绍了噪声的评价量，采用这些评价量，可以从各个方面描述噪声对人的影响程度。噪声对人的影响不但与噪声的物理特征（如声强、频率、噪声持续时间等）有关，还与噪声暴露时间、个体差异等因素有关。因此必须对环境噪声加以控制，但控制到什么程度是一个复杂问题，既要考虑听力保护，对人体健康的影响，以及人们对噪声的烦恼，又要考虑目前的经济、技术条件。为此，要对不同场所和不同时间的噪声暴露加以限制，这一限制值就是噪声标准。噪声标准是指在不同情况下所容许的最高噪声声压级，通过噪声标准可以对噪声进行行政管理，并在技术上为控制噪声污染提供依据。我国和其他各国相继颁布了一系列噪声标准，这些标准可概括为三类：第一类是环境噪声标准；第二类是保护职工身体健康（主要是保护听力）的劳动卫生标准；第三类是声源噪声控制标准。

为了提供满意的声学环境，保证人们正常工作、学习和休息，世界各国都颁布了一系列环境噪声标准。各国的环境噪声标准不完全相同，同一国家也因各地区情况不同而有差别。标准的方式有的按地区性质，如工业区、商业区、住宅区等分类制定允许声级；有的根据房间用途规定容许声级，并对不同时间如白天和夜间、夏天和冬天，以及不同的噪声特性修正。

1971年，国际标准化组织提出的环境噪声容许标准中规定：住宅区室外环境噪声的容许声级为35~45dB(A)，对不同的时间，按表1.22修正，对于不同的地区，按表1.23修正。对于非住宅区的室内噪声容许标准见表1.24。

表1.22　不同时间的声级修正值

时间	修正值/dB(A)
白天	0
晚上	−5
深夜	−15~−10

表1.23　不同地区声级修正值

地区	修正值/dB(A)	地区	修正值/dB(A)
农村住宅,医疗地区	0	附近有工厂,或沿主要大街	+15
郊区住宅,小马路	+5	城市中心	+20
市区住宅	+10	工业地区	+25

表1.24　非住宅区的室内噪声容许标准

场所	容许噪声/dB(A)	场所	容许噪声/dB(A)
办公室、会议室等	35	大的打字室	50
餐厅,带打字机的办公室,体育馆	45	车间(根据不同用途)	45~75

1980年我国根据生理与心理学研究，结合我国人民工作与生活现状和经济条件，提出了适合我国的噪声允许标准，见表1.25。

表1.25　噪声容许标准等效声级/dB(A)

适用条件	最高值	理想值
体力劳动	90	70
脑力劳动	60	40
睡眠	50	30

以上为噪声基础标准。我国自 1982 年以来制定的有关环境噪声标准，都是根据以上允许范围制定的。

1.5.2.1　声环境质量标准

我国在 1982 年颁布了《城市区域环境噪声标准》（试行），在试行的基础上，1993 年颁布了《城市区域环境噪声标准》（GB 3096—93）。2008 年对 GB 3096—93 和 GB/T 14623—93《城市区域环境噪声测量方法》进行修订，颁布了《声环境质量标准》（GB 3096—2008）。

标准规定了 5 类声环境功能区的环境噪声限值及测量方法，适用于声环境质量评价与管理，见表 1.26。机场周围区域受飞机通过（起飞、降落、低空飞越）噪声的影响，不适用于本标准。

按区域的使用功能特点和环境质量要求，声环境功能区分为以下 5 种类型。

0 类声环境功能区：指康复疗养区等特别需要安静的区域。

1 类声环境功能区：指以居民住宅、医疗卫生、文化教育、科研设计、行政办公为主要功能，需要保持安静的区域。

2 类声环境功能区：指以商业金融、集市贸易为主要功能，或者居住、商业、工业混杂，需要维护住宅安静的区域。

3 类声环境功能区：指以工业生产、仓储物流为主要功能，需要防止工业噪声对周围环境产生严重影响的区域。

4 类声环境功能区：指交通干线两侧一定距离之内，需要防止交通噪声对周围环境产生严重影响的区域，包括 4a 类和 4b 类两种类型。4a 类为高速公路、一级公路、二级公路、城市快速路、城市主干路、城市次干路、城市轨道交通（地面段）、内河航道两侧区域；4b 类为铁路干线两侧区域。

表 1.26　环境噪声限值/dB(A)

声环境功能区类别		昼间	夜间
0 类		50	40
1 类		55	45
2 类		60	50
3 类		65	55
4 类	4a 类	70	55
	4b 类	70	60

注：1. 表中 4b 类声环境功能区环境噪声限值，适用于 2011 年 1 月 1 日起环境影响评价文件通过审批的新建铁路（含新开廊道的增建铁路）干线建设项目两侧区域。

2. 在下列情况下，铁路干线两侧区域不通过列车时的环境背景噪声限值，按昼间 70dB(A)、夜间 55dB(A) 执行：

a. 穿越城区的既有铁路干线；

b. 对穿越城区的既有铁路干线进行改建、扩建的铁路建设项目。

既有铁路是指 2010 年 12 月 31 日前已建成运营的铁路或环境影响评价文件已通过审批的铁路建设项目。

3. 各类声环境功能区夜间突发噪声，其最大声级超过环境噪声限值的幅度不得高于 15dB(A)。

《机场周围飞机噪声环境标准》（GB 9660—88）见表 1.27。

表 1.27　机场周围飞机噪声环境标准/dB

适用区域	标准值
一类区域	≤70
二类区域	≤75

注：一类区域指特殊住宅区，居住、文教区；二类区域指除一类区域以外的生活区。

标准规定了机场周围飞机噪声的环境标准，适用于机场周围受飞机通过所产生噪声影响的区域。

1.5.2.2　环境噪声排放标准

（1）《工业企业厂界环境噪声排放标准》（GB 12348—2008）

标准是对 GB 12348—90《工业企业厂界噪声标准》和 GB 12349—90《工业企业厂界噪声测量方法》的第一次修订。

标准适用于工业企业噪声排放的管理、评价及控制。机关、事业单位、团体等对外环境排放噪声的单位也按本标准执行，见表 1.28。

表 1.28　工业企业厂界环境噪声排放限值/dB(A)

厂界外声环境功能区类别	昼间	夜间
0 类	50	40
1 类	55	45
2 类	60	50
3 类	65	55
4 类	70	55

注：1. 夜间频发噪声的最大声级超过限值的幅度不得高于 10dB(A)。

2. 夜间偶发噪声的最大声级超过限值的幅度不得高于 15dB(A)。

3. 工业企业若位于未划分声环境功能区的区域，当厂界外有噪声敏感建筑物时，由当地县级以上人民政府参照 GB 3096—2008 和 GB/T 15190—2014 的规定确定厂界外区域的声环境质量要求，并执行相应的厂界环境噪声排放限值。

4. 当厂界与噪声敏感建筑物距离小于 1m 时，厂界环境噪声应在噪声敏感建筑物的室内测量，并将表中相应的限值减 10dB(A) 作为评价依据。

结构传播固定设备室内噪声排放限值见表 1.29 和表 1.30。

当固定设备排放的噪声通过建筑物结构传播至噪声敏感建筑物室内时，噪声敏感建筑物室内等效声级不得超过表 1.29 和表 1.30 规定的限值。

表 1.29　结构传播固定设备室内噪声排放限值(等效声级)/dB(A)

噪声敏感建筑物所处声环境功能区类别	A 类房间		B 类房间	
	昼间	夜间	昼间	夜间
0	40	30	40	30
1	40	30	45	35
2、3、4	45	35	50	40

注：A 类房间是指以睡眠为主要目的，需要保证夜间安静的房间，包括住宅卧室、医院病房、宾馆客房等。B 类房间是指主要在昼间使用，需要保证思考与精神集中、正常讲话不被干扰的房间，包括学校教室、会议室、办公室、住宅中卧室以外的其他房间等。

表 1.30　结构传播固定设备室内噪声排放限值（倍频带声压级）/dB(A)

噪声敏感建筑物所处声环境功能区类别	时段	房间类型	室内噪声倍频带声压级限值				
			31.5	63	125	250	500
0	昼间	A、B类房间	76	59	48	39	34
	夜间	A、B类房间	69	51	39	30	24
1	昼间	A类房间	76	59	48	39	34
		B类房间	79	63	52	44	38
	夜间	A类房间	69	51	39	30	24
		B类房间	72	55	43	35	29
2、3、4	昼间	A类房间	79	63	52	44	38
		B类房间	82	67	56	49	43
	夜间	A类房间	72	55	43	35	29
		B类房间	76	59	48	39	34

注：对于在噪声测量期间发生非稳态噪声（如电梯噪声等）的情况，最大声级超过限值的幅度不得高于 10dB(A)。

（2）《建筑施工场界噪声限值》（GB 12523—2011）

标准适用于城市建筑施工期间施工场地产生的噪声，见表 1.31。

表 1.31　建筑施工场界噪声限值/dB(A)

施工阶段	主要噪声源	噪声限值	
		昼间	夜间
土石方	推土机、挖掘机、装载机等	75	55
打桩	各种打桩机等	85	禁止施工
结构	混凝土搅拌机、振捣棒、电锯等	70	55
装修	吊车、升降机等	65	55

表中所列噪声值是指与敏感区域相应的建筑施工场地边界线处的限值。如有几个施工阶段同时进行，以高噪声阶段的限值为准。

（3）《社会生活环境噪声排放标准》（GB 22337—2008）（表 1.32）

表 1.32　社会生活噪声排放源边界噪声排放限值/dB(A)

边界外声环境功能区类别	噪声限值	
	昼间	夜间
0	50	40
1	55	45
2	60	50
3	65	55
4	70	55

注：1. 在社会生活噪声排放源边界处无法进行噪声测量或测量的结果不能如实反映其对噪声敏感建筑物的影响程度的情况下，噪声测量应在可能受影响的敏感建筑物窗外 1m 处进行。

2. 当社会生活噪声排放源边界与噪声敏感建筑物距离小于 1m 时，应在噪声敏感建筑物的室内测量，并将表中相应的限值减 10dB(A) 作为评价依据。

标准适用于对外营业性文化娱乐场所、商业经营活动中使用的向环境排放噪声的设备、设施的管理、评价与控制。规定了营业性文化娱乐场所和商业经营活动中可能产生环境噪声污染的设备、设施边界噪声排放限值。

在社会生活噪声排放源位于噪声敏感建筑物内的情况下，噪声通过建筑物结构传播至噪声敏感建筑物室内时，噪声敏感建筑室内等效声级不得超过表 1.31 和表 1.32 规定的限值。

1.5.2.3 声环境评价有关技术规范

（1）《环境噪声评价技术导则——声环境》（HJ/T 2.4—2021）

该导则规定了噪声环境影响评价的一般性原则、方法、内容及要求。适宜于厂矿企业、事业单位建设项目环境影响评价，其他建设项目的噪声环境影响评价也应参照执行。该导则基本任务是评价建设项目引起的声环境的变化，并提出各种噪声防治对策，把噪声污染降低到现行标准允许的水平，为建设项目优化选址和合理布局以及城市规划提供科学依据。

（2）《城市区域环境噪声适用区划分技术规范》（GB/T 15190—2014）

该技术规范规定了城市五类环境噪声标准适用的区域划分的原则和方法，适用于城市规划。其主要规定见表 1.33 和表 1.34。

表 1.33 噪声区划指标——三类城市用地统计方法

噪声区划指标名称	GBJ 137 中对应用地的分类		
	大类	中类	类别名称
A类用地	R		居民用地
	C		公共设施用地
		C_1	行政办公用地
		C_5	医疗卫生用地
		C_6	教育科研设施用地
B类用地	M		工业用地
	W		仓储用地
C类用地	T		对外交通用地
	S		道路广场用地
	U		市政公用设施用地
		U_2	交通设施用地

表 1.34 不同功能区的噪声区划方法（指标条件）

0类标准适用区域	适用于特别需要安静的疗养院、高级宾馆和别墅区,无明显噪声源,原则上面积不得小于 $0.5km^2$	
1类标准适用区域	a	A类用地≥70%
	b	A类 60%～70%(含60%)
		B+C类 <20%±5%
2类标准适用区域	a	A类 60%～70%(含60%)
		B+C类 >20%±5%
	b	A类 35%～60%(含35%)
	c	A类 20%～35%(含20%)
		B+C类 <60%±5%
3类标准适用区域	a	A类 20%～35%(含20%)
		B+C类 >60%±5%
	b	A类 <20%
4类标准适用区域	道路交通干线两侧	临街建筑物高于三层：临街第一排建筑物面向道路一侧区域
		低于三层(含开阔地)：相邻为一类标准的区域,距离为(45±5)m
		相邻为二类标准的区域,距离为(30±5)m
		相邻为三类标准的区域,距离为(20±5)m
	铁路(含轻轨)两侧	划分方法同临街建筑低于三层的确定方法
	内河航道两侧	划分方法同道路交通干线两侧的划分方法

第二章
噪声控制基本原理和常用技术

2.1 噪声控制方法

噪声污染是一种物理性污染，它的特点是局部性和没有后效的。噪声在环境中只是造成空气物理性质的暂时变化，噪声源的声输出停止之后，污染立即消失，不留下任何残余物质。噪声的防治主要是控制声源和声的传播途径，以及对接受者进行保护。

解决噪声污染问题的一般程序是首先进行现场噪声调查，测量现场的噪声级和噪声频谱，然后根据有关的环境标准确定现场容许的噪声级，并根据现场实测的数值和容许的噪声级之差确定降噪量，进而制定技术上可行、经济上合理的控制方案。

2.1.1 噪声控制途径

（1）噪声源控制的主要途径

一是改进结构，提高其中部件的加工精度和装配质量，采用合理的操作方法等，以降低声源的噪声发射功率。

二是利用声的吸收、反射、干涉等特性，采用吸声、隔声、减振、隔振等技术，以及安装消声器、隔声罩、隔声板等，以控制声源的噪声辐射。

采用各种噪声控制方法，可以收到不同的降噪效果。如将机械传动部分的普通齿轮改为有弹性轴套的齿轮，可降低噪声 15～20dB；把铆接改成焊接，把锻打改成摩擦压力加工等，一般可降低噪声 30～40dB。

（2）传播途径控制主要措施

① 声在传播中的能量是随着距离的增加而衰减的，因此使噪声源远离需要安静的地方，可以达到降噪的目的。

② 声的辐射一般有指向性，处在与声源距离相同而方向不同的地方，接收到的声强度也就不同。当多数声源以低频辐射噪声时，指向性很差；随着频率的增加，指向性就增强。因此，控制噪声的传播方向（包括改变声源的发射方向）是降低噪声尤其是高频噪声的有效措施。

③ 建立隔声屏障，或利用天然屏障（土坡、山丘），以及利用其他隔声材料和隔声结构来阻挡噪声的传播。

④ 应用吸声材料和吸声结构，将传播中的噪声能转变为热能等。

⑤ 在城市建设中，采用合理的城市防噪声规划。此外，对于固体振动产生的噪声采取隔振措施，以减弱噪声的传播。

（3）接受者控制

为了防止噪声对人的危害，可采取下述防护措施：

① 佩戴护耳器，如耳塞、耳罩、防声头盔等。

② 减少在噪声环境中的暴露时间。

③ 根据听力检测结果，适当调整在噪声环境中的工作人员。人的听觉灵敏度是有差别的。如在85dB的噪声环境中工作，有人会耳聋，有人则不会。可以每年或几年进行一次听力检测，把听力显著降低的人调离噪声环境。

2.1.2 噪声频谱

可闻声的频率是 20～20000Hz 之间，相差 1000 倍。为了方便，人们将这一宽广的声频划分为几个小的频段，这就叫频带（或频程），频程又分为倍频程和1/3倍频程。

倍频程是两个频段之比为 2∶1 的频程，目前通用的倍频程中心频率（Hz）为 31.5、63、125、250、500、1000、2000、4000、8000、16000。

1/3倍频程是为了得到比倍频程更详细的频谱，即把每一频段再分为三份，这样可分为 25 个频谱，以频率（或频带）为横坐标，以声压级为纵坐标绘成噪声测量图形叫频谱分析，这一图谱叫频谱。

2.1.3 噪声控制方法

① 吸声降噪：吸声墙面、吸声吊顶、吸声体。

② 隔声降噪：隔声板、隔声门、隔声窗、隔声罩、隔声屏障等。

③ 消声降噪：消声器、消声弯头、消声百叶等。

④ 减振降噪：减振基础、减振垫、隔振器、减振沟等。

2.2 吸声技术

利用吸声处理技术降低室内噪声是噪声控制工程中广泛采用的措施之一。大多数人有这样的感受，当相同一台机器放在车间内，远比放在车间外的噪声要高，这是因为大多数车间内表面由一些钢筋混凝土预制的天花板或楼板、坚硬光滑的墙面和玻璃门窗等构成。在这样的车间里，人们除了能听到，通过空气介质传来机器的直达声外，还可听到由平整而坚硬的内表面及机器设备表面多次反射而来的混响声，这两种噪声的叠加，使车间内噪声强度增加了。如想降低这种噪声的强度，就需在天花板、四周墙面或空间安装吸声材料、悬挂吸声体，则当声波入射到这些材料的表面上时，可有效地吸收部分声能，减少反射声，使混响声减小。吸声材料的吸声性能愈好、面积愈大，混响声就愈弱，降噪效果就愈好。对于一般车间可取得 5～8dB 的降噪效果。如果车间原来吸声性能很差，可取得 8～12dB 的降噪量。

2.2.1　吸声机理及吸声系数

当声波进入吸声材料孔隙后，立即引起孔隙中的空气和材料的细小纤维振动。由于摩擦和黏滞阻力，声能转变为热能，而被吸收和耗散掉，因此，吸声材料大多是松软多孔，表面孔与孔之间互相贯通，并深入到材料的内层，这些贯通孔与外界连通。图 2.1 为吸声材料的吸声示意图。

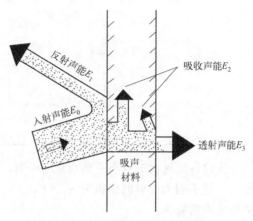

图 2.1　吸声材料吸声示意图

由图 2.1 可以看出，当声波遇到室内墙面、天花板等镶嵌的吸声材料时，使一部分声能被反射过去，有一部分声能向材料内部传播并被吸收，另一部分声能透过材料继续传播。入射的声能被反射得越少，材料的吸声能力越好。材料的这种吸声性能常用吸声系数 α 来表示，定义为：声波入射材料表面时，材料的吸收声能和透射声能与入射到材料表面的声能之比，即：

$$\alpha = \frac{E_0 - E_1}{E_0} = \frac{E_2 + E_3}{E_0} \tag{2-1}$$

式中　E_0——入射声的总声能；

　　　E_1——反射声的声能；

　　　E_2——被材料吸收的声能；

　　　E_3——透过材料的声能。

不同的材料，具有不同的吸声系数。完全反射的材料，$\alpha = 0$；完全吸收的材料，$\alpha = 1$，一般材料的吸声系数介于 0～1 之间。

吸声材料对于不同的频率，具有不同的吸声系数。在工程上，一般采用 125Hz、250Hz、500Hz、1000Hz、2000Hz、4000Hz 六个频率的吸声系数的算术平均值，来表示某种吸声材料的吸声频率特性。对于吸声系数大于 0.2 的材料，称为吸声材料。光滑水泥地面的平均吸声系数 $\alpha = 0.02$，钢板 $\alpha = 0.01$，它们均不是吸声材料。

吸声系数还与声波的入射角度有关。当声波垂直入射到材料的表面测得的吸声系数，称为垂直入射吸声系数，用 α_0 表示。α_0 是通过驻波管法测定的。当声波从各个方向同时入射到材料（结构）表面，这种无规入射测得的材料吸声系数，称为无规则入射系数，以 α_T 来表示。α_T 是用混响室法测定的。

工程设计中，常用的吸声系数有混响室法测量的无规入射吸声系数 α_T 和驻波管法测量的垂直入射吸声系数 α_0 两种。混响室法测定的 α_T 和驻波管法测定的 α_0 之间的近似换算关系见表 2.1。表 2.1 的使用是这样的，例如，已知材料的吸声系数 $\alpha_0 = 0.68$，可由表第一列中的 0.6 与第一行的 0.08 相交点，查得 $\alpha_T = 0.90$。

表 2.1　驻波管法与混响室法吸声系数换算关系

垂直入射吸声系数 α_0	0.00	0.01	0.02	0.03	0.04	0.05	0.06	0.07	0.08	0.09
	无规入射吸声系数 α_T									
0	0	0.02	0.04	0.06	0.08	0.10	0.12	0.14	0.16	0.18
0.1	0.20	0.22	0.24	0.26	0.27	0.29	0.31	0.33	0.34	0.36
0.3	0.52	0.54	0.55	0.56	0.58	0.59	0.60	0.61	0.63	0.64
0.4	0.65	0.66	0.67	0.68	0.70	0.71	0.72	0.73	0.74	0.75
0.5	0.76	0.77	0.78	0.78	0.79	0.80	0.81	0.82	0.83	0.84
0.6	0.84	0.85	0.86	0.87	0.88	0.88	0.89	0.90	0.90	0.91
0.7	0.92	0.92	0.93	0.94	0.94	0.95	0.95	0.96	0.97	0.97
0.8	0.98	0.98	0.99	0.99	1.00	1.00	1.00	1.00	2.00	2.00
0.9	1.00	1.00	1.00	1.00	1.00	1.00	1.00	1.00	1.00	1.00

　　房内各反射面的吸声系数可能不一样，用平均吸声系数表示整个反射面单位面积的吸声能力。设不同的反射面面积为 S_1、S_2、$\cdots$、S_n，吸声系数分别为 α_1、α_2、$\cdots$、α_n，则房间平均吸声系数为：

$$\bar{\alpha} = \frac{S_1\alpha_1 + S_2\alpha_2 + \cdots + S_n\alpha_n}{S_1 + S_2 + \cdots + S_n} = \frac{\sum\limits_{i=1}^{n} S_i\alpha_i}{\sum\limits_{i=1}^{n} S_i} \tag{2-2}$$

2.2.2　多孔吸声材料

　　多孔吸声材料是目前应用最广泛的吸声材料。最初的多孔吸声材料是以麻、棉、棕丝、毛发、甘蔗渣等天然动植物纤维为主，目前则以玻璃棉、矿渣棉等无机纤维替代。这些材料可以为松散的，也可以加工成棉絮状或采用适当的黏结剂加工成毡状或板状。

　　（1）多孔吸声材料的吸声原理

　　多孔材料内部具有无数细微孔隙，孔隙间彼此贯通，且通过表面与外界相通，当声波入射到材料表面时，一部分在材料表面上反射，一部分则透入材料内部向前传播。在传播过程中，引起孔隙中的空气运动，与形成孔壁的固体筋络发生摩擦，由于黏滞性和热传导效应，将声能转变为热能而耗散掉。声波在刚性壁面反射后，经过材料回到其表面时，一部分声波投回空气中，一部分又反射回材料内部，声波的这种反复传播过程，就是能量不断转换耗散的过程，如此反复，直到平衡，这样，材料就"吸收"了部分声能。

　　由此可见，只有材料的孔隙对表面开口，孔孔相连且孔隙深入材料内部，才能有效地吸收声能。有些材料内部虽然也有许多微小气孔，但气孔密闭，彼此不相通，当声波入射到材料表面时，很难进入到材料内部，只是使材料作整体振动，其吸声机理和吸声特性与多孔材料不同，不应作为多孔吸声材料来考虑。如聚苯和部分聚氯乙烯泡沫塑料以及加气混凝土等，内部虽有大量气孔，但多数气孔为单个闭孔，互不相通，它们可以作为隔热材料，但不能作为吸声材料。在实际工作中，为防止松散的多孔材料飞散，常用透声织物缝制成袋，再内充吸声材料，为保持固定几何形状并防止对材料的机械损伤，可在材料间加筋条（龙骨），材料外表面加穿孔护面板，制成多孔材料吸声结构。

　　（2）多孔吸声材料的吸声特性

　　多孔吸声材料一般对中高频声波具有良好的吸声效果，影响其吸声特性的主要因素是材料的空气流阻、孔隙率、比表面积以及纤维的直径、排列形式等。其中以空气流阻最为重要。

影响较大的是空气流阻，它定义为：当稳定气流通过多孔材料时，材料两面的压差和气流体积速度之比。空气流阻反映了空气通过多孔材料时阻力的大小。单位厚度材料的流阻，称为比流阻。当材料厚度不大时，比流阻越大，说明空气穿透量越小，吸声性能会下降；但若比流阻太小，声能因摩擦力、黏滞力而损耗的效率也就低，吸声性能也会下降。所以，多孔材料存在一个最佳流阻。当材料厚度充分大时，比流阻越小，吸声越大。

孔隙率是指材料中连通的孔隙体积和材料总体积之比。比表面积是连通孔隙的总展开表面积与材料体积的比。

① 材料密度及厚度的影响

在实际工程中，测定材料的流阻及孔隙率通常比较困难。因此可以通过材料的容重（又称密度）粗略估算其比流阻。同一种纤维材料，密度越大，孔隙率越小，比流阻越大。图 2.2 表示不同厚度和密度的超细玻璃棉的吸声系数。从图中可看出，随着厚度增加，中低频吸声系数显著增加，而高频则保持原先较大的吸收，变化不大；当厚度不变而增加密度，也可以提高中低频吸声系数，不过比增加厚度的效果小。在同样用料情况下，当厚度不限制时，多孔材料以松散为宜；在厚度一定的情况下，密度增加，则材料就密实，引起流阻增大，减少空气穿透量，造成吸声系数下降。所以材料密度也有一个最佳值。如常用的超细玻璃棉的最佳密度范围是 $15\sim25\ \mathrm{kg/m^3}$，但同样密度，增加厚度并不改变比流阻，所以吸声系数一般是增大，但增至一定厚度时，吸声性能的改善就不明显了。在实用中，考虑到制作成本及工艺的方便，对于中高频噪声，一般可采用 $2\sim5\mathrm{cm}$ 厚的成型吸声板，对于低频吸声要求较高时，则采用 $5\sim10\mathrm{cm}$ 厚的吸声板。

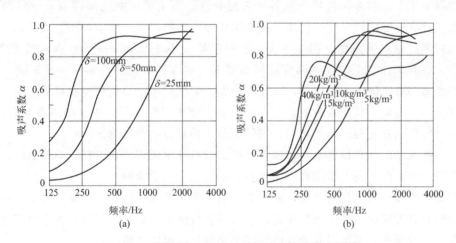

图 2.2 不同厚度和密度的超细玻璃棉的吸声系数
（a）密度为 $27\mathrm{kg/m^3}$ 超细玻璃棉厚度变化对吸声系数的影响；
（b）$5\mathrm{cm}$ 厚超细玻璃棉密度变化对吸声系数的影响

② 背后空腔的影响

当多孔吸声材料背后留有空气层时，与该空气层用同样的材料填满的吸声效果近似。与多孔材料直接实贴在硬底面上相比，中低频吸声性能都会有所提高，其吸声系数随空气层厚度的增加而增加，但增加到一定厚度后，效果不再继续明显增加，如图 2.3 所示。

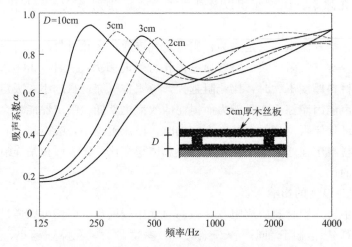

图 2.3　背后空气层厚度对吸声性能的影响

在正入射条件下，当空腔深度 $d=\lambda/4$，$3\lambda/4\cdots$ 时，即为四分之一波长奇数倍时，该频率吸声出现极大值，这是因为这种情况下，由于入射波与反射波干涉，使得吸声材料处空气分子振动速度处于最大值所致。同理，当空腔深度 $d=\lambda/2$，$\lambda\cdots$ 时，即为半波长偶数倍时，该频率吸声出现极小值，这时的空气分子振动速度处于最小值。如帘幕、薄毡或穿孔率很高的薄板后附薄毡等薄的多孔吸声材料，吸声最佳的空腔安装位置是距离墙面（或顶面）四分之一波长处（或其奇数倍）。

③ 护面层的影响

在实际使用中，对多孔材料会做各种表面处理。为了尽可能地保持原来材料的吸声特性，饰面应具有良好的透气性。例如，用金属格网、塑料窗纱、玻璃丝布等罩面，这种表面处理方式对多孔材料吸声性能影响不大。也可用厚度小于 0.05mm 的极薄柔性塑料薄膜、穿孔薄膜、穿孔率在 20% 以上的薄穿孔板等罩面，这样做吸声特性多少会受影响，尤其高频的吸声系数会有所降低。膜越薄，穿孔率越大，影响越小。但使用穿孔板面层时，由于面层板的共振吸声效应，低频吸声系数会有所提高；使用薄膜面层，中频吸声系数有所提高。所以多孔材料使用穿孔板、薄膜罩面，实际上是一种复合吸声结构。

对于一些成型的多孔材料板材，如木丝板、软质纤维板等，在进行表面粉饰时，要防止涂料把孔隙封闭，以采用水质涂料喷涂为宜，不宜采用油漆涂刷。

高温高湿不仅会引起材料变质，而且会影响到吸声性能。材料一旦吸湿吸水，材料中孔隙就要减少，首先使高频吸声系数降低，然后随着含湿量增加，其影响的频率范围将进一步扩大。在一般建筑中，温度引起的吸声特性变化很少，可以忽略。

多孔材料用在有气流的场合，如通风管道和消声器内，要防止纤维的飞散。对于棉状材料，如超细玻璃棉，当气流速度在每秒几米时，可用玻璃丝布、尼龙丝布等作护面层；当气流速度大于 20m/s 时，则还要外加金属穿孔板面层。

（3）空间吸声体

把吸声材料或吸声结构悬挂在室内离壁面一定距离的空间中，称为空间吸声体。由于悬空悬挂，声波可以从不同角度入射到吸声体，其吸声效果比相同的吸声体实贴在刚性壁面上的好得多。因此采用空间吸声体，可以充分发挥多孔吸声材料的吸声性能，提高吸声效率，节约吸声材料。目前空间吸声体在噪声控制工程中得到广泛的应用。

空间吸声体大致可分为两类：一类是大面积的平板体，如果板的尺寸比波长大，则其吸声情况大致上相当于声波从板的两面都是无规入射的。实验结果表明，板状空间吸声体的吸声量大约为将相同吸声板紧贴壁面的两倍，因此它具有较大的总吸声量；另一类是离散的单元吸声体，可以设计成各种几何形状，如立方体、圆锥体、短柱体或球体等，其吸声机理比较复杂，因为每个单元吸声体的表面积与体积之比很大，所以单元吸声体的吸声效率很高。

空间吸声体彼此按一定间距排列悬吊在天花板下某处，吸声体朝向声源的一面，可直接吸收入射声能，其余部分声波通过空隙绕射或反射到吸声体的侧面、背面，使得各个方向的声能都能被吸收。而且空间吸声体装拆灵活，工程上常把它制成产品，用户只要购买成品，按需要悬挂起来即可。空间吸声体适用于大面积、多声源、高噪声车间，如织布、冲压钣金车间等。

板状吸声体是应用最广泛的一种空间吸声体。空间吸声板悬挂在扩散场中时，吸声板之间的距离大于或接近于板的尺寸时，它的前后两面都将吸声，单位面积吸声板的吸声量 A 可取为：

$$A = 2\bar{\alpha} = \alpha_1 + \alpha_2 \tag{2-3}$$

式中　α_1，α_2——正、反面的吸声系数；

$\bar{\alpha}$——两面的平均吸声系数。

与贴实安装的吸声材料相比，空间吸声板的吸声量有明显的增加。

实验室和工程实践表明，当空间吸声板的面积与房间面积之比为 30%～40% 时，吸声效率最高，考虑到吸声降噪量取决于吸声系数及吸声材料的面积这两个因素，因此实际工程中，一般取 40%～60%，与全平顶式相比，材料节省一半左右，而吸声降噪效果则基本相同。

空间吸声板的悬挂方式，有水平悬挂、垂直悬挂和水平垂直组合悬挂等。吸声板的悬挂位置应该尽量靠近声源。

（4）吸声材料应用的建筑因素

吸声材料大多应用于建筑室的内表面，基本上是视觉可触的，因此往往又与装修材料结合在一起使用。这就要求吸声材料必须符合建筑使用的条件，即应用时必须考虑建筑因素。建筑因素一般包括防火性、耐久性、无毒害性、施工方便性、廉价性、装饰性等。在一些特殊场所，还可能有相应的特殊要求。如游泳馆中需要防潮性，篮球馆中需要防撞性，医院病房需要洁净性等。

① 防火性

建筑内部装修的消防安全关系到使用者的生命安全，不容忽视。国家相关的防火标准，均为强制性标准，必须认真执行。按国家标准 GB 8624—1997，将建筑材料的防火性能划分为 4 个等级。A 级，不燃性，在空气中受到火烧（高温）不起火、不燃烧、不炭化，无机矿物质（石材、玻璃棉、矿棉等）和部分金属（铝板、钢板等）属于这一等级。B1 级，难燃性，当火源离开后，燃烧停止，如纸面石膏板以及经过防火处理的密度板等属于这一等级。B2 级，可燃性，受到火烧（高温）起火，离开火源继续燃烧，如木材等。B3 级，易燃性，受到火烧（高温）立即起火并燃烧，如室内轻纺织物等。

建筑室内材料防火应用的基本原则是：吊顶顶棚采用 A 级材料，遇火不燃烧，结构不破坏，不会掉落伤人；墙面、地面采用 B1 级以上难燃性材料，防止室内火灾的蔓延；在规定条件允许的情况下可部分使用 B2 级材料，如隔断、家具、窗帘等；禁止使用 B3 级易燃材料。

《建筑内部装修设计防火规范》（GB 50222—2017）中规定，装修材料的燃烧性能等级，应由专业检测机构检测确定。B3 级装修材料可不进行检测。安装在钢龙骨上的纸面石膏板，可作为 A 级装修材料使用。当胶合板表面涂覆一级饰面型防火涂料时，可作为 B1 级装修材料使用。单位质量小于 $300g/m^2$ 的纸质、布质壁纸，当直接粘贴在 A 级基材上时，可作为 B1 级装修材料使用。施涂于 A 级基材上的无机装饰涂料，可作为 A 级装修材料使用；施涂于 A 级基材上，湿涂覆比小于 $1.5kg/m^2$ 的有机装饰涂料，可作为 B1 级装修材料使用。涂料施涂于 B1、B2 级基材上时，应将涂料连同基材一起由专业检测机构确定其燃烧性能等级。当采用不同装修材料进行分层装修时，各层装修材料的燃烧性能等级均须符合标准规定。复合型装修材料应由专业检测机构进行整体测试并划分其燃烧性能等级。

标准中对高层建筑、地下建筑的装修材料的防火等级也有细致规定，详见相应标准。

② 耐久性

作为建筑材料，必须具有良好的耐久性。一般来说，建筑主体耐久年限大多在 50 年以上，装修改造周期至少也要 5～10 年或更长，因此吸声材料的耐久性一般应达到 15 年以上。耐久性应考虑三个方面，材料自身耐久性、材料构造耐久性和装饰耐久性。材料自身耐久性是指材料不会因时间的流逝而自然损毁。大多数吸声材料，如矿棉吸声板、玻璃棉装饰吸声板、岩棉装饰吸声板、穿孔纸面石膏板、木丝吸声板等材料的自身耐久性是很好的。但是，一些金属穿孔板、木质穿孔板等，如果应用的场合不当，受到潮湿、酸碱腐蚀、害虫蚀刻等，也许在很短时间内就会损坏。设计应用时应注意考虑材料的适应性。材料构造耐久性是指构造能否经得起岁月的考验。例如，轻钢龙骨加矿棉吸声板系统（带有吸声空腔），作为吸声吊顶，会有比较好的耐久性，但是，如果作为墙面应用，因防撞性差，这种墙面构造难以持久。还有一些表面平贴材料，只用胶黏剂粘贴，不如采用胶黏剂加钉接相结合的方式，防止脱胶，更加牢固耐久。

装饰耐久性是指吸声构造装饰效果的耐久性，这一点最能体现设计师对材料、构造以及应用环境的认识与控制。例如，矿棉吸声板作为吊顶使用时，长时间吸湿膨胀变形会出现板中间下垂现象，虽不影响结构安全，但使得平整度和美观度受到很大影响。如果采用纸面石膏板做底表面平贴的方法，或将大块材料分成小块材料（如 600×1200 一块改为 600×600 一块的小格），时间久了也不会变形。

③ 无毒害性

近年来，随着新材料的不断引入，特别是化学合成建材也越来越多，人们越来越重视装修材料对健康的毒害性，即对室内空气质量的污染性。有关研究机构发现，某些墙壁涂料、复合板黏结剂等会放出高浓度的甲醛和挥发性有机化合物（VOC）。有调查显示：甲醛、苯、二甲苯、乙酸乙酯、乙酸丁酯、重金属等有害物质在有些黏合剂、稀释剂、胶合板制造、各种纤维板、涂料和壁纸粘贴中常被使用，甚至在建筑发泡保温材料中使用。现代室内的化学污染大部分来源于建筑和装修材料所产生的甲醛及挥发性有机化合物（VOC）。

《民用建筑工程室内环境污染控制标准》（GB 50325—2020）中规定，民用建筑工程室内装修中所采用的人造木板及饰面人造木板，必须有游离甲醛含量或游离甲醛释放量检测报告，并应符合设计要求和国家标准的规定。民用建筑工程室内装修中所采用的水性涂料、水性胶黏剂、水性处理剂必须有总挥发有机化合物（TVOC）和游离甲醛含量检测报告、游离甲苯二异氰酸酯（TDI）（聚氨酯类）含量检测报告，并应符合设计要求和国家标准的规定。表 2.2 列出了民用建筑室内环境污染物浓度限值。

表 2.2　民用建筑室内环境污染物浓度限量

污染物	Ⅰ类民用建筑工程	Ⅱ类民用建筑工程
氡/(Bq/m³)	≤150	≤150
甲醛/(mg/m³)	≤0.07	≤0.08
苯/(mg/m³)	≤0.06	≤0.09
氨/(mg/m³)	≤0.15	≤0.20
TVOC/(mg/m³)	≤0.45	≤0.50

④ 施工方便性

与普通装修材料不同，吸声材料的吸声特性与安装构造有密切的关系，施工环节与吸声效果直接相关。而且，建筑装修的用材面积大，水暖电等配合工种多，因此，从操作可行性来讲，施工方便性至关重要。复杂、繁琐的施工构造，会使施工可控性降低，尤其是墙面板、吊顶板后空腔等部位的隐蔽构造，施工不当将严重影响吸声效果。

⑤ 廉价性

建筑中广泛应用的材料均为大宗材料，廉价性是影响其能否被使用者认可的重要因素之一。就吸声功能来讲，并非价格越高吸声效果就越好。吸声材料的价格主要取决于其材质、装饰性、防火性、耐久性、污染性等，以及总使用量的大小。

目前，使用量最大的吸声材料，也是成本相对较低的吸声材料，主要有：穿孔纸面石膏板、穿孔硅酸钙板、离心玻璃棉板（毡）、岩棉板、矿棉板、蛭石板、泡沫玻璃板、普通铝穿孔板等。这些材料具有良好的吸声功能，防火好，作为地下室、机房、工业降噪等对装饰条件要求不高的场合较为合适。

此外，防火木质穿孔吸声板、蜂窝铝穿孔板、饰面穿孔石膏板、异形孔的穿孔石膏板、饰面穿孔硅钙板、植物纤维喷涂板、无机纤维喷涂板、木丝吸声板、聚酯纤维板、三聚氰胺泡沫（密胺海绵）、防火布饰面板、玻璃棉吸声板等吸声材料，既有较好的装饰效果，价格也适中，多用于厅堂建筑、办公建筑、车站机场、演播建筑、医院、学校、宾馆、餐厅、会议室等公共场合。

还有，铝纤维板、烧结铝、微穿孔金属板等成本较高的吸声材料，往往用于特殊的场合，如高洁净度或特殊装饰风格的房间。

⑥ 装饰性

人们的需要既有物质的，也有精神的。对于吸声装修来讲，既需要有实际的声学功能性，也需要有美的精神享受。随着人们生活水平的不断提高，对美的需求也更加重视了。因此，吸声材料的装饰性逐渐成为关键的建筑因素之一。

各种吸声材料的装饰特点可能有很大不同。有的材料规则、平整，大面积使用时庄重大方，如穿孔金属板吊顶、装饰矿棉板吊顶、穿孔木装饰板墙面、布饰面玻璃棉板等；有的材料粗犷、不单调，如木丝吸声板、GRG 扩散吸声体、烧结铝板等；也有一些材料近看装饰效果差，如纤维素喷涂板、蛭石板、泡沫玻璃板等，常需要远距离或隐蔽使用。

2.2.3 室内吸声降噪

（1）室内声场

声源周围的物体对声波传播有显著影响。当声源放置在空旷的户外时，声源周围空间只有从声源向外辐射的声能，为自由声场，情况比较单纯。当声源放置在室内时，从声源发射出的声波将在有限空间内来回多次反射，受声点除了接收到直接从声源辐射的声能外，还受到房间壁面及房间中其他物体反射的声能，向各方向传播的声波与壁面反射回来的声波相互交织，叠加后形成复杂的声场。

当声源置于封闭的房间内，声源在室内稳定辐射声能时，一部分被壁面和室内其他物体吸收，一部分被反射。刚开始时，室内反射声形成的混响声能逐渐增加，被吸收的声能也逐渐增加。由于声源不断辐射声能，使声源供给混响声场的能量补偿被吸收的能量，混响声能的能量不再增加，保持稳定状态，此时房内形成稳态声场。此过程很短，一般在 0.2s 左右。

通常把房内声场按声场性质的不同，分解为两部分：一部分是由声源直接到达听者的直达声场，是自由声场；另一部分是经过壁面一次或多次反射的混响声场。混响声场由于房间壁面不规则，且房内许多物体会散射声波，因此从声源发出的声波以各种不同角度射向壁面，经多次反射相互交织混杂，沿各方向传播的概率几乎相同，在房内各处的声场也几乎相同，这种传播方向各不相同时，且各处均匀的声场称"完全扩散"声场。通常在房内形成的混响声场可近似看成是扩散声场。

① 直达声场

设点声源的声功率是 W，在距点声源 r 处，直达声的声强为：

$$I_d = \frac{QW}{4\pi r^2 c} \tag{2-4}$$

式中，Q 为指向性因子。当点声源置于自由场空间，Q 为 1；置于无穷大刚性平面上，则点声源发出的全部能量只向半自由场空间辐射，因此同样距离处的声强将为无限空间情况的两倍，Q 为 2；声源放置在两个刚性平面的交线上，全部声能只能向 1/4 空间辐射，Q 为 4；点声源放置于三个刚性反射面的交角上，Q 取 8。

距点声源 r 处直达声的声压 p_d 及声能密度 D_d 为：

$$p_d^2 = \rho c^2 I_d = \frac{\rho c QW}{4\pi r^2} \tag{2-5}$$

$$D_d = \frac{p_d^2}{\rho c^2} = \frac{W}{4\pi r^2 c} \tag{2-6}$$

式中 p_d——直达声场中距声源 r 处的声压，Pa；

     ρ——媒质的密度，kg·m·s；

     c——声速，m/s；

     r——距点声源的距离，m。

由上式可得直达声场中距声源 r 处的声压级为：

$$L_{pD} = L_W + 10\lg\frac{Q}{4\pi r^2} \tag{2-7}$$

② 混响声场

设混响声场是理想的扩散声场。在室内声场中，声波每相邻两次反射所经过的路程称作自由程。室内自由程的平均值称为平均自由程。可以求得平均自由程 d 为：

$$d = \frac{4V}{S} \tag{2-8}$$

式中　V——房间容积；

　　　S——房间的内表面积。

当声速为 c 时，声波传播一个自由程所需时间 τ 为：

$$\tau = \frac{d}{c} = \frac{4V}{cS} \tag{2-9}$$

故单位时间内平均反射次数 n 为：

$$n = \frac{1}{\tau} = \frac{cS}{4V} \tag{2-10}$$

自声源未经反射直接传到接收点的声音均为直达声。经第一次反射面吸收后，剩下的声能便是混响声，故单位时间声源向室内贡献的混响声为 $W(1-\bar{\alpha})$，这些混响声在以后的多次反射中还要被吸收。设混响声能密度为 D_τ，则总混响声能为 $D_\tau V$，每反射一次吸收 $D_\tau V \bar{\alpha}$，$\bar{\alpha} = \frac{\sum_i S_i \alpha_i}{\sum_i S_i}$，为各壁面（$S_i$）的平均吸声系数。每秒反射 $cS/4V$ 次，则单位时间吸收的混响声能为 $D_\tau V \bar{\alpha} cS/4V$。当单位时间声源贡献的混响声能与被吸收的混响声能相等时，达到稳态，即：

$$W(1-\bar{\alpha}) = D_\tau V \bar{\alpha} \frac{cS}{4V} \tag{2-11}$$

因此，达到稳态时，室内的混响声能密度为：

$$D_\tau = \frac{4W(1-\bar{\alpha})}{cS\bar{\alpha}} \tag{2-12}$$

定义房间常数 R：

$$R = \frac{S\bar{\alpha}}{1-\bar{\alpha}} \tag{2-13}$$

则：

$$D_\tau = \frac{4W}{cR} \tag{2-14}$$

由此得到混响声场中的声压为：

$$p_\tau^2 = \frac{4\rho c W}{R} \tag{2-15}$$

相应的声压级为：

$$L_{pr} = L_W + 10\lg\left(\frac{4}{R}\right) \tag{2-16}$$

可以看出，上式各量均为常数，混响声场中各处声压级相同。

上式中的 R 是反映房间声学特性的重要参数，称房间常数，单位为 m^2。对于混响室，$\bar{\alpha}$ 接近于 0，房间常数 R 也接近于 0；对于消声室，$\bar{\alpha}$ 接近于 1，房间常数 R 趋向无穷大。混响声场的声压级比较容易测定，若已知 R，可用上式求得声源的声功率级，进而求得声功率。这就是混响室测定声源声功率的原理。

③ 室内总声场

把直达声场和混响声场叠加，就得到总声场。总声场的声能密度 D 为：

$$D = D_d + D_\tau = \frac{W}{c}\left(\frac{Q}{4\pi r^2} + \frac{4}{R}\right) \tag{2-17}$$

总声场的声压平方值 p^2 为：

$$p^2 = p_d^2 + p_\tau^2 = \rho c W\left(\frac{Q}{4\pi r^2} + \frac{4}{R}\right) \tag{2-18}$$

总声场的声压级 L_p 为：

$$L_p = L_W + 10\lg\left(\frac{Q}{4\pi r^2} + \frac{4}{R}\right) \tag{2-19}$$

从上式中可以看出，由于声源的声功率级是给定的，因此房间中各处的声压级的相对变化就由等式右边第二项决定。室内声场中某点的声压级不仅与该点到声源的距离 r 有关，还与房间常数 R 有关。对几何尺寸相同的不同房间，若室内声源的声功率相同，则在室内同一点处的声压级由各房间的平均吸声系数决定。用吸声系数高的材料敷设内墙面，可使室内的声压级下降，这就是吸声降噪的基本原理。

因为吸声降噪只对混响声起作用，当受声点与声源的距离小于临界半径时，吸声处理对该点的降噪效果不大；反之，当受声点离声源的距离大大超过临界半径时，吸声处理才有明显的效果。

房间常数 R 越大，则室内吸声量越大，混响半径就越长；R 越小，则正好相反，混响半径就越短。这是室内声场的一个重要特性。当我们以加大房间的吸声量来降低室内噪声时，接收点若在混响半径 r_c 之内，由于接收的主要是声源的直达声，因而效果不大；如接收点在 r_c 之外，即远离声源时，接收的主要是混响声，加大房间的吸声量，R 变大，$4/R$ 变小，就有明显的降噪效果。

对于听者而言，要提高清晰度，就要求直达声较强，为此常采用指向性因数 Q 较大（$Q = 10$ 左右，有时更大）的电声扬声器。

混响半径由房间常数和声源指向性决定。在工业厂房降噪中，在天花板或墙壁上安装吸声材料，其降噪效果主要反映在混响半径以外的区域，在混响半径以内，直达声占主导地位，吸声降噪的效果就不明显，但可以通过加装屏障或隔声罩的方法降低直达声。当厂房内有多个分布声源时，任何一处都处于某个声源混响半径以内，房间内处处都是直达声占主导地位，这时采用吸声降噪的方法效果就微乎其微了。

（2）混响时间

室内声音达到稳态时，声源突然停止发声，房内接受点的声音不会立即消失，反射声将继续下去，每反射一次，声能被壁面、空气吸收一部分，房内的声能密度逐渐减小，直至完全消失，这一过程为混响过程。显然，声能衰减越慢，混响现象越明显。

由于室内混响现象，室内声场的声能在声源停止后逐渐衰减，衰减的快慢可用混响时间表述。它的定义是：当室内声场达到稳态后，立即停止发声，声能密度衰减到原来的百万分之一时，即衰减 60dB 所需的时间。常用 T_{60} 表示，单位为秒。

混响时间的长短直接影响室内音质，T_{60} 过长会感到听音混浊不清，过短有沉寂、干瘪的感觉，要达到良好的音质，常通过调整各频率的平均吸声系数，以获得主要各频率的"最佳混响时间"。

由于混响时间比较容易测定，常在测出混响时间后，再求出材料的吸声系数。利用这种方法求得的吸声系数可反映不同入射角的平均效果，比较符合实际。

（3）房间共振

房间中，声音在各个界面之间往复反射，由于衍射效应，混叠的声波有可能在某些特定的频率上发生畸变，即由于房间对声音频率不同的"响应"，造成室内声能密度因声源发出声波频率不同而有强有弱。房间存在共振频率（也称"固有频率"或"简正频率"），声源的频率与房间的共振频率越接近，越容易引起房间的共振，该频率的声能密度也就越强。

① 两个平行墙面间的共振

在自由空间中有一面反射性的墙，一定频率的声音入射到此墙面上，产生反射，入射波与反射波形成"干涉"。即在入射波与反射波相位相同的位置上，振幅因相加而增大；在相位相反的位置上，振幅因相减而减小，形成了位置固定的波腹与波节，出现"驻波"。

在自由声场中有两个平行的墙面，在两个墙面之间，也可以维持驻波状态，即第二个墙面产生的驻波的波腹与波节和第一个墙面产生的驻波的波腹与波节在位置上重合，这样，在两墙之间就产生"共振"。

共振是产生在两个墙面之间的，即"轴向共振"。共振的频率取决于 $L=n\lambda/2$，此处 L 为两墙的距离，n 为一系列正整数，每一个数对应一个波长为 λ 的"振动方式"。轴向共振频率 f 用下式计算：

$$f=\frac{c}{\lambda}=\frac{c}{2}\times\frac{n}{L} \tag{2-20}$$

式中，c 为声速，一般为 340m/s。

例如，在露天中的一对墙面，相距 6m，则在 $n=1$，2，3 三种振动方式的轴向共振频率分别为：

$$f_1=\frac{c}{2}\times\frac{n}{L}=\frac{340}{2}\times\frac{1}{6}=28(\mathrm{Hz})$$

$$f_2=\frac{c}{2}\times\frac{n}{L}=\frac{340}{2}\times\frac{2}{6}=57(\mathrm{Hz})$$

$$f_3=\frac{c}{2}\times\frac{n}{L}=\frac{340}{2}\times\frac{3}{6}=85(\mathrm{Hz})$$

可见，L 越大，最低共振频率亦越低。在矩形房间内三对平行表面上下、左右、前后之间，只要其距离为 $\lambda/2$ 的整数倍，就会产生相应方向上的轴向共振，相应的轴向共振频率为 f_{nx}、f_{ny}、f_{nz}。

② 二维和三维空间的共振

除了上述三个方向的轴向驻波外，声波还可在两维空间内出现驻波，即切向驻波，如图 2.4 所示。

相应的共振频率为切向共振频率，可按下式进行计算：

$$f_{nx,ny}=\frac{c}{2}\sqrt{\left(\frac{n_x}{L_x}\right)^2+\left(\frac{n_y}{L_y}\right)^2} \tag{2-21}$$

式中　L_x，L_y——两对平行墙面的距离，m；

n_x，n_y——0，1，2…（$n_x=0$，$n_y=0$ 除外）。

若 n_x 或 n_y 中有一项为零，即变为轴向共振的表达式。

在四个墙面两两平行，地面又与天花板平行的房间中，除了上述的轴向与切向驻波之外，还会出现斜向的驻波，如图 2.5 所示。

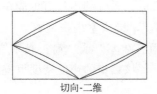

切向-二维

图 2.4　二维空间的共振

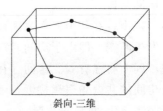

斜向-三维

图 2.5　三维空间的共振

这时房间共振的机会增加许多，斜向共振频率的计算公式如下式所示：

$$f_{nx,ny,nz} = \frac{c}{2}\sqrt{\left(\frac{n_x}{L_x}\right)^2 + \left(\frac{n_y}{L_y}\right)^2 + \left(\frac{n_z}{L_z}\right)^2} \qquad (2\text{-}22)$$

式中　L_x, L_y, L_z——房间的长、宽、高，m；

$\quad\quad n_x, n_y, n_z$——由 0 至无穷大的任意正整数（不包括 $n_x = n_y = n_z = 0$）。

由上式可知，斜向共振频率已包含了切向与轴向共振频率，式中只要 n_x、n_y、n_z 中有一项或两项为零，即与二维相同。利用公式选择 n_x、n_y、n_z 一组不全为零的非负整数，即为一组振动方式。例如，选择 $n_x = 1$，$n_y = 0$，$n_z = 0$，即为（1，0，0）振动方式。

还可以看到，房间尺寸 L_x、L_y、L_z 的选择，对确定共振频率有很大影响。例如，一个长、宽、高均为 7m 的房间，在十种振动方式时的最低共振频率列于表 2.3 中。

表 2.3　十种振动方式时的最低共振频率

振动方式	1,0,0	0,1,0	0,1,1	1,1,0	1,0,1	0,1,1	1,1,1	2,0,0	0,2,0	0,0,2
共振频率/Hz	24	24	24	34	34	34	42	50	50	50

③ 简并及其克服

从上面计算结果和图 2.6 矩形房间共振频率分布图中可以看出，在某些振动方式的共振频率相同时，就会出现共振频率的重叠现象，或称共振频率的"简并"（图中每条竖线表示一个共振频率，符号⌒表示共振频率相同）。在出现"简并"的共振频率范围内，将使那些与共振频率相当的声音被大大加强，导致室内原有的声音产生失真（亦称"频率畸变"），表现为低频产生嗡声，或产生"声染色"。这对尺寸较小、体型较简单的播音室和录音室的影响尤为重要。

为了克服"简并"现象，使共振频率的分布尽可能均匀，需选择合适的房间尺寸、比例和形状。如将上述 7m×7m×7m 的房间，保持容积基本不变，尺寸改为 6m×6m×9m，即室内只有两个尺度相同，根据计算，其共振频率的分布就要均匀些。如尺寸进一步改为 6m× 7m×8m，即房间的三个尺度都不相同，则共振频率的分布更为均匀。可见，正立方体的房间是最不利的。如果

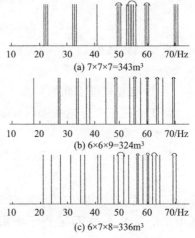

(a) 7×7×7=343m³

(b) 6×6×9=324m³

(c) 6×7×8=336m³

图 2.6　矩形房间三种比例共振频率分布

将房间的墙面或天花板做成不规则形状，或将吸声材料不规则地分布在室内界面上，也可以在一定程度上克服共振频率分布的不均匀性。

在一容积为 V 的房间内，从最低的共振频率到任一频率 f_c 的范围内，共振频率的总数 N 可用下式近似计算求得：

$$N = \frac{4\pi V f_c^3}{3c^3} + \frac{\pi S f_c^2}{4c^2} + \frac{L f_c}{8c}\tag{2-23}$$

式中　c——声速，m/s；

$\quad\quad S$——室内表面积，m^2；

$\quad\quad L$——室内各边边长，m。

从上式可以看出，一矩形房间的共振频率的数目与给定频率的三次方成正比。给定频率越高，共振频率数目就越多，而且互相接近，因高频率的共振频率分布要比低频均匀。在一个 $6m \times 7m \times 8m$ 的房间内，扬声器放在房间一角，发出不同频率的纯音，接收器放在室内另一角上，测定声源频率与室内声压级的关系。

上述情况出现在房间的六个室内表面都是刚性，即全反射性时，但实际上，内表面总有一定的吸声。在室内表面上布置吸声材料或构造时，共振峰会略向低频移动，频率响应曲线也会趋于平坦。在演播室或录音室的设计上，选择与共振频率相应的吸声材料或构造，使室内的频率响应特别在低频避免有大的起伏是很重要的。

2.2.4　吸声降噪的计算

（1）降噪量的计算

当室内噪声源辐射噪声时，若房间的内壁是由对声音具有较强反射作用的材料构成，如混凝土天花板、光滑的墙面和水泥地面，则受声点除了接收到噪声源发出的直达声波外，还能接受到经房间内壁表面多次反射形成的混响声，由于直达声和反射声的叠加，加强了室内噪声的强度。人们总是感到，同一个发声设备放在室内要比放在室外听起来响得多，这正是室内反射声作用的结果。当离开声源的距离大于混响半径时，混响声的贡献相当大。对于体积较大，以刚性壁面为主的房间内，受声点上的声压级要比室外同一距离处高出 10～15dB。

如果在房间的内壁饰以吸声材料或安装吸声结构，或在房间中悬挂一些空间吸声体，吸收掉一部分混响声，则室内的噪声就会降低。这种利用吸声降低噪声的方法称为"吸声降噪"。

由上述可知，改变房间常数可改变室内某点的声压级，设 R_1、R_2 分别为室内设置吸声装置前后的房间常数，则距声源中心 r 处相应的声压级 L_{p1}、L_{p2} 分别为：

$$L_{p1} = L_W + 10\lg\left(\frac{Q}{4\pi r^2} + \frac{4}{R_1}\right)\tag{2-24}$$

$$L_{p2} = L_W + 10\lg\left(\frac{Q}{4\pi r^2} + \frac{4}{R_2}\right)\tag{2-25}$$

吸声前后的声压级之差，即吸声降噪量：

$$\Delta L_p = L_{p1} - L_{p2} = 10\lg\left(\frac{\dfrac{Q}{4\pi r^2} + \dfrac{4}{R_1}}{\dfrac{Q}{4\pi r^2} + \dfrac{4}{R_2}}\right)\tag{2-26}$$

当受声点离声源很近，即在混响半径以内的位置上，$Q/4\pi r^2$ 远大于 $4/R$ 时，ΔL_p 的值很小，也就是说在靠近噪声源的地方，声压级的贡献以直达声为主，吸声装置只能降低混响声的声压级，所以吸声降噪的方法对靠近声源的位置，其降噪量是不大的。

对于离声源较远的受声点，即处于混响半径以外的区域，如果 $Q/4\pi r^2$ 远小于 $4/R$，且吸声处理前后的面积不变，则上式可简化为：

$$\Delta L_p = 10\lg\left(\frac{R_2}{R_1}\right) = 10\lg\left[\frac{\overline{\alpha}_2(1-\overline{\alpha}_1)}{\overline{\alpha}_1(1-\overline{\alpha}_2)}\right] \tag{2-27}$$

此式适用于远离声源处的吸声降噪量的估算，对于一般室内稳态声场，如工厂厂房，都是砖及混凝土砌墙、水泥地面与天花板，吸声系数都很小，因此有 $\overline{\alpha}_1 \cdot \overline{\alpha}_2$ 远小于 $\overline{\alpha}_1$ 或 $\overline{\alpha}_2$，则上式可简化为：

$$\Delta L_p = 10\lg\frac{\overline{\alpha}_2}{\overline{\alpha}_1} \tag{2-28}$$

一般的室内吸声降噪处理可用此式计算。以上是通过理论推导得出的计算方法，而且经过简化，因此与实际存在一定差距。但对设计室内吸声结构或定量估算其效果时，仍有很大的实用价值。利用此式的困难在于求取平均吸声系数麻烦，如果现场条件比较复杂，$\overline{\alpha}$ 的计算难以准确。利用吸声系数和混响时间的关系，可将上式简化为：

$$\Delta L_p = 10\lg\left(\frac{T_1}{T_2}\right) \tag{2-29}$$

式中，T_1、T_2 分别为吸声处理前后的混响时间。

由于混响时间可以用专门的仪器测得，所以利用上式计算吸声降噪量，就免除了计算吸声系数的麻烦和不准确。按以上计算公式将室内的吸声状况和相应的降噪量列于表 2.4。

表 2.4 室内吸声状况与相应降噪量

$\overline{\alpha}_2/\overline{\alpha}_1$ 或 T_1/T_2	1	2	3	4	5	6	8	10	20	40
ΔL_p/dB	0	3	5	6	7	8	9	10	13	16

从表中可以看出，如果室内平均吸声系数增加 1 倍，混响声级降低 3dB，增加 10 倍，降低 10dB。这说明，只有在原来房间的平均吸声系数不大时，采用吸声处理才有明显效果。例如，一般墙面及天花板抹灰的房间，各壁面和地面的平均吸声系数约为 $\overline{\alpha}_1 = 0.03$，采用吸声处理后使 $\overline{\alpha}_2 = 0.3$，则 $\Delta L_p = 10$dB。通常，使平均吸声系数增大到 0.5 以上很不容易，且成本太高，因此，用一般吸声处理法降低室内噪声不会超过 $10 \sim 12$dB，对于未经处理的车间，采用吸声处理后，平均降噪量达 5dB 是较为切实可行的。

（2）吸声减噪计算实例

概况：某车间房间的大小为 8m（长）×6m（宽）×4m（高），内墙为砖墙，表面粉刷，混凝土平顶，水磨石地面，墙上装有玻璃窗 12m²，木门 4m²。噪声源位于靠近 6m×4m 墙的中间部位。

控制要求：距噪声源 4m 处符合 NR60 曲线。

基本计算步骤如下：

① 测量房间尺寸，计算房间体积、总表面积；记录房内表面所用建筑材料情况；噪声源的位置和种类等。

② 把室内噪声的倍频程声压级测量值填入表 2.5 第 1 行。

③ 查阅 NR 评价曲线，求得 NR60 标准各频带允许声压级，填入表 2.5 第 2 行。

④ 根据室内噪声的倍频程声压级和 NR60 标准允许值，求得各频带噪声降低量 ΔL_p，填入表 2.5 第 3 行。

⑤ 根据车间内各壁面情况，查表得到壁面材料的吸声系数，并根据相应计算式求得各频带平均吸声系数 $\overline{\alpha}_1$。计算过程如下：当为 125Hz 时，粉刷墙的吸声系数为 0.01，地面和顶棚为 0.01，木料为 0.15，玻璃为 0.15，故室内平均吸声系数为：

$$\overline{\alpha} = \frac{\sum_{i=1}^{n} S_i \alpha_i}{\sum_{i=1}^{n} S_i} = \frac{96 \times 0.01 + 48 \times 0.01 + 48 \times 0.01 + 4 \times 0.15 + 12 \times 0.15}{96 + 48 + 48 + 4 + 12} \approx 0.02$$

用同样方法可求得其他频带的平均吸声系数，分别填入表 2.5 第 4 行。

⑥ 求混响半径，验证测点处是否处于混响声场，所测得的频谱是否是稳态声场的频谱。根据各频率的 $\overline{\alpha}_1$ 求得室内平均吸声系数为：

$$\overline{\alpha}_1 = \frac{0.02 + 0.02 + 0.02 + 0.03 + 0.03 + 0.04}{6} = 0.03$$

因设置（声源）置于一墙中间，故 $Q=4$，则混响半径为：

$$r_c = \frac{1}{4}\sqrt{\frac{QR}{\pi}} = \frac{1}{4}\sqrt{\frac{QS\overline{\alpha}}{\pi(1-\overline{\alpha})}} \approx 0.7(\text{m})$$

测点位置距声源 4m，处于混响声场。

⑦ 由噪声降低量 ΔL_p 和各频带平均吸声系数 $\overline{\alpha}_1$，求吸声处理后各频带的平均吸声系数 $\overline{\alpha}_2$。

可知 $\overline{\alpha}_2 = \overline{\alpha}_1 \times 10^{0.1\Delta L_p}$，求出 $\overline{\alpha}_2$。当为 1kHz 时，$\overline{\alpha}_2 = 0.03 \times 10^{0.1 \times 11} \approx 0.38$。

依此法求得各频带吸声系数，填入表 2.5 第 5 行。

⑧ 参考各种材料的吸声系数，使平均吸声系数大于表 2.5 第 5 行所列的 $\overline{\alpha}_2$，然后确定合适的吸声材料或吸声结构，进行房间内各部分的装修。

表 2.5　设计计算步骤

序号	项目	倍频带中心频率/Hz						说明
		125	250	500	1000	2000	4000	
①	距噪声源 4m 处倍频程声压级/dB	76	69	74	71	66	60	现场测量
②	NR60 噪声允许值/dB	75	69	64	60	58	56	设计目标值(查 NR 曲线)
③	需要减噪量	1	0	10	11	8	4	①—②
④	处理前平均吸声系数 $\overline{\alpha}_1$(估算)	0.02	0.02	0.02	0.03	0.03	0.04	查表估算或测量
⑤	处理后所需平均吸声系数 $\overline{\alpha}_2$	0.03	0.02	0.2	0.38	0.19	0.1	$\overline{\alpha}_2 = \overline{\alpha}_1 \cdot 10^{0.1\Delta L_p}$

2.2.5　吸声技术的应用

(1) 吸声降噪设计的原则

① 先对声源进行隔声、消声等处理，如改进设备，加隔声罩、消声器或建隔声墙、隔

声间等。

② 当房内平均吸声系数很小时，采取吸声处理才能达到预期效果。单独的风机房、泵房、控制室等房间面积较小，所需降噪量较高，宜对天花板、墙面同时作吸声处理；车间面积较大，宜采用空间吸声体、平顶吸声处理；声源集中在局部区域时，宜采用局部吸声处理，同时设置隔声屏障；噪声源较多且较分散的生产车间宜作吸声处理。

③ 在靠近声源直达声占支配地位的场所，采取吸声处理，不能达到理想的降噪效果。

④ 通常吸声处理只能取得 4～12dB 的降噪效果。

⑤ 若噪声高频成分很强，可选用多孔吸声材料；若中、低频成分很强，可选用薄板共振吸声结构或穿孔板共振吸声结构；若噪声中各个频率成分都很强，可选用复合穿孔板或微穿孔板吸声结构。通常要把几种方法结合，才能达到最好的吸声效果。

⑥ 选择吸声材料或结构，必须考虑防火、防潮、防腐蚀、防尘等工艺要求。

⑦ 选择吸声处理方式，必须兼顾通风、采光、照明及装修、施工、安装的方便因素，还要考虑省工、省料等经济因素。

（2）吸声降噪设计的程序

① 确定吸声处理前房间的噪声级和各倍频带的声压级，对现有车间进行实测；设计中的车间，由设备的声功率谱及房间壁面情况推算。了解噪声源的特性，选定相应的噪声指标。

② 确定降噪地点的允许噪声级和各倍频程的声压级，求出各倍频程需要的吸声降噪量。

③ 测量吸声处理前室内各倍频程的混响时间，了解房间壁面情况，计算吸声处理前室内各倍频程的平均吸声系数。

④ 根据各倍频程需要的吸声降噪量，计算出吸声处理后各倍频程应达到的平均吸声系数。

⑤ 确定吸声面的吸声系数，选择合适的吸声材料或吸声结构，确定结构或材料的有关参数，如厚度、密度、面积、穿孔率以及安装方式等。

（3）吸声降噪应用实例

【实例】某冷冻压缩机房的吸声降噪。

该冷冻压缩机房的尺寸为 10.8m（长）×9.8m（宽）×5.5m（高）。屋顶为钢筋混凝土预制板，壁面为砖墙水泥粉刷，两侧墙有大片玻璃窗，共计 52m^2，约占整个墙面面积的 44%。机房内安装有 6 台压缩机组，其中 2 台 8ASJ17 型，每台制冷量为 5.85×10^5kJ/h，转速 720r/min，3 台 S8-12.5 型和 1 台 4AV-12.5 型机组，每台制冷量为 34.5kJ/h，转速为 960r/min。压缩机房内机组位置和噪声测点布置见图 2.7。当 3 台机组运转（其中 8ASJ17 型 1 台和 S8-12.5 型 2 台）时，机房内的平均噪声级为 89dB（A）。如果 6 台机组全部运转，预计机房内噪声级将达到 92dB（A）。为了改善工人劳动条件，消除噪声对健康的影响，需要进行噪声治理。

由于机组操作人员需要根据直接监听机器发出的噪声判断其运转是否正常，为此选择吸声降噪方法进行噪声治理。

① 吸声材料和布置

选用的吸声材料为蜂窝复合吸声板，它由硬质纤维板、纸蜂窝、膨胀珍珠岩、玻璃纤维布及穿孔塑料片复合而成，厚度为 50mm，分单面和双面复合吸声板。

吸声体构造如图 2.8 所示。

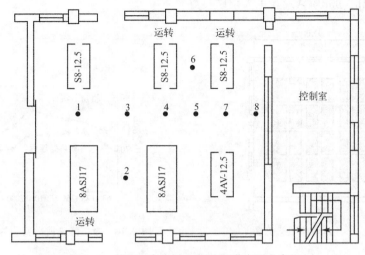

图 2.7　压缩机房内机组位置和噪声测点布置

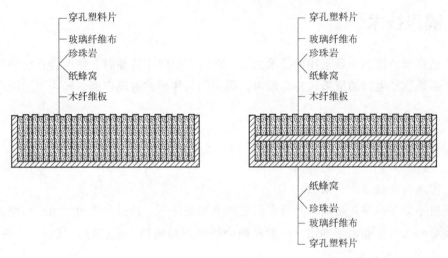

图 2.8　吸声体构造

　　该吸声体具有较高的刚度，能承受一定的冲击，不易损坏，吸声效率高等特性。吸声材料布置在机房内四周墙面和平顶上。为了使吸声材料不易受碰撞而损坏，单面蜂窝复合板安装在台底以上的墙面上，材料后背离墙面留有5cm空气层，吸声材料面积为 $72m^2$，约占墙面面积的 31.7%。平顶为双面蜂窝复合吸声板浮云式吊顶，吸声板之间留有较大空档，使其上下两面均能起吸声作用。材料面积为 $44mm^2$，约占平顶面积的 42%。平顶的吸声处理布置如图 2.9 所示。

　　② 降噪效果

　　吸声降噪处理后，机组运转情况和吸声处理前相同，在原来的噪声测点进行了声压级测量，机房内平均噪声级已降到 80.7dB(A)。吸声降噪前后机房内的平均声压级如图 2.10 所示。结果表明，低频的降噪量较小，中高频的降噪量较大，这与吸声材料的吸声特性相吻合。

　　本工程吸声降噪效果明显，机房内的噪声已从 89dB(A) 下降到 80.7dB(A)，噪声级低于国家允许标准值[85dB(A)]，工人反映良好。

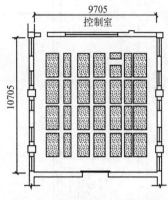

图 2.9　平顶的吸声处理布置

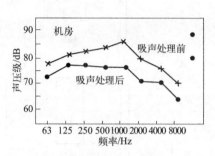

图 2.10　吸声降噪前后实测的平均声压级

2.3　隔声技术

隔声是在噪声控制中最常用的技术之一。声波在空气中传播时，使声能在传播途径中受到阻挡而不能直接通过的措施，称为隔声。隔声的具体形式有隔声墙、隔声罩、隔声间和声屏障等。

2.3.1　隔声的评价

（1）声透射系数（传声系数）

声透射系数又称传声系数，是指在给定频率和条件下，经过分界面（墙或间壁等）的透射声能通量与入射声能通量之比。一般指两个扩散声场间的声能传输，其值为透射声能 E_t 与入射声能 E_i 之比，即：

$$\tau = \frac{E_t}{E_i} = \frac{I_t}{I_i} \tag{2-30}$$

式中　τ——声透射系数；

E_t——透射声能；

E_i——入射声能；

I_t——透射声强；

I_i——入射声强。

一般隔声结构的透射系数常是指无规入射时各入射角透射系数的平均值。透射系数越小，表示透声性能越差，隔声性能越好。

（2）隔声量

隔声量的定义为墙或间壁一面的入射声功率级与另一面的透射声功率级之差，单位为dB，其原理如图 2.11 所示。

隔声量等于透射系数的倒数取以 10 为底的对数：

$$TL = L_i - L_r = 10\lg \frac{1}{\tau} = \frac{I_t}{I_i} \qquad (2\text{-}31)$$

或

$$TL = 10\lg \frac{I_i}{I_t} = 20\lg \frac{p_i}{p_t} \qquad (2\text{-}32)$$

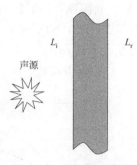

图 2.11　隔声量原理图

式中，p_i、p_t 分别为入射声压和透射声压。

隔声量又叫做传声损失，记作 TL。隔声量通常由实验室和现场测量两种方法确定。现场测量时，因为实际隔声结构传声途径较多，即受侧向传声等原因影响，其测量值一般要比实验室测量值低。

（3）平均隔声量

隔声量是频率的函数，同一隔声结构，不同的频率具有不同的隔声量。在工程应用中，通常将中心频率为 $125 \sim 4000\,\text{Hz}$ 的 6 个倍频程或 $100 \sim 3150\,\text{Hz}$ 的 16 个 1/3 倍频程的隔声量作算术平均，叫平均隔声量。平均隔声量作为一种单值评价量，在工程设计应用中，由于未考虑人耳听觉的频率特性以及隔声结构的频率特性，因此尚不能确切地反映该隔声构件的实际隔声效果。例如，两个隔声结构具有相同的平均隔声量，但对于同一噪声源可以有相当不同的隔声效果。

（4）计权隔声量

隔声量可以粗略地理解为墙体两边声音分贝数的差值，但绝对不是差值这样简单，因为房间内的声音大小还会受到吸声情况的影响。孔洞的隔声量 $R = 0\,\text{dB}$，隔掉 99% 声能的隔墙的隔声量是 $20\,\text{dB}$，隔掉 99.999% 声能的隔墙的隔声量是 $50\,\text{dB}$。

隔声构件在不同频率下的隔声量并不相同，一般规律是高频隔声量高于低频。不同材料的隔声量频率特性曲线很不相同，为了通过单一指标比较不同材料及构造的隔声性能，人们使用计权隔声量 R_w。R_w 是使用空气声隔声基准曲线与隔声构件隔声量频率特性曲线进行比较得到的，基准曲线符合人耳低频不敏感的听觉特性。如图 2.12 所示，计权隔声量 R_w 的确定方法为：使用空气声隔声的基准曲线与实际隔声频率特性曲线进行比对，满足 32 分贝原则隔声最大的基准曲线的 $500\,\text{Hz}$ 的隔声量为 R_w。32 分贝原则为：$100 \sim 3150\,\text{Hz}$ 的 16 个 1/3 倍频程的构件隔声量比基准曲线低的分贝数总和不大于 $32\,\text{dB}$。

R_w 的优势在于建筑师和工程师已经普遍接受而且可以作为隔声性能比较的标准。不足之处在于，R_w 的评价曲线为降低语言声源而设计的，

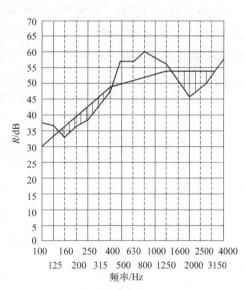

图 2.12　空气声隔声基准曲线

不能适用于像机器噪声这样的低频成分比语言多得多的噪声。对于机器噪声，我们仍可以使用 R_w，但要记住，对于低频成分较多的噪声来讲，R_w 一般比构件的实际隔声性能夸大了 $5 \sim 10\,\text{dB}$。也就是说，如果构件的隔声量为 $30\,\text{dB}$，那么对于环境噪声来讲只能隔掉 $20\,\text{dB}$

（A）。我国现行国家标准隔声量指标被称为标准计权隔声量 R_w，美国国家标准称为标准传声等级 STC，STC 除频率范围为 $125 \sim 4000\mathrm{Hz}$，评价方法同 R_w。一般情况下 STC 与 R_w 相等，或小 1dB。

（5）隔声指数

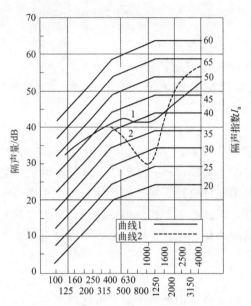

图 2.13　隔声墙空气声隔声指数用的参考曲线

隔声指数（I_a）是国际标准化组织推荐的对隔声构件的隔声性能的一种评价方法。隔声结构的空气声隔声指数按以下方法求得：先测得某隔声结构的隔声量频率特性曲线，如图 2.13 中的曲线 1 或曲线 2，它们分别代表两种隔声墙的隔声特性曲线；图 2.13 中还绘出了一簇参考折线，其走向是：$100 \sim 400\mathrm{Hz}$ 是每倍频程增加 9dB，$400 \sim 1250\mathrm{Hz}$ 是每频程增加 3dB，$1250 \sim 4000\mathrm{Hz}$ 为平直线。每条折线右边标注的号数相对于该折线上 500Hz 所对应的隔声量。把所测得的隔声曲线与一簇参考折线相比较，求出满足下列两个条件的最高一条折线，该折线的号数即为隔声指数 I_a 值。

① 在任何一个 1/3 倍频程上，曲线低于参考折线的最大差值不得大于 8dB；

② 对全部 16 个 1/3 倍频程（$100 \sim 3150\mathrm{Hz}$），曲线低于折线的差值之和不得大于 32dB。

用平均隔声量和隔声指数分别对图中两条曲线的隔声性能进行评价比较。可以求出两种隔声墙的平均隔声量分别为 41.8dB 和 41.6dB，基本相同。按照上述方法求得它们的隔声指数分别为 44 和 35，显然隔声墙 1 的隔声性能要优于隔声墙 2。

（6）插入损失

插入损失定义为：离声源一定距离某处测得的隔声结构设置前的声压级 L_{p1} 和设置后的声压级 L_{p2} 的差值，记作 IL，即：

$$IL = L_{p1} - L_{p2} \tag{2-33}$$

插入损失通常在现场用来评价隔声罩、隔声屏障等隔声结构的隔声效果。计算插入损失的示意图如图 2.14 所示。

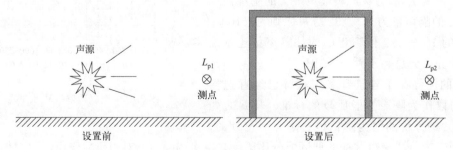

图 2.14　插入损失示意图

2.3.2　隔声的基本规律

（1）单层隔声构件的隔声

单层隔声构件是指单层密实匀质的材料，如墙体、木板、石膏板、水泥板、金属板等。单层隔声结构由单层隔声构件组成，如隔声墙、隔声板等。

评价隔声构件的性能有很多方法，不同的方法所得的隔声性能参数不同。本节重点介绍使用较多的评价量——隔声量。隔声量反映单层隔声构件即单层隔声结构的隔声能力。

① 单层隔声构件的隔声量

隔声量又叫传声损失，是评价构件隔声性能的重要指标，用分贝数表征构件隔声能力的大小。对于单层构件，根据上式有：

$$TL = 10\lg\left[1 + \left(\frac{\omega M}{2Z_1}\right)^2\right] \tag{2-34}$$

一般建筑物墙体属于重隔墙，即 $\omega M/2Z_1 \gg 1$，上式可写为：

$$TL = 20\lg\left(\frac{\omega M}{2Z_1}\right) = 20\lg f + 20\lg M - 42 \tag{2-35}$$

从上式可知，构件对声波的隔声能力与声波的频率和构件质量有关。

由于隔声构件对不同频率的声波隔声量不同，常用 $125\sim4000\,\mathrm{Hz}$ 范围内 6 个倍频程隔声量的算术平均值表示构件的隔声能力，称平均隔声量 L_{TL}，也可用 $100\sim4000\,\mathrm{Hz}$ 范围内 17 个 1/3 倍频程隔声量的算术平均值表示平均隔声量。

② 单层构件隔声量的经验公式

使用理论公式的条件是在假定声波正入射，且不考虑构件的弹性。实际上，单层隔声构件的隔声性能，不仅与材料的面密度和声波频率有关，还与材料的劲度、阻尼以及声波的入射角有关。

在实践中得出了下列经验公式：

a. 声波频率在 $100\sim3150\,\mathrm{Hz}$ 范围内的平均隔声量为：

$$TL = 14.5\lg M + 10 \tag{2-36}$$

上式算得的平均隔声量与实测值很接近，见表 2.6 所示。

表 2.6　经验公式计算结果与实测值比较

构件名称	面密度/(kg/m²)	实测倍频程/Hz 对应的隔声量/dB						测定 L_{TL}	计算 L_{TL}
		125	250	500	1000	2000	4000		
1/4 砖墙，双面粉刷	118	41	41	45	40	46	47	43	40
1/2 砖墙，双面粉刷	225	33	37	38	46	52	53	45	44
1 砖墙，双面粉刷	457	44	44	45	53	57	56	49	49
1 砖墙，双面粉刷	530	42	45	49	57	64	62	53	50
4 厚双层玻璃留 120 空气层	20	20	17	22	35	41	38	29	29
150 厚加气混凝土砌块墙，双面粉刷	175	28	36	39	46	54	55	43	42

b. 在无规入射条件下，且不考虑边界影响，则：

$$TL = 18\lg M + 20\lg f - 25 \tag{2-37}$$

c. 取 $50 \sim 5000\mathrm{Hz}$ 范围内的几何平均值 $500\mathrm{Hz}$ 的隔声量作为其平均值，用 $TL500$ 表示：

$$TL_{500} = 18\lg M + 8 \quad (M > 100\mathrm{kg/m^2}) \tag{2-38}$$

$$TL_{500} = 13.5\lg M + 13 \quad (M \leqslant 100\mathrm{kg/m^2}) \tag{2-39}$$

d. 若 $M > 200\mathrm{kg/m^2}$ 时

$$TL = 15\lg(4M) \tag{2-40}$$

$M \leqslant 200\mathrm{kg/m^2}$ 时

$$TL = 13.3\lg(10M) \tag{2-41}$$

e. 近年证实，沿着隔声构件周围各部分的传声，构件的隔声效果有所下降，建议采用下式计算隔声量：

$$TL = 20\lg M + 20\lg f - 60 \tag{2-42}$$

③ 单层隔声构件的频率特性

由理论公式可以看出隔声量与声波频率的关系，由于构件本身具有弹性，同时入射声波来自各个方向，所以实际情况要复杂得多。

单层密实均质板材的隔声频率特性曲线，见图 2.15 所示。按频率可分为 3 个区域：劲度和阻尼控制区（Ⅰ）、质量控制区（Ⅱ）、吻合效应区和质量控制延伸区（Ⅲ）。

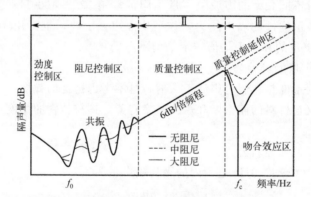

图 2.15 单层密实均质板材的隔声频率特性曲线

常用建筑材料的密度和弹性模量见表 2.7 所示。

表 2.7 常用建筑材料的密度和弹性模量

材料名称	密度 /(kg/m³)	弹性模量 /(N/m²)	材料名称	密度 /(kg/m³)	弹性模量 /(N/m²)
钢铁软钢	7900	2.1×10^{11}	颗粒板	1000	3.0×10^{9}
铸铁	7900	1.5×10^{11}	软质纤维板 A	400	1.2×10^{9}
钢	7900	2.1×10^{11}	软质纤维板 B	500	7.0×10^{8}
铜	9000	1.3×10^{11}	石膏板	800	1.9×10^{8}
铝	2700	7.0×10^{10}	石棉板	1900	2.4×10^{10}
铅	11200	1.6×10^{10}	石棉水泥平板	1800	1.8×10^{10}
玻璃	2500	7.1×10^{10}	柔质板	1900	1.5×10^{10}

续表

材料名称	密度 /(kg/m³)	弹性模量 /(N/m²)	材料名称	密度 /(kg/m³)	弹性模量 /(N/m²)
普通钢筋混凝土	2300	2.4×10^{10}	石棉珍珠岩板	1500	4.0×10^{8}
轻质混凝土	1300	4.5×10^{9}	水泥木丝板	600	2.0×10^{8}
泡沫混凝土	600	1.5×10^{9}	玻璃纤维增强塑料板	1500	1.0×10^{10}
砖	1900	1.6×10^{10}	氯化乙烯板	1400	3.0×10^{9}
砂岩	2300	1.7×10^{10}	弹性橡胶	950	$(1.5\sim5.0)\times10^{8}$
花岗岩	2700	5.2×10^{10}	乙烯基纤维	43	1.7×10^{7}
大理石	2600	7.7×10^{10}	氯乙烯泡沫	77	1.7×10^{7}
橡木	850	1.3×10^{10}	氨基甲酸乙酯泡沫	45	4.0×10^{6}
杉木	400	5×10^{9}	苯乙烯泡沫	15	2.5×10^{6}
胶合板	600	$(4.3\sim6.3)\times10^{9}$	尿素泡沫	15	7.0×10^{5}
硬质板	800	2.1×10^{9}			

(2) 双层隔声结构的隔声

单层隔声结构要提高隔声量，唯一办法是增加材料的面密度或厚度，即遵循"质量定律"。但实际上，结构质量增加1倍，隔声量仅提高几分贝。单纯依靠增加结构质量提高隔声效果，既浪费材料，隔声效果也并不理想。因此，常将夹有一定厚度空气层的两个单层隔声构件组合成双层隔声结构，实践证明其隔声效果优于单层隔声结构，突破了"质量定律"的限制。

① 隔声量的计算

双层隔声结构的隔声量理论推导比较复杂，与实际情况相差较大。在实践中常用经验公式估算：

a. 主要声频范围100～3150Hz的平均隔声量：

$$TL = 20\lg(M+D) - 26 \tag{2-43}$$

式中　M——双层构件总面密度，kg/m²；

　　　D——空气层厚度，mm。

b. 双层隔声结构中，两个构件的总面密度 $M>200\text{kg/m}^2$ 时：

$$TL = 15\lg(4M) + \Delta R \tag{2-44}$$

当 $M\leqslant200\text{kg/m}^2$ 时：

$$TL = 13.3\lg(10M) + \Delta R \tag{2-45}$$

式中，ΔR 为空气层附加的隔声量，可由图2.16查得。

② 固有频率 f_0

双层隔声结构有固有频率，当入射声波的频率和结构的固有频率相等时，发生共振而导致隔声量下降。若两层结构的厚度、质量一样，即面密度相等，其固有频率为：

$$f_0 = \frac{1200}{\sqrt{MD}} \tag{2-46}$$

式中　M——总面密度，kg/m²；

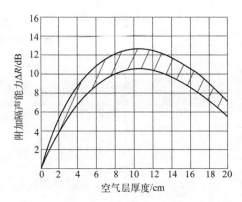

图 2.16　空气层厚度对于双层隔墙平均隔声能力的影响

D——空气层厚度，cm。

若双层隔声结构的两构件面密度不同，则固有频率为：

$$f_0 = \frac{600}{\sqrt{D}} \sqrt{\frac{M_1 + M_2}{M_1 M_2}} \tag{2-47}$$

式中　M_1，M_2——两构件各自的面密度，kg/m^2；

　　　　D——空气层厚度，cm。

对于厚重构件，如砖墙组成的双层隔声结构，其固有频率很低，接近人的听阈下限，甚至在听阈之外，一般不考虑共振问题。对于轻质构件，如木板墙等组成的双层隔声结构，其固有频率在人的听觉范围内，必须考虑共振问题。一般在空气层中敷设多孔吸声材料可以消除共振。敷设的多孔材料不是松散地填入空气层中，而是贴附在构件面上，如将棉毡做成厚度与空气层相等的毡条，沿水平或垂直方向每隔 1m 左右贴附在构件面上。

双层隔声结构的隔声效果较好，因为在声波作用下，一层的振动不是直接传递给另一层，而是通过空气隔层后再传播到另一层，所以振动是在减弱状态下传递。由此可知，空气层对双层隔声结构的隔声性能具有重要意义。一般空气层的厚度以 80～140mm 为佳。如果空气层较薄，在 10～15mm 以下时，一层的振动在很大程度上传递到了另一层，其隔声效果与单层隔声结构差不多。由于空气层的作用，双层隔声结构的隔声量比同样重的单层隔声结构增加很多，最高可达 12dB。如果要求两种结构的隔声量一样，则双层隔声结构的总质量可比单层少 1/2～2/3。

双层隔声结构施工中，要防止两层构件之间被固体连接形成"声桥"，特别是厚重构件，如砖墙在砌筑时灰浆、断砖掉入空气层且卡在中间，就形成了"声桥"。"声桥"将严重影响双层隔声结构的隔声效果。对于由轻质构件组成的双层隔声结构，"声桥"的影响并不严重。在施工中还需注意，两构件与围护、固定物之间的连接要有充分的弹性，特别是当构件很重、很硬的情况下，绝不能有任何刚性连接，否则隔声性能变差。

双层隔声结构也要考虑吻合效应的影响。如果双层隔声结构采用厚度相同的同种材料，其临界频率与单层结构的临界频率相同，在频率上产生吻合效应，将使隔声性能变差。在实际工程中，应设法使双层隔声构件的临界频率错开。如采用两层不同的材料或虽材料相同，但厚度不同的构件组成双层隔声结构，就可避免吻合效应的产生。

表 2.8 列出了部分常见双层隔声结构的性能。

表 2.8 双层隔声结构的平均隔声量

结构构件	构件厚度	空气层/mm	面密度/(kg/m²)	平均隔声量/dB
双层砖墙(共同基础)	3/2砖和2砖	150	1400	64
双层砖墙(分开基础)	3/2砖和2砖	300	1400	77
双层石膏板(共同基础)	各95mm	100	270	49
		40	270	46
双层钢筋混凝土板(共同基础)	各40mm	40	180	46.5
双层平板玻璃	各6mm	38	—	40
双层胶合板(内填矿棉)	各3mm	25	8	26
		65	14	34

2.3.3 常用隔声结构

(1) 多层复合板的隔声

以上讨论了单层结构和双层结构的隔声特性。对于轻质结构按质量定律计算，其隔声量是有限的，再加上它们有较高的固有频率，因此，很难满足高隔声量的要求。但是，若采用多层复合结构，通过不同材质的分层交错排列，就可以获得比同样重的单层均质结构高得多的隔声量。多层复合结构之所以能提高隔声效果，主要是利用声波在不同介质的界面上产生反射的原理。如果在各层材料的结构上采取软硬相隔，即在坚硬层之间夹入疏松柔软层，或柔软层中夹入坚硬材料，不仅可以减弱板的共振，也可以减少在吻合频率区域的声能透射。

实践证明，采用多层结构，只要面层与弹性层选择合适，在获得同样隔声量的情况下，多层结构要比单层结构轻得多，而且在主要频率范围内（125～4000Hz）均可超过由质量定律计算得到的隔声量。正由于多层结构是减轻隔声构件质量和提高隔声性能的有效措施，因此，在噪声控制工程和建筑隔声设计中被广泛采用。如一般隔声门或轻质隔声墙，常采用这种多层结构。

多层结构的每层厚度不宜太薄，一般每层不低于3mm，多层结构的层数不必过多，一般3～7层即可。相邻层间的材料尽量做成软硬相间的形式，如木板-玻璃纤维板-钢板-玻璃纤维板-木板。

(2) 隔声门

普通建筑用门主要考虑轻便、灵活、经济等因素，没有专门的隔声处理，隔声性能很低。木门常用木板、木夹板、纤维密度板制成，门扇质量较轻，门缝隙大，隔声差，隔声量 R_W 一般在15～20dB左右。钢制门以角钢为框架，钢板作为面层，质量大一些，门缝出于密封考虑，加装密封条，隔声比木门好，隔声量 R_W 常在20～25dB左右。还有一种塑料门（塑钢门），门框为塑钢型材，门扇为塑料板拼合，质量很轻，五金密封较差，隔声量 R_W 一般不超过15dB。

隔声门是隔声结构中的重要构件，它常常是隔声的薄弱环节，对隔声间和隔声罩的隔声效果起着控制作用，因此，合理设计隔声门是极其重要的。

隔声门多采用轻质隔声结构，一般隔声门的门扇隔声性能是能够达到较理想的设计要求的，隔声门的隔声性能主要取决于门与门框的搭接缝处的密封程度。

日常用的单层木门，一般隔声量都在20dB以下，为了提高门的隔声能力，通常是将门扇做成前述的双层和多层复合结构，并在层与层之间加填吸声材料，这样的门扇隔声量可达30～40dB。常用普通隔声门的隔声量见表2.9。

表 2.9 常用普通隔声门的隔声量

材料和构造/mm	各不同频率下的隔声量/dB						
	125Hz	250Hz	500Hz	1000Hz	2000Hz	4000Hz	平均
三夹门:门扇厚 45	13.5	15	15.2	19.6	20.6	24.5	16.8
三夹门:门扇厚 45,门上开一个小观察窗,玻璃厚 3	13.6	17	17.7	21.7	22.2	27.7	18.8
重料木板门:四周用橡皮、毛毡密封	30	30	29	25	26	—	27
分层木门	28	28.7	32.7	35	32.8	31	31
分层木门,不用软橡皮密封	25	25	29	29.5	27	26.5	27
双层木板实拼门:板厚共 100	16.4	20.8	27.1	29.4	28.9	—	29
钢板门:钢板厚 6	25.1	26.7	31.1	36.4	31.5	—	35

在高噪声隔声中需要使用隔声门,提高门的隔声性能一方面需要提高门扇的隔声量,另一方面需要处理好门缝。提高门扇自身隔声量的方法有:①增加门扇质量和厚度,但质量不能太大,否则难以开启,门框支撑也成问题;太厚也不行,不但影响开启,而且也受到锁具的限制,常规建筑隔声门质量在 $50kg/m^2$ 以内,厚度不大于 8cm;②使用不同密度的材料叠合而成,如多层钢板、密度板复合,各层的厚度也不同,抑制共振和吻合效应;③在门扇内形成空腹,内填吸声材料。隔声门门扇的隔声量 R_W 可做到 50～55dB。门缝处理的方法有:将门框作成多道企口,并使用密封胶条或密封海绵密封。采用密封条时要保证门缝各处受压均匀,密封条处处受压。有时采用两道密封条,但必须保证门扇和门框的加工精度,配合良好,否则反倒局部漏缝,弄巧成拙。采用机械压紧装置,如压条等。门的周边安装压紧装置,锁门转动扳手时,通过机械联动将压紧装置压在门框上,可获得良好的密封性。对于下部没有门槛的隔声门,必须在门扇底安装机械密封装置,关门时,压条自动压在地面上密封。通过良好门缝处理的隔声门 R_W 理论上可达到 45～50dB。

单门受到质量、厚度、门缝等因素的限制,隔声量 R_W 很难超过 45dB,为了获得更高的隔声性能,可以采用双层门。如果双层门之间有一定空间,空间内安装强吸声材料,那么就形成了隔声量很高的声闸结构。声闸在使用时,总保持有一扇门是关闭的,对开门进入房间的过程也具有良好的隔声性能。

声闸的整体隔声量相当于两扇门中隔声量高的一扇数值加上一个附加隔声量。附加隔声量与门斗的容积和吸声有关,容积越大且吸声越强,附加隔声量越大。附加隔声量最大值为另一扇门的隔声量。例如,常规声闸的两扇门隔声量分别为 40dB,附加隔声量为 25dB,那么声闸的隔声量可达 65dB。

(3)隔声窗

隔声窗同隔声门一样,它的隔声性能好坏,同样是控制隔声结构的隔声量大小的主要构件。窗的隔声效果取决于玻璃的厚度、层数、层间空气层厚度以及窗扇、玻璃与骨架、窗框与墙之间密封程度。为了提高窗的隔声量,通常采用双层或三层玻璃窗。玻璃越厚,隔声效果越好。一般玻璃厚度取 3～10mm。双层结构的玻璃窗,空气层在 80～120mm 之间,隔声效果较好,玻璃厚度宜选用 3mm 与 6mm 或 5mm 与 10mm 进行组合,避免两层玻璃的临界频率接近,产生吻合效应造成窗的隔声量下降。表 2.10 为几种厚度玻璃的临界频率。安装时,各层玻璃最好不要相互平行,把朝向噪声源的一面玻璃做成上下倾斜,倾角为 85°左右,以消除共振对隔声效果的影响。

表 2.10　几种厚度玻璃的临界频率

玻璃的厚度/mm	临界频率/Hz	玻璃的厚度/mm	临界频率/Hz
3	4000	6	2000
5	2500	10	1100

　　玻璃与窗框接触处，用压紧的弹性垫密封。常用的弹性材料有细毛毡、多孔橡皮垫和 U 形橡皮垫。一般压紧一层玻璃，约提高 4～6dB 的隔声量；压紧两层玻璃能增加 6～9dB 的隔声量。为保证窗扇达到其设计的隔声量，所用的木材必须干燥，窗扇之间、窗扇与窗框之间全部接触面必须严密、窗扇的刚度要好。用油灰涂抹窗扇上玻璃处的槽口及缺陷处，必须沿着玻璃边缘抹成条状并挤压紧；用橡皮等压紧垫时，必须使其将玻璃靠紧，这样不仅能提高窗扇的严密性，且有助于减少玻璃的共振。

　　图 2.17 为双层玻璃窗结构及密封安装图。

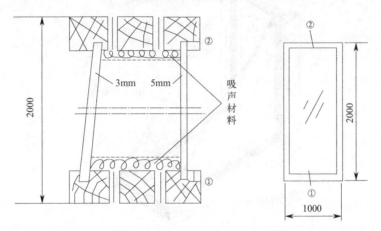

图 2.17　双层玻璃窗结构及密封安装图（单位：mm）

　　常用隔声玻璃窗的隔声量见表 2.11。

表 2.11　常用隔声玻璃窗的隔声量

类别	材料及构造/mm	各不同频率下的隔声量/dB						
		125Hz	250Hz	500Hz	1000Hz	2000Hz	4000Hz	平均
单层	单层玻璃窗:玻璃厚 3～6	20.7	20	23.5	26.4	22.9	—	22±2
	单层固定窗:玻璃厚 6,四周用橡皮密封	17	27	30	34	38	32	29.7
	单层固定窗:玻璃厚 15,四周用腻子密封	25	28	32	37	40	50	35.5
双层	双层固定窗:玻璃分别厚为 3、6,空气间隔层为 20	21	19	23	34	41	39	29.5
	双层固定窗:其中一层是倾斜玻璃	28	31	29	41	47	40	35.5
三层	三层固定窗:空气层间上部和底部用吸声材料粘贴	37	45	42	43	47	56	45

　　窗户往往是隔声最薄弱之处。单层 8mm 左右玻璃的隔声量 R_W 只有 25dB 左右。虽然玻璃很重，确实是一种好的隔声材料，同样厚度，玻璃的隔声量比水泥还大，但是，建筑上难以见到 150mm 厚的玻璃板。所谓中空隔声玻璃，若两层玻璃之间的窄空气层不足 1cm，

两层玻璃被密封的空气严重地耦合在一起，振动方式就像连在一起的单层玻璃一样，其隔声性能和这两层玻璃相同厚度的厚玻璃相比，几乎没有多大增加。有些频率反倒会产生共振。中空玻璃具有更理想的保温性能，但认为比同样厚度的普通玻璃的隔声性能好很多是错误的。有一种积层玻璃，近似于汽车前挡风的那种安全玻璃。玻璃是夹层三明治式，两层玻璃之间夹有透明胶片，使得两部分玻璃独立振动并在振动过程中产生阻尼，夹胶厚度超过 5mm 的这种玻璃比厚度相同的普通玻璃的隔声量 R_W 高 5～10dB。

窗同样有缝隙漏声的问题。平开窗比推拉窗的密闭性好，隔声性能也要好。隔声窗需要在窗扇和窗框之间使用密封橡胶条。图 2.18 为双层玻璃隔声窗断面示意图，其隔声量 R_W 为 45dB。

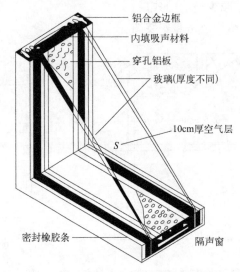

图 2.18　双层玻璃隔声窗断面示意图

可以使用两层玻璃完全分离的方法，形成双层窗，以提高隔声性能，玻璃的间距至少大于 50mm，大于 100mm 更好。很大的空气层使得两层玻璃独立地振动，隔声量可以提高 10～15dB。更重要的是，双层窗的降噪能力在 250Hz 以及 250Hz 以下低频范围有所提高。里外安装良好的、周边安装有吸声材料的、密封严实的双层窗隔声量 R_W 可以达到 45dB。

采用两层玻璃时，最好两层玻璃的厚度不等，可以减弱吻合效应。如果将其中一层玻璃做成倾斜的，可以使得上下具有不同的空气层厚度，有利于防止两层玻璃之间的共振。更高要求的隔声窗可以采用三层不等厚的玻璃，做成三层窗，而且玻璃互不平行，这样的隔声窗隔声量 R_W 可以达到 50～55dB。

（4）隔声罩

在工矿企业，常见一些噪声源比较集中或仅有个别噪声源，如空压机、柴油机、电动机、风机等，此情况下，可将噪声源封闭在一个罩子里，使噪声很少传出去，消除或减少噪声对环境的干扰。这种噪声控制装置叫隔声罩。

隔声罩的优点较多，技术措施简单，体积小，用料少，投资少。而且能够控制隔声罩的隔声量，使工作所在的位置噪声降低到所需要的程度。但是，将噪声封闭在隔声罩内，需要考虑机电设备运转时的通风、散热问题；同时，安装隔声罩可能对检修、操作、监视等带来不便。

① 隔声罩的选材及型式

隔声罩的罩壁是由罩板、阻尼涂料和吸声层构成的。它的隔声性能基本还是遵循"质量定律"的，要取得较高的隔声效果，隔声材料同样应该选择厚、重、实的，厚度增加 1 倍，隔声量可增加 4～6dB。但在实际工程中，为了便于搬运、操作、检修和拆装方便，并考虑经济方面的因素，隔声罩通常使用薄金属板、木板、纤维板等轻质材料，这些材料质轻、共振频率高，隔声性能显著下降。因此，当隔声罩板采用薄金属板时，必须涂覆相当于罩板 2～3 倍厚度的阻尼层，以便改善共振区和吻合效应的隔声性能。

隔声罩一般分为全封闭、局部封闭和消声箱式隔声罩。全封闭式隔声罩是不设开口的密封隔声罩，多用来隔绝体积小、散热问题要求不高的机械设备。局部封闭式隔声罩是设有开口或者局部无罩板的隔声罩，罩内仍存在混响声场，该型式隔声罩一般应用在大型设备的局部发声部件上，或者用来隔绝发热严重的机电设备。在隔声罩进、排气口安装消声器，这类装置属于消声隔声箱，多用来消除发热严重的风机噪声。

② 隔声罩的设计要点

a. 隔声罩的设计必须与生产工艺的要求相吻合。

安装隔声罩后，不能影响机械设备的正常工作，也不能妨碍操作及维护。例如，为了满足某些机电设备的散热、降温的需要，罩上要留出足够的通风换气口，口上所安装的消声器，其消声值要与隔声罩的隔声值相匹配。为了随时了解机器的工作情况，要设计观察窗（玻璃），为了检修、维护方便，罩上需设置可开启的门或把罩设计成可拆装的拼装结构。

b. 隔声罩板要选择具有足够隔声量的材料制成，如铝板、铜板、砖、石和混凝土等。

c. 防止隔声罩共振和吻合效应的其他措施。

前述消除隔声罩薄金属板及其他轻质材料的共振和吻合效应是在板面上涂一层阻尼材料。除此之外，也可在罩板上加筋板，减少振动，减少噪声向外辐射；在声源与基础之间、隔声罩与基础之间、隔声罩与声源之间加防振胶垫，断开刚性连接，减少振动的传递；合理选择罩体的形状和尺寸。一般情况下，曲面形状刚度较大，罩体的对应壁面最好不相互平行。

d. 罩壁内加衬吸声材料吸声系数要大，否则，不能满足隔声罩所要求的隔声量。

e. 隔声罩各连接件要密封。在隔声罩上尽量避免孔隙。如有管道、电缆等其他部件在隔声罩上穿过时，要采取必要的密封及减振措施。图 2.19 为通风管道穿过隔声罩的连接方法。它是在缝隙处用一段比通风管道直径略大些的吸声衬里管道，把通风管包围起来，吸声衬里的长度取缝宽度 15 倍为宜。这样处理可避免罩体与管道有刚性接触，影响隔声效果，又可防止穿过的缝隙漏声。

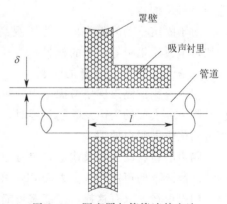

图 2.19　隔声罩与管管连接方法

f. 为了满足隔声罩的设计要求，做到经济合理，可设计几种隔声罩结构。对比它们的隔声性能及技术指标，根据实际情况及加工工艺要求，最后确定一种。考虑到隔声罩工艺加工过程不可避免地会有孔隙漏声及固体隔绝不良等问题，设计隔声罩的实际隔声量稍大于要求的隔声量，一般以 3～5dB 为宜。

（5）隔声屏

前述隔声罩或隔声间是把噪声源与接受点完全分开，在噪声控制上是很有效的。但在某些场合，如车间里有很多高噪声的大型机械设备，有些设备泄出易燃气体而要求防爆，有些设备需要散热，且换气量较大，以及操作和维修不便，不宜采用隔声罩的形式将噪声源封闭起来，此时，可采用隔声屏来降低接受点的噪声。隔声屏是用隔声结构做成的，并在朝向声源一侧进行了高效吸声处理的屏障。将它放在噪声源与接受点之间，阻挡噪声直接向接受点辐射的一种降噪措施。这种措施简单、经济，除了适用于车间内，一些不直接用全封闭的隔声罩的机械设备及减噪量要求不大的情况外，还适用于露天场合，使声源与需要安静的区域隔离。如在住宅区的公路、铁路两侧设置隔声屏、隔声堤或利用自然山丘等以阻挡噪声。

① 隔声屏的降噪原理

声波在传播中遇到障碍物产生衍射现象，与光波照射到物体的绕射现象是一样的，光线被不透明的物体遮挡后，在障碍物后面出现阴影区，则声波产生"声影区"，同时，声波绕射，必然产生衰减，这就是隔声屏隔声的原理。对于高频噪声，因波长较短，衍射能力差，隔声效果显著；低频声波的波长较长，衍射能力强，所以隔声屏隔声效果是有限的。图 2.20 为低、中、高频声波遇到障碍物衍射的示意图。

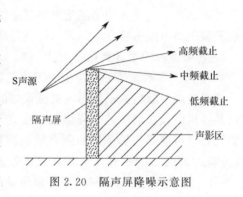

图 2.20　隔声屏降噪示意图

隔声屏的尺寸与声波波长相比有足够大的尺寸，屏障后某一距离范围内就会形成低声级的"声影区"屏障，就具有较好的隔声性能。

② 隔声屏的材料选择及构造

隔声屏宜采用轻质结构，便于搬运，安装也较方便。一般用一层隔声钢板或硬质纤维板，钢板厚度为 1～2mm，在钢板上涂 2mm 的阻尼层，两面填充吸声材料，如超细玻璃棉或泡沫塑料等。两侧吸声层厚度，可根据实际要求，填入 20～50mm。为防止吸声材料散落，可用玻璃布和穿孔率大于 25％的穿孔板或丝网护面。在实际工程中，要根据具体情况选择材料及构造。

对于固定不动的隔声屏，为了提高其隔声能力，选择材料仍按"质量定律"，可选砖、砌块、木板、钢板等厚重的材料。

③ 隔声屏设计应注意的问题

室内应用的隔声屏要考虑室内的吸声处理。实验和理论研究表明，当室内壁面和天花板以及隔声屏表面的吸声系数趋于零时，室内形成混响声场，隔声层的降噪值为零。因此，隔声屏两侧应做吸声处理。

隔声层材料的选择及构造，要考虑其本身的隔声性能，一般隔声屏的隔声量要比所希望的"声影区"的声级衰减量大 10dB，如声影区要求 15dB 的隔声量，隔声屏本身要有 25dB 以上的隔声量。只有这样，才能避免隔声屏透射声所造成的影响。同时，还要防止隔声屏上的孔隙漏声，注意结构制作的密封。隔声屏如用在室外，要考虑材料的防雨及气候变化对隔声性能的影响。

隔声屏设计要注意构造的刚度。在隔声屏底边一侧或两侧用型钢条加强，对于可移动的隔声屏，可在底侧加万向橡胶轮，可随时调整它与噪声源的方位，以取得最佳降噪效果。

隔声屏要有足够的高度和长度。从前面的计算看出，隔声屏的高度直接关系到隔声屏的隔声量。隔声屏越高，噪声的衰减量越大，所以隔声屏应有足够的高度，对于隔声屏长度的要求，一般长度为高度的 3～5 倍时，就能近似看作为无限长。

隔声屏主要用于阻挡直达声。根据实际需要，可制成多种形式，如 L 形、U 形、Y 形等。一般要因地制宜，根据需要也可在隔声屏上开设观察窗，观察窗的隔声量与隔声屏大体相近。

④ 隔声屏的应用实例

某厂发电机车间有三台 300kW、200kW、150kW 直流发电机，车间内噪声特别强烈，在距机组 1m 处测得中心频率 500Hz 的倍频程声压级达 108～112dB，A 声级达 107～108dB。严重影响了整个车间工人的健康和通讯联系。

针对上述噪声情况，工厂先采取吸声处理措施，即在屋顶悬挂吸声体并在墙面装置了部分吸声板，但仅靠吸声措施，噪声只能降低 7～8dB（A），在机组 1m 处降低 1～2dB（A），这说明机组 1m 处是以直达声为主，所以单靠吸声措施，难以有效地降低噪声。因此，厂方决定再加设隔声屏来降低噪声。

在距机组 0.6m 处，设置一道平行于机组的隔声屏。隔声屏的选材和结构是这样的，隔声屏高度为 2m，宽度为 2m，顶部加遮檐 0.8m，向机组倾斜 45°，制作成单元拼装式，竖直拼缝用"工"字形橡胶条密封。中间夹层用 1mm 钢板，两面各铺贴 5cm 的超细玻璃棉吸声材料，容重为 20kg/m³，为防止吸声材料散落，衬玻璃布外加钢丝网护面。为提高隔声屏的刚度，四周边缘用 3mm 型钢加强。隔声屏用螺栓固定在地面的浅槽内，隔声屏建成后，离机组 1m 处，完全处于声影区内，对于离地面高为 1.2m 的接受点处，噪声衰减很大，A 声级的降噪声达 18～24dB。室内离机组较远的其他位置的 A 声级基本降到了 90dB以下，已基本符合"工业企业噪声卫生标准"中对企业的规定。

上述降噪措施使噪声衰减量增加，这是发生在隔声屏后的声影区内，对于车间的空间平均降噪声仅达 10dB左右，近似等于远离机组的降噪量。图 2.21 为发电机隔声屏的布置图。

用在室外的隔声屏大多是为了阻挡公路、铁路上车辆交通噪声，这些强烈噪声对沿线两侧的居民、医院、学校、机关及邮电系统的特定区域造成了严重危害。也有少数隔声屏建立在工厂高噪声车间外墙，以防止对邻近居民的干扰。

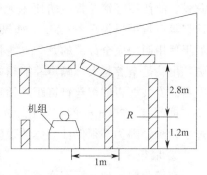

图 2.21　发电机组隔声屏布置图

用在防止交通噪声的隔声屏，屏障表面也应加吸声材料，否则，噪声在道路两侧面对面的隔声屏表面多次反射，使隔声屏起不到应有的降噪效果。为此，要在隔声屏表面进行吸声处理，尤其要在面对道路的一侧及道路两侧设置面对面的隔声屏，是十分必要的。

2.3.4　影响隔声效果的其他因素

下面以轻钢龙骨轻质板为例，讨论影响其隔声性能的因素。

单层墙体因受质量定律的限制，必须是重墙才能获得良好的隔声性能。对于住宅分户墙，为达到国家最低标准 $R_w > 45dB$ 的要求，单层隔墙至少需要 200kg/m² 以上的面密度。

如果将墙体分成两层或多层，隔声量会显著提高。这是因为，声音撞击到第一层墙板时，透射的部分将进入两层墙板之间的空腔，经空腔中声场作用后，一部分透射到墙体对面，另一部分被损耗掉。同时，两层墙体之间的腔体有类似弹簧的作用，使墙板系统具有有利于消耗声能的弹性，起到进一步隔声的作用。如果在腔体中填入离心玻璃棉等吸声材料，声音传播过程中在腔体中声场作用的声音将被大大衰减，隔声量大为提高。对于 120mm 厚的砖墙隔声量从 45dB 左右提高到 50dB 以上需要重量提高一倍，即需要 240mm 砖墙。而对于 75 轻钢龙骨双面双层 12mm 纸面石膏板隔墙而言，只需在腔体内添加一层 50mm 厚 24kg/m³ 的玻璃棉，隔声量就从 44dB 提高到 50dB。可见，隔墙腔体中的吸声材料对隔声量的影响非常重要。根据测定，使用双层 75 龙骨的六层 12mm 纸面石膏板（三道墙板，每道两层石膏板，共两个龙骨空腔）的轻型墙体内填两层 50mm 厚 24kg/m³ 的离心玻璃棉，隔声量将达到 $R_W = 60dB$，这是 500mm 厚混凝土隔墙的隔声量。

然而，轻型多层板隔墙即使内部装填了离心玻璃棉等吸声材料，低频的隔声能力也不能完全和重型墙相比，隔声量同样是 $R_W = 50dB$ 的混凝土墙和轻型墙相比，在 125Hz 频率上，混凝土隔墙的隔声量 $R_W = 40dB$，而轻型墙的隔声量只有 24dB 左右。一个有利的因素是，人耳对低频并不敏感，因此在大多语言环境下轻型墙完全可以满足隔声要求，但在机械噪声低频声音严重的场合必须考虑低频隔声量是否足够。轻型墙低频隔声较差的主要原因是墙板比较轻柔，难以阻隔振动幅度较大、波长较长的低频声，同时，空腔中的吸声材料低频吸声性能也比较有限。

从理论上分析，影响纸面石膏板墙隔声量的主要因素有以下几个方面。

① 龙骨

龙骨弹性越好，隔声性能越好，尤其对低频隔声量有显著提高。轻钢龙骨的弹性好于木龙骨，故使用轻钢龙骨轻墙比木龙骨轻墙计权隔声量高 1~3dB。如果采用 Z 形减振龙骨，计权隔声量可以提高 1~2dB。如果在龙骨上采用 S 形的减振条，计权隔声量可以提高 2dB。如果使用两层完全分离的龙骨（龙骨之间没有任何连接），隔声量能够提高 5~7dB。龙骨越宽，也就是空腔越大，隔声性能越好，100mm 厚龙骨比 75mm 厚龙骨计权隔声量提高 1dB 左右。安装墙板的螺丝钉钉距越稀疏，隔声性能越好，因为稀疏的钉距使墙板连接的刚性变差。据测定，300mm 的钉距比 250mm 的钉距计权隔声量提高 0.5dB 左右。但是钉距不能过于稀疏，因为必须保证墙体的强度。

② 墙板

在实验中发现，面密度越大同时越薄的墙板隔声性能越好。这是因为，密度越大隔声量越大，越薄则在中高频出现的吻合谷越往高的频率偏移，偏出人耳敏感的频率范围之外。例如，同样厚度的 75 龙骨双面单层 25mm 厚内填棉的纸面石膏板墙的吻合谷在 1500Hz，计权隔声量仅为 47dB，而 75 龙骨双面双层 12mm 厚内填棉的纸面石膏板墙的吻合谷在 3150Hz，吻合效应影响变弱，计权隔声量为 50dB。对于增强水泥压力板（GRC）、硅酸钙板等墙板，由于密度比石膏板大，而厚度比石膏板薄，因此具有更好的隔声性能。另外，使用不同厚度的板材复合，或使用不同材料的板材复合可以将共振和吻合谷频率错开，有利于提高隔声量，例如，使用 10mm 的 GRC 板与 12mm 纸面石膏板复合的双面双层填棉轻墙的计权隔声量比两层石膏板的轻墙高 2dB，可达 52dB。

③ 内填棉

高密度离心玻璃棉虽然吸声效果好，由于声音在空腔内因声场作用而消耗，声场作用类似于在空腔内的多次反射,即使每次反射吸声较小,多次反射的积累效果也非常大,因此5cm厚24kg/m³的离心玻璃棉作为内填吸声材料已经足够了,更厚或更大的密度所带来的隔声增加量非常有限,一般不会超过1dB。但是,2.5cm以下、不足16kg/m³的离心玻璃棉由于过于稀松,吸声性能太差,会使隔声量下降2~3dB。5cm厚,密度大于40kg/m³岩棉和玻璃棉的隔声效果是相近的。理论上讲,因为岩棉密度往往大于玻璃棉,隔声略有优势,但很难相差1dB,那种认为轻墙中岩棉隔声好于玻璃棉的观点是不正确的。还有一点非常重要,就是空腔中的棉不能满填,如果填满会造成棉将两层墙板连接在一起,出现声桥,使隔声量下降。填棉时,应尽量保证棉体两边不同时接触墙板,以防止"声桥"。如果使用50mm厚的C形龙骨,那么填棉厚度应小于50mm,如25mm或40mm。有些设计人员认为棉体需要满填、填实在空腔中,和板之间不留空气层,这是不对的。实验表明,满填棉隔声性能将下降1~3dB。另外,填棉厚度不均、回弹率过大等造成的棉板与两边墙板局部或大面积接触都会引起隔声量下降,施工操作中应尽量避免。

④ 施工及其他因素

以下若干因素对隔声的影响并非墙板本身,而是设计、施工和整体结构等方面疏忽造成的,这些因素有时造成纸面石膏板隔墙隔声量下降非常严重。板-板之间空腔内填棉不饱满,或棉钉黏合不牢固,过一段时间后棉体下坠(玻璃棉常出现这种情况),导致出现填棉缝隙。严重时可能引起3~5dB隔声量的下降。

隔墙外框和房屋结构刚性连接,未按规定垫入弹性胶条,结构受力变形或结构振动,造成板缝开裂,形成缝隙漏声;管道穿墙,未按规定要求密封处理,造成孔隙;电器开关盒、插销盒在墙上暗装,未按规定要求做内嵌石膏板盒隔声处理,造成隔声薄弱环节;甚至隔墙两边电器盒对装而不做任何处理,都会大大降低隔声性能。

在实际建筑物中,两个房间除了隔墙传声外,还有其他途径引起声音从一个房间进入另一个房间,这些途径的传声称为侧向传声,如地面结构传声、侧墙结构传声、门窗传声、管道风道传声等。有些有吊顶的大房间用石膏板隔墙分隔成一些小间,因为先做的吊顶,隔墙只做到吊顶下沿,而没有延伸到结构层楼板底,出现吊顶内的侧向传声,造成房间实际隔声量比隔墙隔声量低很多。

2.3.5 隔声技术的应用

利用隔声技术阻碍声波传播,在中国有悠久的历史。据史料记载,明代初年,姚广孝曾以一种小口大肚的"缶"(陶瓶)筑墙,口朝房内,墙体就成多孔吸声墙,能起隔声作用。明末方以智在其《物理小识》中写道:"隔声:……乃以瓮为梵,累而墙之,其口向内,则外过者不闻其声。"他解释为"声为瓮所收也"。用现代声学知识解释,小口大肚的"缶"或"瓮"类似于德国亥姆霍兹发明的共振腔。共振腔理论是穿孔板共振吸声的理论基础。

随着社会的进步和发展,噪声污染增多,人们的环保意识也得到增强。隔声技术得到广泛应用,新型隔声材料不断涌现,随之也带动和促进了相关环保产业的兴起和发展,对经济建设和社会进步具有强大的推动作用。

(1)隔声技术应用的广泛性

隔声技术广泛应用于人们生活、工作和生产的各个领域。隔声技术的应用已从被动利用墙体、屏障隔声向主动根据声波产生的机理和特性、声波传播的方向和途径以及被保护的对象，有目的地选用不同隔声材料、制造不同隔声结构的方向发展。

在建筑领域，对一般建筑物仍遵循"质量定律"，采用重墙隔声。对隔声要求较高的建筑物，可采用各种结构的双层玻璃窗和隔声门提高隔声效果。近年国内研制生产了一种由13层材料制成的SH型隔声门，实测隔声量达到46dB，使用效果很好。在建筑物内部，倾向于采用轻质墙体，这种墙体虽轻，但隔声量并不低。如国内生产的水泥粉煤灰空心砌块、珍珠岩空心砌块、多孔石膏空心砌块等。这些材料质轻、厚度小，隔声量一般都在40dB以上。又如一种新型的FC轻质复合墙板，这是一种硅酸钙桥面板，中间浇筑由再生阻燃聚苯乙烯泡沫颗粒、砂、水泥、粉煤灰等材料组成的轻质混凝土，整个墙板厚90mm。在500Hz左右，其隔声量约为32dB；在1000Hz以上时，隔声量均在40dB，隔声效果好。

在道路交通领域，随着高速公路、城市立交桥和高架路的兴建，以及车流量的增加，交通噪声污染严重，因此隔声屏得到广泛应用。隔声屏一般以混凝土为主，朝质轻、多孔、预制的方向发展。国外有些地方采用具有透光性的隔声板，国内也已研制并生产出达到国际先进水平的透明微穿孔吸声隔声屏障，这种屏障结构新颖，景观效果好，声学性能优良，平均隔声量23dB左右，在实际应用中，效果良好。国外高速公路隔声屏有的采用带有吸声层的隔声板，有一种由新型多孔材料泡沫铝制成的吸声板，当其孔径为1mm，孔隙率为65%时，总体隔声效果最好，平均隔声量为19dB左右。

在交通运输领域，如汽车、船舶、飞机上，隔声原理的"质量定律"与运载工具的轻型化相矛盾，为此必须采用轻型隔声墙板，一般多为双层或多层的夹层结构，层间填充多孔吸声材料。如在船舶上，常采用双层结构，双层间距以8～15cm为宜，中间填充多孔吸声材料。又如20世纪90年代，俄罗斯为适应飞行器需要而研制的褶皱芯材结构，由于其面板和柔性的褶皱芯材胶接在一起，其阻尼作用使板面的振动受到抑制，特别对共振区和吻合效应区的吸声低谷有明显的改善作用，因此具有宽带隔声的特点。

在工业生产领域，对声源采用隔声罩、隔声屏是阻碍噪声传播的有效措施。现在有一种以丁基橡胶为基质的防振隔声自粘胶带，可方便地黏附于各种板壁、罩壳表面，或卷粘于管道上，可有效地隔振隔声。

（2）隔声材料功能的多样性

任何材料都具有一定的吸声、隔振、隔声能力，密实材料隔声效果较强，多孔材料吸声效果较好，柔性材料如橡胶隔振效果较好。现代研制生产的隔声材料和隔声构件，往往具有综合的噪声控制功能，它们不仅具有良好的隔声性能，还具有良好的吸声性能或隔振性能。如意大利利用废橡胶轮胎为主要原料生产的隔声卷材和板材，不仅可用于隔声，亦可用于隔振，且施工方便，得到广泛应用。在工厂中使用的隔声罩，常用薄金属板为基体，以隔声为主，罩壳内外涂敷阻尼层，以减振为主，在罩内表面上敷设多孔吸声层，则是以吸声为主。这种罩的降噪效果显然比采用单一技术取得的效果要好。

隔声材料和结构用于室内外各种环境中，要求隔声材料的物理化学性能优越稳定，特别是含有有机物成分的材料，应具有防水防漏、防火阻燃、防风干、抗臭氧和隔热性能，应有较强的耐候性和优良的耐老化性，有的还具有耐油性。在材料的选取上，应注重"环保"型和"安全"型，避免新的污染。

隔声材料和结构在特定场合经加工处理，还具有一定的装饰功能，起到美化环境的作用。隔声材料和结构的研制和生产，正朝着标准化、规范化、系统化和配套化的方向发展，安装、维护和更新的手段也朝着简便化方向发展。

2.4 消声技术

对于空气动力性噪声的污染，如各种风机、空气压缩机、柴油机以及其他机械设备的输气管道噪声，需要用消声技术加以控制，最常用的消声设备是消声器。一个好的消声器应综合考虑声学、空气动力学等方面的要求，具有良好的消声性能。本节介绍消声器消声量的计算方法、设计要求以及消声技术在控制空气动力性噪声中的应用。

2.4.1 消声器的分类及评价

消声器是一种既能允许气流顺利通过，又能有效地阻止或减弱声能向外传播的装置。一个合适的消声器，可以使气流声降低 $20\sim40dB$，相应响度降低 $75\%\sim93\%$，因此在噪声控制工程中得到了广泛的应用。值得指出的是，消声器只能用来降低空气动力设备的进排气口噪声或沿管道传播的噪声，而不能降低空气动力设备本身所辐射的噪声。

(1) 消声器的分类

消声器按消声原理可以分成阻性消声器、抗性消声器、阻抗复合式消声器、微孔消声器、扩散式消声器和电子消声器等几类。

阻性消声器具有吸收中高频声、加工制造简单等特点，是目前应用最广的一种消声器。它不但适用于空调风机、通风机、鼓风机和压缩机的进排气消声，而且燃气轮机、航空发动机、内燃机排气消声器也常采用阻性消声器。从国内外消声器样本来看，大多数厂家以生产阻性消声器为主。

抗性消声器具有针对性强、中低频吸收效果好、不用吸声材料等特点，主要应用于各类机动车辆的排气噪声。如汽车排气、摩托车排气、拖拉机排气等，皆采用抗性消声器。对无声手枪、小管道排气具有宽带消声特性，可以单独使用。然而对于大管道，必须与阻性消声器配合，才能取得理想的消声效果。

阻抗复合式消声器在实际工程中应用广泛。由于阻性消声器在中高频范围内有较好的消声效果，而抗性消声器在中、低频段有较好的消声效果，把两者结合起来设计成阻抗复合式消声器，就可以在较宽频率范围内取得较高的消声效果。阻抗复合式消声器结合了阻性消声器和抗性消声器各自的优点，具有消声频带宽等特点，主要应用于声级很高、低中频宽带噪声的消声。

微孔消声器是由中国科学院著名声学家马大猷先生研制的一种新型消声器。该消声器具有低中频宽带消声性能，主要用于高级厂房空调，以及电厂高压、高温排气放空等。

电子消声器也称有源消声器。它是根据声波干涉原理，试图以振幅相等、相位相反地发射声波，消除机器辐射的窄带低频噪声，目前虽然取得较大进展，但仍处在试验阶段。

(2) 消声器的基本要求

① 声学性能要求 应具有较好的消声特性，即消声器在一定的流速、温度、湿度、压力等工作环境下，在所要求的频率范围内，有足够大的消声量，或在较宽的频率范围内，有满足需要的消声量。

② 空气动力性能要求 消声器对气流的阻力要小，阻力系数要低，即安装消声器后所增加的压力损失或功率损耗要控制在实际允许的范围内。气流通过消声器时所产生的气流再

生噪声要低，消声器不应影响空气动力设备的正常运行。

③ 结构性能要求　消声器的体积要小。重量轻、结构简单、便于加工、安装和维修。材质应坚固耐用，对于耐高温、耐腐蚀、耐潮湿等特殊要求，尤其应注意材质的选用。

④ 外形及装饰要求　消声器的外形应美观大方，体积和外形应满足设备总体布局的限制要求。表面装饰应与设备总体相协调，体现环保产品的特点。

⑤ 价格费用要求　消声器要价格便宜，使用寿命长，在可能条件下，应尽量减少消声器的材料消耗。

以上五项要求缺一不可，既互相联系，又相互制约。当然，根据实际情况可以有所侧重，但不可偏废。例如，汽车排气消声器若消声量高，其结构就可能比较复杂，阻力也较大，致使发动机的功率损失过多而影响车辆的正常运行；同样，如果消声器的声学性能和气动性能都很好，但因体积过大或外形不合适而无法布置在车体下部，也就失去了其实用价值。总之，在设计选用消声器时，一定要根据声源设备特点、使用消声器的现场情况以及环境噪声控制的具体要求进行综合分析评价，协调各方面的要求，以确定最佳方案。

应该说明的是，消声器的加工制造质量和安装质量对消声器的性能均有较大影响。加工质量不好，安装不合适，消声器壳体隔声不足或消声器吸声材料的密度、厚度、护面材料、结构尺寸等选择不当，都会直接影响消声器的声学性能和空气动力性能。

（3）消声器的评价

目前，国内尚无统一的消声器评价规范，为了能客观地进行比较，可利用消声指数的计算方法进行其性能对比。北京劳动保护研究所研制了几个系列消声器，对其消声指数进行了对比，其结果见表2.12。

表 2.12　几个典型系列消声器的消声指数

系列型号	$m \times \frac{d_2}{l}$	η	系列型号	$m \times \frac{d_2}{l}$	η	系列型号	$m \times \frac{d_2}{l}$	η
1ZY20-NO1A	88	0.2	1ZP20-2.5A	25.5	0.78	1ZP20-1.6D	20.1	0.99
1ZY20-NO1.3A	67.5	0.3	1ZP20-2.8A	21	0.95	1ZP20-1.8D	17.7	1.13
1ZY20-NO1.4A	54	0.4	1ZP20-3.5A	19.3	1.03	1ZP20-2D	15.9	1.26
1ZY20-1.6A	45	0.4	2ZP20-NO4A	17.9	1.1	2ZP20-3.5D	14.7	1.36
1ZY20-1.8A	38.5	0.5	2ZP20-4.5A	16.8	1.2	2ZP20-4D	11.5	1.47
1ZY20-2A	34	0.6	2ZP20-5A	16.5	1.2	3ZP20-6D	11.5	1.74
1ZY20-2.2A	30	0.67	2ZP20-5.5A	12.7	1.57	3ZP20-7D	10.4	1.9
1ZY20-2.5A	27	0.7	3ZP20-NO6A	18.5	1.1	4ZP20-8.6D	9.2	2.7
1ZY20-NO1BE	58	0.3	3ZP20-NO7A	15.5	1.3	4ZP2-10D	7.9	3.2
1ZY20-1.3BE	45	0.4	3ZP20-NO7.7A	13.3	1.5	5ZP2-11D	9.5	2.6
1ZY20-1.4BE	36.5	0.5	4ZP20-NO8.6A	13.6	1.8	5ZP2-12D	9	2.8
1ZY20-1.6BE	31.5	0.6	4ZP20-NO10A	11.6	2.15	6ZP2-15D	7.9	3.2
1ZY20-1.8BE	30	0.67	4ZP20-NO11A	10.5	2.4	1ZP20-1.4E	3.9	0.5
1ZY20-2BE	24	0.8	5ZP20-12A	12.2	2.05	1ZP20-1.8E	27.5	0.72
1ZY20-2.2BE	22	0.9	5ZP20-13.8A	10.5	2.40	1ZP20-2E	33.1	0.60
1ZY20-2.5BE	20	1	6ZP20-15A	10.1	2.47	1ZP20-2.2E	27	0.73
1ZY20-NO1D	24	0.8	1ZP20-1C	40.7	0.49	2ZP20-4E	17.1	0.16
1ZP20-1.3D	20	1	1ZP20-1.30C	32	0.53	2ZP20-4.5E	14.2	1.41
1ZY20-1.4D	17	1.17	2ZP20-2.2C	15.5	1.29	3ZP20-5E	19	1.05
1ZY20-1.6D	15.5	1.29	2ZP20-2.5C	12.5	1.6	3ZE20-6E	14.5	1.38
2ZY20-2.5E	18.8	1.1	2ZP20-3C	11.6	1.7	3ZP20-7E	10.4	1.9
2ZY20-2.8E	18.7	1.1	2ZP20-35C	16	1.25	4ZP20-7.7E	12.4	2.0

系列型号	$m \times \dfrac{d_2}{l}$	η	系列型号	$m \times \dfrac{d_2}{l}$	η	系列型号	$m \times \dfrac{d_2}{l}$	η
2ZY20-3E	15.4	1.3	2ZP20-4C	13.9	1.44	4ZP20-8.6E	11.2	2.2
2ZY20-3.5E	15.9	1.3	2ZP20-5.5C	12.3	2.03	5ZP20-10E	9.0	2.82
2ZY20-4E	16.5	1.2	2ZP20-6C	10.7	2.3	5ZP20-11E	12	0.1
2ZY20-5E	13.5	1.48	2ZP20-7C	11.5	2.2	5ZP20-12E	9.9	2.5
2ZY20-5.5E	10.7	1.87	2ZP20-8.6C	10.1	2.5	5ZP201-5E	9.2	2.7
1ZP20-NO2A	29	0.7	1ZP20-1.4D	22.8	0.88			

2.4.2　阻性消声器

阻性消声器是利用气流管道内不同结构形式的多孔吸声材料（常称阻性材料）吸收声能，降低噪声的消声器。当声波进入消声器中，吸声材料使一部分声能转化为热能耗散，达到了消声目的。与电学类比，吸声材料相当于电阻，故称阻性消声器。

2.4.2.1　阻性消声器的分类

阻性消声器是各类消声器中形式最多、应用最广的一种消声器，特别是在风机类消声器中应用最多。阻性消声器具有较宽的消声频率范围，在中、高频段消声性能尤为显著。阻性消声器的消声性能主要取决于消声器的结构形式、吸声材料的吸声特性、通过消声器的气流速度及消声器的有效长度等。阻性消声器品种很多，主要有直管式、片式、折板式、声流式、蜂窝式、室式、迷宫式、盘式、弯头式、百叶式等。下面介绍常用的几种阻性消声器。

（1）直管式消声器

直管式消声器是阻性消声器中结构形式最简单的一种，即在气流管道内壁加衬一定厚度的吸声材料层即构成阻性消声器。直管式消声器可以是圆管、方管及矩形管。如图 2.22 所示。直管式消声器一般仅适用于风量很小、尺寸较小的管道，对大尺寸管道，其消声性能将显著降低，必须设计采用其他形式的阻性消声器。表 2.13 为不同规格、内衬 50mm 厚聚氨酯泡沫吸声层直管式消声器的倍频带消声量。

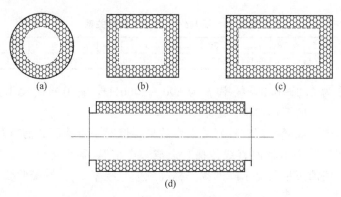

图 2.22　直管式消声器结构形式

（a）圆管；（b）方管；（c）矩形管；（d）直管式消声器剖面图

表 2.13　不同规格、内衬 50mm 厚聚氨酯泡沫吸声层直管式消声器的倍频带消声量

规格	外形尺寸/mm	法兰尺寸/mm	倍频带消声量/dB					
			125Hz	250Hz	500Hz	1000Hz	2000Hz	4000Hz
1	300×300	200×200	3	11	26	19	24	26
2	400×300	300×200	3	10	22	16	20	14
3	500×300	400×200	2	8	19	14	18	12
4	350×350	250×250	2	9	21	15	19	13
5	475×350	375×250	2	7	17	12	16	11
6	600×350	500×250	2	7	16	11	15	10
7	400×400	300×300	2	7	17	12	16	11
8	550×400	450×300	1	6	14	10	13	9
9	700×400	600×300	1	5	13	9	12	8

阻性消声器的消声计算公式不十分准确，而吸声材料的吸声系数很容易测得，所以常用吸声系数对消声值作近似估算。

阻性消声器的消声量 ΔL 可按下式（别洛夫公式）估算：

$$\Delta L = \varphi(\alpha_0) \frac{P_0}{S} l \tag{2-48}$$

式中　$\varphi(\alpha_0)$——消声系数，与材料的正入射吸声系数 α_0 有关，可由表 2.14 查得；

　　　P_0——气流通道断面周长，m；

　　　S——气流通道横截面积，m^2；

　　　l——消声器的有效长度，m。

表 2.14　α_0 与 $\varphi(\alpha_0)$ 之间的换算关系

α_0	0.05	0.10	0.15	0.20	0.25	0.30	0.35	0.40	0.45	0.50	0.55	0.60~1.0
$\varphi(\alpha_0)$	0.05	0.11	0.17	0.24	0.31	0.39	0.47	0.55	0.64	0.75	0.86	1.0~1.5

计算消声量还有一个公式（赛宾公式）：

$$\Delta L = 1.03 \bar{\alpha}^{1.4} \frac{P_0}{S} l \tag{2-49}$$

式中，$\bar{\alpha}$ 为混响室内测得的吸声材料的平均吸声系数。为了计算方便，表 2.15 列出了 $\bar{\alpha}$ 与 $\bar{\alpha}^{1.4}$ 的换算关系。

表 2.15　$\bar{\alpha}$ 与 $\bar{\alpha}^{1.4}$ 之间的换算关系

$\bar{\alpha}$	0.05	0.10	0.15	0.20	0.25	0.30	0.35	0.40	0.45	0.50	0.60	0.70	0.80	0.90	1.00
$\bar{\alpha}^{1.4}$	0.015	0.040	0.070	0.105	0.144	0.185	0.230	0.277	0.327	0.329	0.489	0.607	0.732	0.863	1.00

此公式用于 $\bar{\alpha}$ 为 0.2~0.8，频率 f 为 200~2000Hz，管道断面大小为 22.5~45cm²、比例为(1:1)~(1:2)的矩形通道。

管式消声器对中、高频噪声有较好的消声效果，但对一定截面的消声器，当频率达到一定值时，声波会在管道中沿轴向直线传播，形成"声束"，很少与管壁上的吸声材料接触，消声量大大降低。使消声量明显下降的频率称高频失效频率 f_n，其经验公式为：

$$f_n \approx 1.85 \frac{c}{D} \tag{2-50}$$

式中　D——消声通过截面的当量直径，m；对于圆管即为直径；对长为 a、宽为 b 的矩形通道，$D = \sqrt{ab}$；

c——声速，m/s。

当频率高于 f_n 后，每增加一个倍频程，其消声量降低30％。因此，只有在通道半径较小时（0.3m），才用直管式消声器，以保证 f_n 有较大的值。对小风量的管道的设计，可采用单通道直管式消声器；而对风量较大的粗管道，由于高频失效，不能使用单通道直管式消声器，应采用多通道形式。

（2）片式消声器

在大尺寸风管内设置一定数量的吸声片，构成多个扁形消声通道并联的消声器，即称作片式消声器。图2.23为几种片式消声器的结构图。

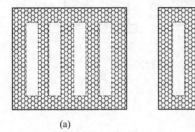 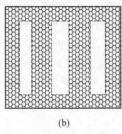 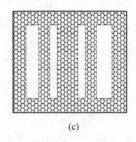

(a)   (b)   (c)

图2.23　几种片式消声器结构形式

管式消声器一般只能适用于小于 $5000\text{m}^3/\text{h}$ 风量的管道，而片式消声器适用风量范围较大，可用于风量从 $5000\text{m}^3/\text{h}$ 到 $80000\text{m}^3/\text{h}$ 的管道。片式消声器构成简单，中高频消声性能优良，气流阻力也小，因此其适用范围也非常广，定型生产的片式消声器产品也较多。

片式消声器的消声性能主要取决于其吸声片的片厚、片距及长度，当片式消声器在吸声片、风速及有效长度都确定的条件下，片式消声器的性能仅取决于消声片间的距离，而消声片的用料及厚度将决定片式消声器的消声频率特性，片厚增大，可提高低频消声性能，但也会带来阻力及体积增大的问题。片式消声器的长度一般情况下与消声量成正比，但实践表明，分段设置的片式消声器比同样长度的连续设置消声量会有提高。图2.24为某型不同长度片式消声器的消声特性。

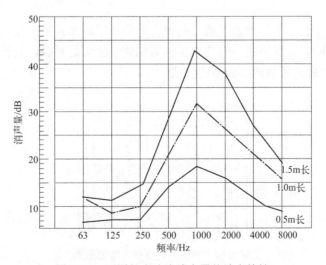

图2.24　不同长度片式消声器的消声特性

（3）折板式消声器

折板式消声器是将片式消声器中直板状的隔板做成弯折状。如图 2.25 所示，弯折状的隔板有更多机会与声波接触，发挥吸声材料的作用，使吸声量提高，中高频的消声性能得到改善。折板式阻损（气流通过消声器时，进气端流体静压强与出气端流体静压强的差值，阻损增大意味着消声器空气动力性能变坏）大于片式阻损，因此弯折板的弯折度一般以两头不透光为原则，弯折角不超过 20°。折板式的缺点是阻损大，气体流速较快时不宜采用。

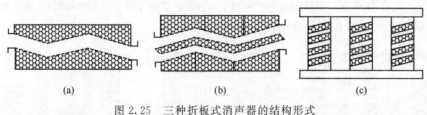

图 2.25　三种折板式消声器的结构形式
（a）单通道折板式；（b）多通道折板式；（c）分段多通道折板式

（4）声流式消声器

声流式消声器是折板式消声器的一种改进形式，它是利用呈正弦波形、弧形或菱形等弯曲吸声通道及沿通道吸声层厚度的连续变化来达到改善消声性能的目的，其消声性能较高，消声频带也较宽，而气流阻力也较小，但结构复杂，造价较高。如图 2.26 所示，当声波通过时，增加反射次数，并对某些频率的声波产生吻合振动，从而改善吸声性能。

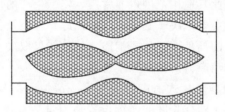

图 2.26　声流式消声器的结构形式

（5）蜂窝式消声器

将一定数量尺寸较小的管式消声器并列组合即构成了蜂窝式消声器，其消声性能与单个管式消声器基本相同，计算公式与直管式消声器相同，因为是并联，只计算一个小管的消声量即可。图 2.27 为蜂窝式消声器的结构形式。

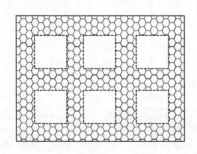

图 2.27　蜂窝式消声器的结构形式

由于蜂窝式消声器的管道周长 L 与截面 S 的比值比直管和片式的大，因而消声量较高，且小管的尺寸小，使消声失效频率提高，从而改善了高频消声特性。蜂窝式消声器的优点是中、高频消声效果好，缺点是结构复杂，阻损较大，通常在大风量、低流速时使用。蜂窝式消声器的通流截面可选为管道通流截面的1.5～2倍。

（6）室式消声器

室式消声器的结构形式如图2.28所示，在壁面上均衬贴有吸声材料，形成小消声室，并在室的两对角插上进出口风管。当声波进入消声室后，在小室内经多次反射而被吸声材料吸收。又由于管道从进风口至室内，再从室内至出风口，截面发生两次突变，起到抗性消声器的作用。室式消声器的消声频带较宽，消声量较大，但阻损较大，占有空间大，一般用于低速进排风消声。

（7）迷宫式消声器

在空调系统的风机出口、管道分支或排气口等位置，设置容积较大的箱（室），在其内部加衬吸声材料和吸声障板，就组成迷宫式消声器，如图2.29所示。这种消声器除具有阻性消声作用外，通过小室断面的扩大与缩小，还具有抗性作用，因此消声频率范围宽。这种消声器的消声量可用下式估算：

$$\Delta L = 10\lg \frac{2S_{m}}{S(1-\alpha)} \tag{2-51}$$

式中　α——内衬吸声材料的吸声系数；

$\quad S_{m}$——内衬吸声材料的表面积，m^2；

$\quad S$——进（出）口的截面积，m^2。

迷宫式消声器的缺点是体积大、阻损大，只在流速很低的风道上使用。

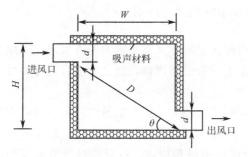

图2.28　室式消声器的结构形式

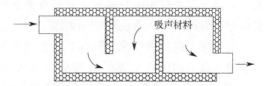

图2.29　迷宫式消声器的结构形式

（8）盘式消声器

盘式消声器是一种外观新颖、体积小、重量轻、安装简便、效果良好的新型阻性消声器。它一改长圆筒式或矩形筒式的常见阻性消声器外形，而呈一扁平的圆盘式，使其轴向长度和体积大为缩减，如通常消声器的轴向长度为1.5m左右，体积为$0.2～1.2m^3$/台，而盘式消声器的轴向长度仅为$0.25～0.5m$，体积仅为$0.03～0.4m^3$/台，为安装空间有限的降噪工程提供了有利条件。

盘式消声器在空间尺寸受限制条件下使用，如图2.30所示。盘式消声器进风口及出风口分别为圆环形和圆形，且两边互相垂直，即从进风口到出风口通道有一个90°拐弯，使中高频消声性能显著提高。因消声

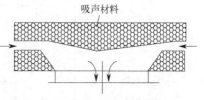

图2.30　盘式消声器的结构形式

通道截面是渐变的，气流速度随之变化，阻损较小，还因为进气和出气方向互相垂直，使声波发生弯折，故提高了中、高频的消声效果。

由于盘式消声器内的气流通道截面积是渐变的，相应的气流速度也是渐变的，这对降低气流再生噪声，改善空气动力特性都是有利的。盘式消声器可以广泛应用于锅炉鼓风机的进风口消声，各类风机的进出风口或管道开口端，也可用作室外进风消声器的消声防雨风帽或隔声罩、隔声室顶部的散热消声风口等。盘式消声器的插入损失一般为 10～15dB（A），适用于风速不大于 15m/s 处。

（9）弯头式消声器

在管道弯头内壁加设吸声材料层即成为消声弯头，也即弯头式消声器。弯头上衬贴吸声材料的长度，一般相当管道截面尺寸的 2～4 倍，没有吸声材料的弯头消声效果很差。在高频范围内，衬贴有足够长吸声材料弯头的消声量比没有吸声材料弯头的消声量高 10 倍。图 2.31 所示为三种不同形式的直角消声弯头示意图。图中 d 为弯头通道净宽度，L 为弯头两端平直段长度，R 为弯道半径。

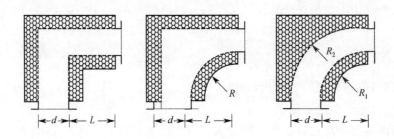

图 2.31　弯头式消声器的结构形式

由于弯头式消声器结构简单、体积小，且少占建筑空间，又有一定的消声效果，因此在通风空调工程中应用十分普遍，有的空调系统甚至不设管道消声器，而全部靠管道弯头处设消声弯头而达到空调系统降噪的要求。

消声弯头的消声性能首先同弯折角度有关，弯折角度越大，消声量及气流阻力均相应增大。消声弯头的消声量近似与弯头角度成正比，如 30°弯头消声量约为 50°弯头消声量的 1/3。弯头性能还同弯头尺寸、断面形状、内壁吸声层用料和构造，以及通过气流速度等因素有关，特别是同弯头通道的净宽度 d 和声波波长 λ 的比值频率参数 η 有关。

消声弯头的消声性能及气流阻力同它的形状密切相关，表 2.16 表明了不同形状直角消声弯头的性能特征。表 2.17 为几种不同吸声衬里消声弯头的实测性能结果。

表 2.16　不同形状直角消声弯头的性能特征

特性 形状	直角弯头	直角内圆弯头	圆弯头
消声性能	很好	较好	较差
压力损失	较大	尚可	较小
再生噪声	很大	较小	很小

表 2.17　不同吸声衬里消声弯头的实测性能

弯头构造	风速/(m/s)	倍频带消声量/dB						ΔL_A/dB(A)	压力损失/Pa
		125Hz	250Hz	500Hz	1000Hz	2000Hz	4000Hz		
无吸声衬里	3.3	8	15	6	7	8	8	7	2.6
	6.0	6	12		5		8	8	9.8
有 50mm 厚超细棉衬里,棉布饰面	3.3	8	16	19	24	25	23	17	3.7
	6.0	11	14	15	23	26	24	15	11.4
有 50mm 厚超细棉衬里,棉布饰面,加导流片	3.3	10	17	18	20	22	17	16	3.9
	6.0	11	19	19	21	24	18	17	10.0
50mm 厚超细棉衬里,穿扎板饰面	3.3	10	19	18	20	18	20	15	3.6
	6.0	8	14	17	17	19	19	15	11.3

（10）百叶式消声器

百叶式消声器常称为消声百叶或称消声百叶窗,百叶式消声器实际上是一种长度很短（一般为 0.2～0.6m）的片式或折板式消声器的改型。由于其长度（或称厚度）很小,有一定消声效果而气流阻力又小,因此在工程中常用于车间及各类设备机房的进排风窗口、强噪声设备隔声罩的通风散热窗口、隔声屏障的局部通风口等。

消声百叶的消声量一般为 5～15dB,消声特性呈中高频性。消声百叶的消声性能主要决定于单片百叶的形式、百叶间距、安装角度及有效消声长度等因素。

图 2.32 为几种百叶式消声器的结构形式及消声曲线。

2.4.2.2　阻性消声器的设计

消声器的设计流程可分为五个步骤。

（1）噪声源现场调查及特性分析

对于空气动力性噪声源安装使用情况,周围的环境条件,有无可能安装消声器,消声器安装在什么位置,与设备连接形式等应作现场调查记录,并作出初步考虑,以便合理地选择消声器。

空气动力设备,按其压力不同,可分为低压、中压、高压;按其流速不同,可分为低速、中速、高速;按其输送气体性质不同,可分为空气、蒸汽和有害气体等。应按不同性质不同类型的气流噪声源,有针对性地选用不同类型的消声器。噪声源的声级高低及频谱特性各不相同,消声器的消声性能也各不相同,在选用消声器前应对噪声源进行测量和分析。一般测量 A 声级、倍频程或 1/3 倍频程频谱特性。特殊情况下如噪声成分中带有明显的尖叫声,则需作窄带谱分析。

（2）噪声标准的确定

根据国家有关声环境质量标准和噪声排放标准,确定噪声应控制在什么水平上,即安装所选用的消声器后,能满足何种噪声标准的要求。应根据对噪声源的调查及使用上的要求,决定控制噪声的标准。标准过高,则增加成本,消声器体积增大或使措施复杂;标准过低,则达不到保护环境的目的。有时,环境噪声和其他不利条件的影响（如控制范围内有多个噪声源的干扰等）,也是考虑确定消声器必须达到的消声量因素。

（3）消声量的计算

消声器的消声量 ΔL 对不同的频带有不同的要求,应分别进行计算:

$$\Delta L = L_p - \Delta L_d - L_a \tag{2-52}$$

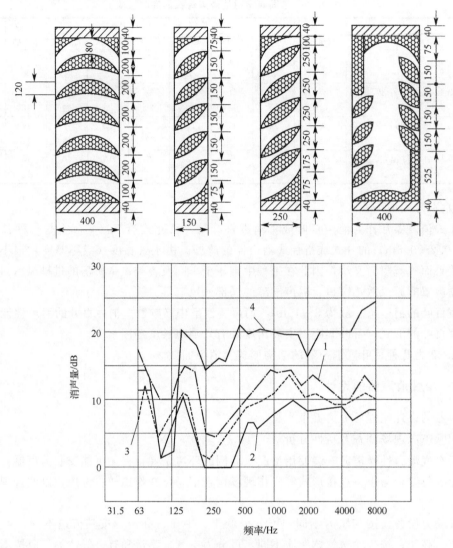

图 2.32　几种百叶式消声器的结构形式及消声曲线

1—月牙形；2—小椭圆形；3—大椭圆形；4—双层小椭圆形

式中　L_p——声源某一频带的声压级；

　　　ΔL_d——当无消声措施时，从声源至控制点经自然衰减所降低的声压级；

　　　L_α——控制点允许的声压级。

（4）选择消声器类型

根据气流性质、需安装消声器的现场情况及各频带所需的消声量，综合平衡后确定消声器类型、结构、材质等。应根据各频带所需的消声量 ΔL 选择不同类型的消声器，如阻性、抗性、阻抗复合式或其他类型。在选取消声器类型时，要作方案比较并作综合平衡。

（5）检验

根据所确定的消声器，验算消声器的消声效果，包括上下限截止频率的检验，消声器的压力损失是否在允许范围之内。甚至根据实际消声效果，对未能达到预期要求的，需修改原设计方案并提出补救措施。

2.4.2.3　阻性消声器的设计要点

影响消声器性能的主要因素包括设计、加工及安装使用等多个方面，其中设计中的结构选型、材料选用、断面尺寸、流速控制则又是最基本的因素，并且随不同的消声类型而定。

（1）正确合理地选择阻性消声器的结构形式

管式、片式结构阻性消声器，消声效果好，阻力也小，但低频消声效果差一些。如对大风量、大尺寸、消声量要求较高、风压余量较大的空调风管可选用折板式、声流式及多室式等消声器。对缺少安装空间位置的管路系统可选用弯头消声器、百叶式消声器等。

（2）正确选择阻性消声器材料

选择阻性消声器内的多孔吸声材料除了满足吸声性能要求外，还应注意防潮、耐温、耐气流冲刷及净化等工艺要求，通常采用离心玻璃棉作为吸声材料。如有净化及防纤维吹出要求，则可采用阻燃聚氨酯声学泡沫塑料。对某些地下工程砖砌风道消声，则可选用膨胀珍珠岩吸声砖作为阻性吸声材料。

（3）合理确定阻性消声器内吸声层的厚度及密度

对于一般阻性管式及片式消声器的吸声片厚度为 $5 \sim 10 cm$，对于低频噪声成分较多的管道消声，则消声片厚可取 $15 \sim 20 cm$。消声器外壳的吸声层厚度一般可取消声片厚度的一半。为减小气流阻力，增加气流通道面积，也可以将片式消声器内的消声片设计成一半为厚片，一半为薄片。消声片内的离心玻璃棉板的密度通常选用 $24 \sim 48 kg/m^3$，密度大一些对低频消声有利，而阻燃聚氨酯声学泡沫塑料的密度宜为 $30 \sim 40 kg/m^3$。

（4）合理确定阻性消声器内气流通道的断面尺寸

阻性消声器的断面尺寸对消声器的消声性能及空气动力性能影响较大，表2.18列出了不同形式阻性消声器的通道断面尺寸控制值。

表 2.18　不同形式阻性消声器通道断面尺寸的控制值

阻性消声器形式	通道断面尺寸控制/mm	阻性消声器形式	通道断面尺寸控制/mm
圆形直管式	$\phi \leqslant 300$	矩形片式	片间距 $100 \sim 200$
圆形列管式	$\phi \leqslant 200$	矩形折板式	片间距 $150 \sim 250$
矩形蜂窝式	$150 \sim 200$	百叶式	片间距 $50 \sim 100$

（5）合理确定阻性消声器内消声片的护面层材料

消声片护面层用料及做法应满足不影响消声性能及与消声器内的气流速度相适应的两个前提条件。最常见的护面层，用料为玻璃纤维布加穿孔金属板，玻璃纤维布一般为 $0.1 \sim 0.2 mm$ 厚的无碱平纹玻璃纤维布，而穿孔金属板一般要求穿孔率 $\geqslant 20\%$，而孔径常取 $\phi 4 \sim 6 mm$。工程上对于有防潮防水要求的护面层，则可在穿孔金属板内加设一层聚乙烯薄膜或PVF耐候膜，虽对高频吸声有一定影响，但对低频吸声略有改善。表2.19为不同护面层结构所适用的消声器内气流速度。

表 2.19　不同护面层结构的适用风速

护面层用料	适用风速/(m/s)	
	平行方向	垂直方向
单玻璃纤维布护面	≤6	≤4
玻璃纤维布＋金属丝网	≤10	≤7
玻璃纤维布＋穿孔金属板	≤30	≤20
玻璃纤维布＋金属丝网＋穿孔金属板	≤60	≤40

（6）合理确定消声器的有效长度

一般来说，消声器的消声量与消声器有效长度成正比，但由于消声器的实际消声效果受声源强度、气流再生噪声及末端背景噪声的影响，在一定条件下，消声器的有效长度并不与消声量成正比，因此必须合理确定消声器的有效总长度。一般可选择 1～2m，消声要求较高时，可以 3～4m，且以分段设置为好。

（7）控制消声器内的气流通过速度

由前述可知，消声器的压力损失以及气流再生噪声都与气流速度有关，因此，必须合理控制通过消声器内的气流速度，否则既增加了气流再生噪声，影响消声器的消声效果，又提高了消声器的压力损失。表 2.20 为建议的消声器控制气流速度范围。

表 2.20　消声器内建议气流速度的范围

条件	降噪要求/dB(A)	控制流速范围/(m/s)
特殊安静要求的空调消声	≤30	3～5
较高安静要求的空调消声	≤40	5～8
一般安静要求的空调消声	≤50	8～10
工业用通风消声	≤70	10～15

（8）改善阻性消声器低频性能的措施

由于阻性消声器低频性能较中高频性能要差，设计中可采用加大消声片厚度，提高多孔吸声材料密度，在吸声层后留一定深度的空气层，使吸声层厚度连续变化（如声流式消声器）以及采用阻抗复合式消声器等措施。

2.4.3　抗性消声器

抗性消声器主要利用声抗的大小消声，不使用吸声材料，利用管道截面的突变或旁接共振腔使管道系统的阻抗失配，产生声波反射、干涉现象，从而降低由消声器向外辐射的声能，达到消声目的。抗性消声器主要适用于降低低频及低中频段的噪声。

抗性消声器的最大优点是不需使用多孔吸声材料，因此在耐高温、抗潮湿、对流速较大、洁净要求较高的条件均比阻性消声器具有明显的优势。抗性消声器又可分为扩张室（或膨胀式）式消声器、共振式消声器、微穿孔板式消声器、干涉式消声器及有源消声器等不同类型，以适应多种使用条件。抗性消声器已被广泛地应用于各类空压机、柴油机、汽车及摩托车发动机、变电站、空调系统等许多设备的噪声控制中。

下面将介绍几种常用类型的抗性消声器。

2.4.3.1　扩张室式消声器

（1）扩张室式消声器的结构及消声原理

扩张室式消声器也称膨胀式消声器，扩张室式消声器一是利用管道的截面突变，即声阻抗的变化使沿管道传播的声波向声源方向反射回去；二是利用扩张室和内插管的长度，使向前传播的波和管子不同界面反射的声波差一个 180°的相位，从而使二者振幅相等，相位相反，相互干涉，达到最理想的消声效果。通常扩张式消声器是由扩张室及连接管组合而成，扩张式消声器的结构形式及消声特性如图 2.33 所示。

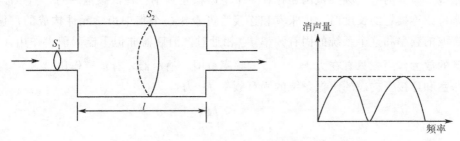

图 2.33　扩张室式消声器的结构形式及消声特性

声波在管道中传播时，截面积的突变会引起声波的反射而带来传递损失。如图 2.34 所示，当声波沿着截面积为 S_1 和 S_2 相接的管道传播时，S_2 管对 S_1 管来说是附加了一个声负载，在接口平面上将产生声波的反射和透射。

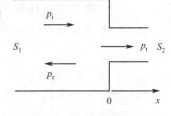

图 2.34　突变截面管道中声的传播

（2）消声量的计算

单节扩张室最大消声量为

$$\Delta L_{\max}=10\lg\left[1+\frac{1}{4}\left(m-\frac{1}{m}\right)^2\right] \qquad (2\text{-}53)$$

可以看出，消声量的大小取决于扩张比 m，通常 $m>1$。当 $m>5$ 时，最大消声量可由下式近似计算：

$$\Delta L_{\max}=20\lg\frac{m}{2}=20\lg m-6 \qquad (2\text{-}54)$$

表 2.21 列出了最大消声量与扩张比的关系，供读者参考。

表 2.21　最大消声量与扩张比的关系

m	1	2	3	4	5	6	7	8	9	10
$\Delta L_{\max}$/dB	0	1.9	4.4	6.5	8.5	9.8	11.1	12.2	13.2	14.1
m	11	12	13	14	15	16	17	18	19	20
$\Delta L_{\max}$/dB	15.6	15.6	16.2	16.9	17.5	18.1	18.6	19.1	19.5	20.0

由表 2.21 可以看出，这种消声器的消声量大小是由扩张比 m 决定的。在实际工程中，一般取 $9<m<16$，最大不超过 20，最小不小于 5。

（3）扩张室消声器的截止频率

扩张室消声器的消声量随扩张比 m 的增大而增大。但当 m 增大到一定数值后，波长很短的高频声波以窄束形式从扩张室中央穿过，使消声量急剧下降。扩张室有效消声的上限截止频率可用下式计算：

$$f_{上} = 1.22\frac{c}{D}$$

式中　c——声速，m/s；

D——扩张室截面的当量直径，m；截面为圆形时，D 为直径；截面为方形时，D 为边长；截面为矩形时，D 为截面积的平方根。

由上式可见，扩张室的截面积越大，消声上限截止频率越低，即消声器的有效消声频率范围越窄。因此，扩张比不能盲目地选择太大，要兼顾消声量和消声频率两个方面。

扩张室消声器的有效频率范围还存在一个下限截止频率。在低频范围内，当声波波长远大于扩张室或连接管的长度时，扩张室和连接管可看作一个集中声学元件构成的声振系统。当入射声波的频率和这个系统的固有频率 f_n 相近时，消声器非但不能起消声作用，反而会引起声音的放大作用。只有在大于 $\sqrt{2}f_n$ 的频率范围，消声器才有消声作用。

扩张室和连接管构成的声振系统的固有频率 f_n 为：

$$f_n = \frac{c}{2\pi}\sqrt{\frac{S_1}{Vl_1}}$$

式中　S_1——连接管的截面积；

l_1——连接管的长度；

V——扩张室的体积。

所以，扩张室消声器的下限截止频率：

$$f_{下} = \sqrt{2}f_n = \frac{c}{\pi}\sqrt{\frac{S_1}{2Vl_1}}$$

（4）改善扩张室消声器消声特性的方法

单节扩张室消声器的主要缺点是存在许多通过频率，在通过频率处的消声量为 0，即声波会无衰减地通过消声器而达不到消声的目的。解决办法通常有两种：一是在扩张室内插入内接管；二是将多节扩张室串联。

利用内接管的方法将扩张的入口管和出口管分别插入扩张室内，如图 2.35（a）所示。由理论分析可知，当插入管长度等于 $l/2$ 时，可消除式 n 为奇数的通过频率。当插入管长度等于 $l/4$ 时，可消除 n 为偶数的通过频率。将二者结合，则可得到较为理想的消声效果，如图 2.35（b）中的虚线所示。

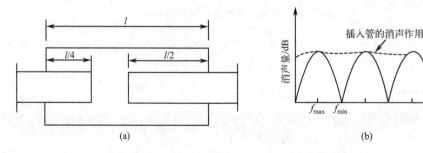

图 2.35　带插入管的扩张室消声器及消声频率特性

（a）带插入管的扩张室消声器；（b）插入管消声的作用

扩张室消声器通道截面急剧变化，局部阻力损失较大。为改善空气动力学的性能，在实际设计时，通常用穿孔率大于 25% 的穿孔管把两根内插管连接起来。这种改进方法，对消声性能几乎没有多大影响，其阻力损失较前者要小得多。

将多节扩张室消声器串联，使各节扩张室的长度为不同数值，可使其通过频率互相错开，如图 2.36 所示。如使一节的通过频率恰好是前一节的最大消声频率，这样的多节串联就可以改善整个消声频率特性，同时也使总的消声量提高。但由于各节之间有耦合现象，总的消声量并不等于各节扩张室消声量的算术和。

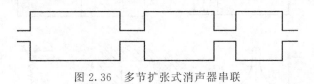

图 2.36　多节扩张式消声器串联

（5）扩张室消声器的设计要点

扩张室消声器具有结构简单、消声量大等优点，适用于中、低频噪声，设计时要注意以下事项：

① 首先根据所需要的消声频率范围确定上限截止频率，由此决定扩张室的最大截面尺寸。

② 为提高消声量，在允许范围内应尽可能选取较大的扩张比。对于细管道传播的噪声，最好 m 取 16。

③ 合理地设计各节扩张室及插入管的长度，使消声器具有的最大消声频率正好吻合要消除的频率。

④ 扩张室消声器存在上、下限临界频率，如果高于上限或低于下限临界频率，消声器的消声量将会降低，甚至几乎不起作用。在扩张比能满足要求的情况下，下限临界频率要选得低一些，上限临界频率要取得高一些，这样就能保证消声器有较宽的消声频带。

⑤ 为了消除单室扩张室型消声器的通过频率，在消声器两端分别插入一定长度的内接管。一般情况下，内接管的长度一端应取消声器长度的 1/2，另一端则取 1/4。

⑥ 在扩张室型消声器总长度一定的情况下，相邻两节消声器的长度，一般不要取相等，应有一个恰当的比例，使第一节通过频率正好是第二节的最大消声频率。

⑦ 在上下限临界频率之间的频段内，如果各节扩张室的最大消声频率都一样，在此频率上，多节扩张室消声器总的最大衰减值，近似地等于单节扩张室型消声器的最大消声量之和。

⑧ 由于各节扩张室消声量的理论计算极为复杂，所以实际上只能作定性的分析和粗略的估算。

在工程上常用的扩张室型消声器，是由两节不同长度分别带插入管的扩张室组成。此种结构消声器的计算方法极为复杂，而且准确性又不高。若要更加准确计算，可采用有限元计算方法，对一些形状结构较为复杂的消声器设计，有限元方法不仅计算精度高，而且计算效率也高。

2.4.3.2　共振式消声器

共振式消声器也是一种抗性消声器，是利用共振吸声原理进行消声的。共振式消声器是由一段开有一定数量小孔的管道同管外一个密闭的空腔连通而构成一个共振系统。在共振频率附近，管道连通处的声阻抗很低，当声波沿管道传播到此处时，因为阻抗不匹配，使大部分声能向声源方向反射回去，还有一部分声能由于共振系统的摩擦阻尼作用转化为热能被吸收，仅剩下一小部分声能继续传播过去，因此就达到了共振消声的效果。图 2.37 为共振式消声器的消声原理图。

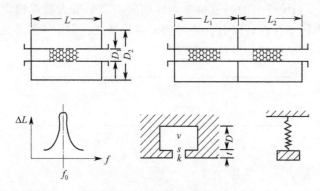

图 2.37　共振式消声器消声原理

共振式消声器的消声特性为频率选择性较强，即仅在低频或中频的某一较窄的频率范围内具有较好的消声效果，而其他频段则无甚作用。

（1）共振式消声器的消声原理

共振式消声器实质上是共振吸声结构的一种应用，其基本原理为亥姆霍兹共振器。管壁小孔中的空气柱类似活塞，具有一定的声质量；密闭空腔类似于空气弹簧，具有一定的声顺，二者组成一个共振系统。当声波传至颈口时，在声波作用下空气柱便产生振动，振动时的摩擦阻尼使一部分声能转换为热能耗散掉。同时，由于声阻抗的突然变化，一部分声能将反射回声源。当声波频率与共振腔固有频率相同时，便产生共振，空气柱的振动速度达到最大值，此时消耗的声能最多，消声量也应最大。

（2）改善消声性能的方法

共振式消声器的优点是特别适宜低、中频成分突出的气流噪声的消声，且消声量大。缺点是消声频带范围窄，对此可采用以下改进方法。

① 选定较大的 K 值　在偏离共振频率时，消声量的大小与 K 值有关，K 值大，消声量也大。因此，欲使消声器在较宽的频率范围内获得明显的消声效果，必须使 K 值设计得足够大。

② 增加声阻　在共振腔中填充一些吸声材料，都可以增加声阻使有效消声的频率范围展宽。这样处理尽管会使共振频率处的消声量有所下降，但由于偏离共振频率后的消声量变得下降缓慢，从整体看还是有利的。

③ 多节共振腔串联　把具有不同共振频率的几节共振腔消声器串联，并使其共振频率互相错开，可以有效地展宽消声频率范围。图 2.38 给出了两级共振腔消声器的消声特性。

（3）共振式消声器设计的注意事项

为取得较好的消声效果，在设计时应注意以下几点：

① 共振腔的最大几何尺寸应小于声波波长，共振频率较高时，此条件不易满足，共振腔应视为分布参数元件，消声器内会出现选择性很高且消声量较大的尖峰。

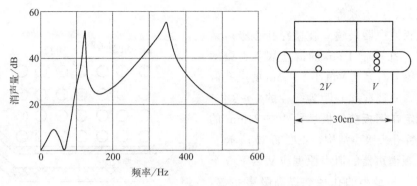

图 2.38 两级共振腔消声器及其消声特性

② 穿孔位置应集中在共振腔中部，穿孔尺寸应小于其共振频率相应波长的 1/12。穿孔过密则各孔之间相互干扰，使传导率计算值不准。一般情况下，孔心距应大于孔径的 5 倍。当两个要求相互矛盾时，可将空腔割成几个小的空腔来分布穿孔位置，总的消声量可近似视为各腔消声量的总和。

③ 共振腔消声器也有高频失效的问题，在完成设计前应校核频率范围。

共振式消声器的消声性能主要取决于共振孔板的结构参数，包括孔径、孔数、板厚、共振腔的体积大小、管道的截面积及气流速度等因素。由于共振式消声器仅能在一定的频段起到有效的消声作用，因此它也同扩张式消声器一样，更多地用于同阻性消声器相结合构成阻共振复合式消声器而广泛应用于工程实践中。

2.4.3.3 微穿孔板式消声器

微穿孔板式消声器是我国近年来研制的一种新型消声器，它是在共振式吸声结构的基础上发展而来。这种消声器的特点是不用任何多孔吸声材料，而是在薄的金属板上钻许多微孔，这些微孔的孔径一般为 1mm 以下，为加宽吸声频带，孔径应尽可能小，但因受制造工艺限制以及微孔易堵塞，故常用孔径为 0.50~1.0mm。穿孔率一般为 1%~3%。微穿孔板的板材一般用厚为 0.20~1.0mm 铝板、钢板、不锈钢板、镀锌钢板、PC 板、胶合板、纸板等。

由于采用金属结构代替吸声材料，比前述消声器具有更广泛的适应性。它具有耐高温、防湿、防火、防腐蚀等特性，还能在高速气流下使用。为获得宽频带吸声效果，一般用双层微孔板结构。微孔板与风管壁之间以及微孔板与微孔板之间的空腔，按所需吸声的频带不同而异，通常吸收低频空腔大些（150~200mm），中频小些（80~120mm），高频更小些（30~50mm）。前后空腔的比不大于 1∶3。前部接近气流的一层微孔板穿孔率可略高于后层。为减小轴向声传播的影响和加强消声器的结构刚度，可每隔 500mm 加一块横向隔板。

（1）消声原理

微穿孔板消声器是一种高声阻、低声质量的吸声元件。由理论分析可知，声阻与穿孔板上的孔径成反比。与一般穿孔板相比，由于孔很小，声阻就大得多，从而提高了结构的吸声系数。低穿孔率降低了其声质量，使依赖于声阻与声质量比值的吸声频带宽度得到展宽，同时微穿孔板后面的空腔能够有效地控制共振吸收峰的位置。为了保证在宽频带有较高的吸声系数，可用双层微穿孔板结构。因此，从消声原理上看微穿孔板消声器实质上是一种阻抗复合式消声器。微穿孔板消声器的结构类似于阻性消声器，按气流通道形状，可分为直管式、片式、折板式、声流式等。

微穿孔板消声器是建立在微穿孔板吸声结构基础上的。在小于 1mm 的薄金属板、胶木板、塑料板等上面穿上大量小于 1mm 的微孔做成微穿孔板，并选取孔心距为孔径的 5～8 倍，把这种板固定在钢板前，板后留 10～24mm 的空腔做成微穿孔板吸声结构，见图 2.39 所示。

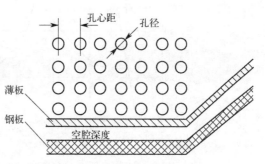

图 2.39　微穿孔板吸声结构

微穿孔板消声器的消声原理应从以下 3 个方面来理解：一是小的孔径能提高吸声系数，二是低的孔隙率能增加吸声频带的宽度，三是板后的深度能改变共振吸声峰的位置。

小的孔径能提高吸声系数，这是由于声波在传播的过程中，它的能量损失依赖于空气在微孔中的摩擦损失，而摩擦损失取决于吸声结构的声阻大小，声阻愈大，摩擦损失愈大，声阻又与孔径的平方成反比，由于微穿孔板的孔径已减少到 1mm 以下，所以其声阻与一般穿孔板（几毫米至十几毫米）相比，大大地增加了，从而提高了吸声系数。低的孔隙率能增加吸声频带宽度，这是由于吸声频带的宽度依赖于声阻与声质量的比值，比值越大，吸声频带越宽。若既能增加声阻，又降低声质量，这样比值就更大了。而声质量大致只与孔隙率有关，减少孔隙率可以增加吸声频带宽度。由于微穿孔板吸声结构的孔心距与孔径的比已增大到 5～8 以上，即相应的孔隙率已减少到 4%～15%，与一般的穿孔板（孔隙率 20%～25%）相比，大大减少了，所以吸声频带相应地加宽。

板厚的深度能控制吸声峰的位置。吸声结构有一个或几个共振频率，共振频率的高低，也就是最大吸声峰的位置，可以由相应空腔的深度来控制。深度越大，共振频率越低。在共振频率中，若穿孔板的声阻与空气中的声阻相等，入射来的声能就完全为微穿孔板吸声结构吸收，达到最大吸收，否则只部分地吸收。为了进一步提高宽频带的吸声系数，可以设计两个或多个共振频率，也就是采用双层或多层微穿孔板吸声结构。

微穿孔板消声器的特点是设计严格，构造简单，吸收频带宽，阻损小，耐高温，不怕水蒸气和油雾。但由于加工复杂，成本较高，一般常在医疗卫生、空调系统、有高速高温气流或有水和水蒸气的介质等特殊条件下使用。

（2）微穿孔板消声器的设计

微穿孔板消声器的设计方法、步骤与阻性消声器基本相同，所不同的是用微穿孔板吸声结构代替吸声材料。微穿孔板吸声结构可按两种方法进行设计：一是选定要求的吸声系数和吸声频带宽度，由此推算微穿孔板吸声结构各尺寸；二是根据测定的不同微穿孔板吸声结构的吸声系数，选取对应的吸声结构，此方法简单易行。

① 微穿孔板厚度一般取 0.5～1mm，穿孔的孔径应控制在 0.5～1mm 的范围，穿孔率以 1%～3% 为好；穿孔板可用不锈钢板、铝板、普通钢板电镀或喷漆、塑料板等。

② 为提高消声频带宽度，获得良好的消声性能，建议选用双层和多层微穿孔板结构。如要求阻力损失小些，一般可设计直管形式；如果允许有些阻力损失，可采用声流式等。

在设计多层做穿孔板消声器时，空腔的总厚度，按照吸收频带的不同，前、后腔厚度可以相同，也可以不同。当不一样厚时，两层的空腔厚度的比例不大于 1∶3。空腔厚度选择可参考表 2.22，双层微穿孔板消声器常用结构可参考表 2.23。

表 2.22　空腔厚度选择参考

频率范围/Hz	低频 125～250	中频 500～1000	高频 2000～4000
空腔厚度(深度)/mm	150～200	80～120	30～50

表 2.23　常用双层微穿孔板消声器结构设计及性能参数

板厚 t/mm	孔径 d/mm	穿孔率(%)		腔深		吸声系数 α				
		前腔 p_1	后腔 p_2	前腔 D_1/mm	后腔 D_2/mm	125Hz	250Hz	500Hz	1000Hz	2000Hz
0.5	1	2.4	2.4	107	37	0.21	0.65	0.71	0.93	0.98
0.5	0.5	2.7	2.7	100	40	0.55	0.81	0.86	0.82	0.75
0.8	0.8	2	1	80	120	0.48	0.97	0.93	0.64	0.15
0.8	0.8	2.5	1.5	50	50	0.18	0.69	0.97	0.99	0.24

③ 当气流通道中，气流速度较大（50～100m/s）时，应在消声器入口端加一节变径管接头，以降低入口流速。对于低于5m/s的流速，可以提高进入消声器内的流速，减小消声器尺寸。另外，为防止空腔内沿管长方向声波的传播，加装横向隔板，隔板距离约0.5m。这样，可以提高消声量。

④ 微穿孔板的加工，如果消声器结构中采用微穿孔板的数量不大，可以钻孔或用冲头冲孔。如果使用量大时，可以设计多工位冲模具或用滚挤压模具加工。实验研究表明，挤压法加工的微穿孔板，可能会引起突起的圆窝，但这些圆窝不会影响消声器的吸声特性及消声效果。

（3）气流速度对微穿孔板消声器的影响

大量的实验证明，气流对微穿孔板消声器的影响，要比对以吸声材料为衬里的消声器小得多，主要表现在：一是对消声器结构的影响小；二是产生的气流再生噪声小。对于这两种不同结构的消声器，不同流速与消声量的关系列于表2.24中。

表 2.24　流速与消声量的关系

流速/(m/s)	微穿孔板消声器消声量 ΔL_{pA}/dB	吸声材料消声器消声量 ΔL_{pA}/dB
10～20	27	27
60	20	12
80～90	14	7
100	12	2
120	5	8

这里需要特别指出：气流对微穿孔板消声器消声量的影响程度，取决于噪声源的强度。

$$L_{pA} - \Delta L_{pA} - L'_{pA} > 8$$

式中　L_{pA}——气流噪声源的 A 声级，dB；

ΔL_{pA}——消声器的消声量，dB；

L'_{pA}——气流再生噪声，dB。

当气流速度小时对消声量才无影响。反之，随着流速的增加，消声量减小，直至消声器失效。所以，一定要适当控制消声器的气流速度。

2.4.3.4　干涉式消声器

声波的干涉就是频率、性质都相同而相位相反的声波相加时所发生的现象。干涉式消声器就是根据声源干涉原理制成的，即设计一定的消声器结构形式，使两个相位相反的声波在消声器中相遇而互相抵消，以达到消声的目的。按照获得相干声波的方式，可把干涉式消声器分成两大类型：一是无源的（被动的），使声波分成两路，在并联的管道内分别传播不同的距离后，再会合在一起；另一是有源的（主动式），即根据实际存在的声波，外加相位相反的声波，使它们产生干涉而抵消。

（1）无源干涉式消声器

图 2.40 为无源干涉式消声器的原理图，管道系统中装置并联分支管道，即在原直通管道上加设一个旁通支管道，入射波在 A 点处等分为两路通道。若两路管道的长度分别为 l_1 和 l_2，管道截面积都是 $S_0/2$，入射声波在分支点 A 处等分成两路，分别传播 l_1 和 l_2 后，在分支点 B 处会合，如果两路通道的声波传播距离之差 (l_1-l_2) 为待消除声波半波长的奇数倍时，即：

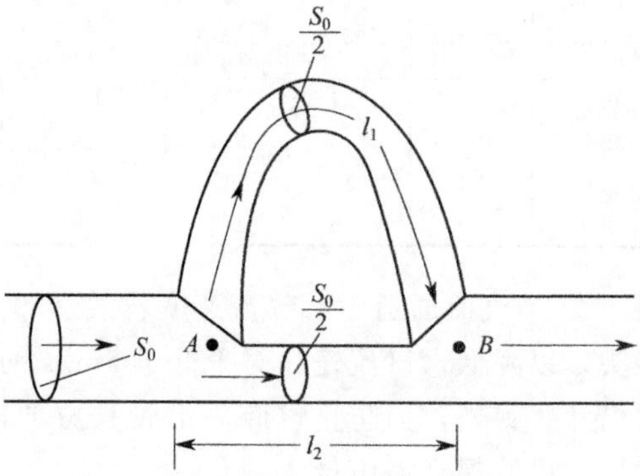

图 2.40　无源干涉式消声器原理图

$$l_1-l_2=(2n+1)\frac{\lambda}{2} \quad (n=0,1,2\cdots)$$

$$(2\text{-}55)$$

那么两声波的相位差为 π 的奇数倍，因此在 B 处叠加后将相互抵消而达到消声的目的。设相应的频率为 f_n，即：

$$f_n=(2n+1)\frac{C_0}{2(l_1-l_2)} \quad (n=0,1,2\cdots)$$

$$(2\text{-}56)$$

由此可知，对于频率为 f_n 的声波，不能通过这种有分支的管道传播出去，这种频率叫抵消频率。

从能量角度来看，干涉式消声器与前述扩张式或共振式消声器有本质的不同。在干涉式消声器中，两分支管道中传播的声波叠加前后实际上相互抵消，声能通过微观的涡旋运动转化为热能，即干涉式消声器中存在声的吸收。反之，在扩张式或共振式消声器中，管道中传播的声波在声学特性突变处由于声阻抗失配而发生反射，声波只是改变传播方向而并没有被吸收掉。

干涉式消声器的消声特性具有显著的频率选择性，在抵消频率处，消声器具有非常高的消声量。但频率一旦偏离抵消频率，消声量则急剧下降，其有效消声的频率范围一般只能达到一个 1/3 倍频程，因此对于宽频带噪声很难具有良好的消声效果。

（2）有源干涉式消声器

对于一个待消除的声波，人为地产生一个幅值相同而相位相反的声波，使它们在一定空间区域内相互干涉而抵消，从而达到在该区域消除噪声的目的，这种消声装置叫作有源消声器。由于外加的声波往往需要借助电声技术产生，因此该种消声器通常也叫作电子消声器。

有源消声器的基本设计思想，早在 20 世纪 30 年代就已形成。在 50 年代，这种消声器试验成功，对于 30～200Hz 频率范围内的纯音，可以得到 5～25dB 的衰减量。此后，随着电子电路和信号处理技术的发展，包括 Jessel、Mangiante、Canevet 以及我国声学工作者的一系列应用研究，有源消声技术有了很大的发展。目前，有源控制是噪声控制领域中的热门话题。

图 2.41 为有源消声的基本原理图。噪声从管道的上游传来，传声器接收噪声信号（包括倒相、放大），再由扬声器辐射次级声波，它与传过来的原有噪声互相抵消，在管道的下游获得噪声抑制的效果。有的控制区再用一传声器将信号反馈，进一步作处理，可获得更好的消声效果。对于简单的次级声源，由于扬声器应具有单指向特性，这种电声器件系统要作专门设计。消声的机理不是简单的干涉现象，其中包含向上游的反射以及次级声源系统的吸收。现在对于管道内单频声波的有源消声效果可达 50dB 以上；对于 1000Hz 以下的宽带噪声，可降低 15dB。如果是周期性的脉冲噪声，则信号处理系统应用微机进行伺服，可得到较好的消声效果。

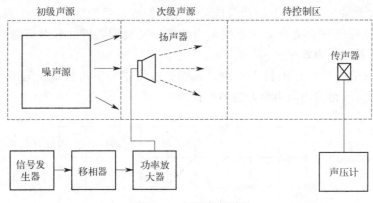

图 2.41　有源消声原理

2.4.4　阻抗复合式消声器

在实际噪声控制工程中，噪声以宽频带居多，通常将阻性和抗性两种结构消声器组合起来使用，以控制高强度的宽频带噪声。常用的形式有阻性-扩张室复合式、阻性-共振腔复合式和阻性-扩张室-共振腔复合式等。阻抗复合式消声器的消声量可以认为是阻性与抗性在同一频带内的消声量相叠加，但由于声波在传播过程中具有反射、绕射、折射和干涉等现象，所以消声量的值并不是简单的叠加关系。尤其对于波长较长的声波来说，当消声器以阻性、抗性的形式复合在一起时，有声的耦合作用，因此互相有影响。

（1）阻性-扩张室复合消声器

在图 2.42 所示的扩张室的内壁敷设吸声层就成为最简单的阻性-扩张室复合消声器。由于声波在两端的反射，这种消声器的消声量比两个单独的消声器消声量之和都要大。

在实际应用中，阻抗复合消声器的传递损失是通过实验或现场测量确定。

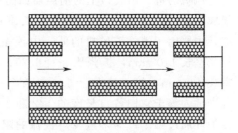

图 2.42　阻性-扩张室复合消声器

（2）阻性-共振腔复合消声器

图 2.43 是螺杆压缩机上的消声器。由图可见，它是阻性-共振腔复合消声器。总长 120cm，外径 64cm。

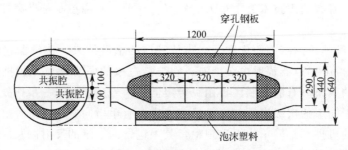

图 2.43　阻性-共振腔复合消声器

该消声器的阻性部分是以泡沫塑料为吸声材料，粘贴在消声器通道的周壁上，用于消除压缩机噪声的中、高频成分；共振腔部分设置在通道中间，由具有不同消声频率的 3 对共振腔串联组成，以消除 350Hz 以下的低频成分。在共振腔前后两端各有一个吸声尖劈（由泡沫塑料组成），既用于改善消声器的空气动力性能，又利用尖劈加强对高频声的吸收作用，进一步提高消声器的消声效果。

图 2.44 是安装在螺杆压缩机上，用插入损失法测得的消声性能。消声值为 27dB，在低、中、高频的宽频范围内均有良好的消声性能。

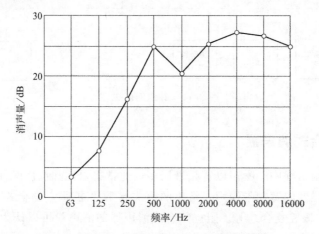

图 2.44　阻性-共振腔复合消声器的消声效果

（3）阻性复合消声器的应用

风机的进、出气口上的消声器如图 2.45 所示，这种消声器由阻性和抗性两部分消声器组成。抗性消声部分由两节不同长度的扩张室组成，主要用于消除该风机的低、中频噪声。第一节扩张室长 1100mm，扩张比 $m=6.25$；第二节扩张室长 400mm，扩张比 $m=6.25$。在每个扩张室内分别插入等于它们各自长度的 1/2 和 1/4 的插入管以消除通过频率；为了减少对气流的阻力，改善空气动力性能，用穿孔率为 30％的穿孔管将插入管连接起来，这样的两节扩张室串联，在低、中频部分有 10～20dB 的消声量。阻性部分就附在扩张室的插入管上，而未单独设计阻性段，这样既不增加消

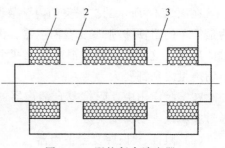

图 2.45　阻抗复合消声器

1—阻性吸声材料；2—扩张室；3—共振腔

声器的长度，又不影响扩张室插入管的作用。在四节插入管上全部衬贴容积密度为 25kg/m^3 的超细玻璃棉吸声层，共长 1125mm。衬贴方法是在插入管上开直径 6mm 的小孔，孔心距 11mm，正方形均匀分布，然后贴一层玻璃棉，最好填充 50mm 厚的玻璃丝棉做吸声层。阻性部分主要用于消除中、高频噪声，约有 20dB 的消声量。

2.4.5　排气放空消声器

2.4.5.1　小孔喷注消声器

小孔喷注型排气消声器是一种直径同原排气口相等而末端封闭的消声管，其管壁上开有很多排气小孔，小孔的总面积一般应大于原排气管口面积，小孔的直径愈小，降低排气噪声的效果也愈好。常见小孔喷注消声器的小孔孔径为 1mm 左右，这种小孔喷注排气消声器的结构就是将原来单个大直径排气喷口改为大量小孔喷口，其降低噪声的原理是基于小孔喷注噪声频谱的改变，即当通过小孔的气流速度足够高时，小孔能将排气噪声的频谱移向高频，使噪声频谱中的可听声部分降低，从而减少了噪声对环境的干扰。图 2.46 为不同孔径小孔喷注消声器的消声效果。

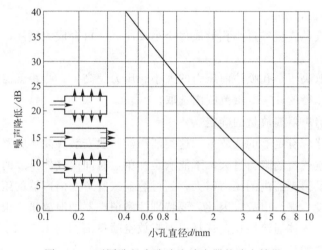

图 2.46　不同孔径小孔喷注消声器的消声效果

小孔喷注排气消声器主要适用于降低排气压力较低（如 $5\sim10\text{kg/cm}^2$）而流速甚高的排气放空噪声，如压缩空气的排放、锅炉蒸汽的排空等均有很多应用。小孔喷注排气消声器的消声量一般可达 20dB 左右，且具有体积很小、重量轻、结构简单、经济耐用等特点。

小孔喷注消声器的结构如图 2.47 所示。理论研究与实验已证实，喷注噪声的峰值频率与喷口直径成反比。如果喷口直径变小，峰值频率变高，喷口噪声能量将从低频移向高频，于是低频噪声被降低，高频噪声反而增高。如果喷口直径小到一定值，喷注噪声的能量将移到人耳不敏感的频率范围

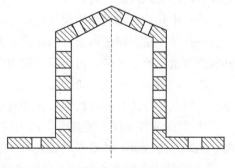

图 2.47　小孔喷注消声器的结构示意图

去。因此，在保证相同排气量的条件下，将一个大喷口改用许多小孔来代替，可以达到降低可听声的目的。

工程上采用的小孔径 $d=1mm$ 的喷注消声器，理论消声量可达 $20\sim26dB$（A）；采用 $d=2mm$ 的小孔喷注消声器的消声量可达 $16\sim21dB$（A）。如果考虑小孔喷注作用，将冲击噪声的频率推到超高频，以降低对人起干扰作用的 A 声级，对于小孔径 1mm 的消声器总的降噪量可达 40dB（A）（消除湍流噪声和冲击噪声的总和）。

小孔喷注消声器的设计重点如下。

（1）小孔径的确定

由以上可知，小孔喷注消声器的消声量与小孔径有关，小孔的直径越小，消声量越大，但孔径愈小，加工就愈困难。所以，在工程实际应用中，孔径一般取 $1\sim3mm$。

（2）小孔中心距的确定

从小孔射出的喷注相互混合产生低频噪声，因此，设计小孔喷注消声器时，孔间距离应满足：

$$b \geqslant d + 6\sqrt{d}$$

式中　b——小孔中心距，mm；

　　　d——小孔孔径，mm。

如果孔心距较近，气流经过小孔形成多个小喷注后，再合成大喷注，又会辐射噪声，降低了消声效果。

孔心距的大小取决于小孔喷注前压力的大小。压力越高，孔心距就需越大。在实际设计中，孔心距应在小孔径的 $5\sim10$ 倍范围内选取。

（3）小孔喷注消声器洩放量的确定

小孔喷注消声器应有足够的洩放量，这类消声器一般安装在高压容器或高压管道的喷口上，若消声器对放空气流的阻力过大，不能满足在单位时间内气体排放的质量流量，便会造成高压容器或管道及消声器内的压力增大，超过容器或管道及消声器的压力极限，损坏容器或消声器，甚至会发生爆炸事故，因此，要特别注意消声器的泄放量。根据实验研究与理论分析可知，消声器的气体通流面积，选择以原来放空喷口面积的 $1.5\sim2$ 倍为宜。

（4）小孔消声器的外罩

在某些场合，要求高压气体向上排放时，可以给小孔消声器制作一个外罩，外罩为一个端开口的圆筒，气流经小孔进入外罩汇合后由开口端喷出。为使外罩不影响噪声降低，可以将外罩设计成阻性消声器。这样，可提高消声量。

（5）小孔消声器的结构强度设计

小孔喷注消声器是用来控制高速、高压气体排放的噪声，因此，这类消声器除了应有足够的消声量、泄放量外，消声器结构和消声器与放空管连接处应有足够的机械强度要求。

① 小孔喷注消声器一般由法兰盘、圆管和端头三部分焊接而成，圆管和端头表面布满小孔，因此，应选择焊接性能好，并对小孔局部应力集中不敏感的金属材料来制造消声器。

② 当排放气体压力较高时，端头应取球面形状，同时，端头中心部分也应钻一定数目的小孔。压力较低，并且直径较大时，采用拱形端头。

③ 设计小孔的孔心距与排列方式时，除考虑声学因素外，应保证小孔均匀对称分布于消声器壁上，以防止小孔喷注气流对消声器反作用的不对称而引起消声器的附加振动。

④ 小孔消声器实质是一个器壁钻有小孔的内部承压气室，因此，可以把消声器近似看成内部承压的薄壁容器，并考虑小孔应力集中的影响进行强度校核。

在设计高速、高压气流的小孔喷注消声器时，尤其要注意其强度问题。在工程实际中，如果技术资料不全，对小孔消声器进行精确计算可能存在一定困难，人们可以综合考虑上述各方面因素，根据实践经验设计小孔喷注消声器。

2.4.5.2 节流降压消声器

节流降压消声器是利用节流降压原理设计的，首先，根据排气量的大小，合理设计通流面积，使高压气体通过节流孔板时，压力被降低。如果使用多级节流孔板串联，就可以把原来的高压气体直接排空，一次性降压，分散成许多小的压降。排气噪声声功率与压力降的高次方成正比，把压力突变改为压力渐变排空，便可得到消声效果。这种消声器通常有 $15 \sim 20dB$（A）的消声量。

节流降压消声器的各级压力是按几何级数下降的，即：

$$p_n = p_s q^n \tag{2-57}$$

式中　p_n——第 n 级节流孔板后的压力；

　　p_s——节流孔板前的压力；

　　n——节流孔板级数；

　　q——压强比，即节流孔板后的压力 p_2 与该级节流孔板前的压力 p_1 之比。

各级压强比 q 通常取相等的数值，即 $q = p_2/p_1 = p_3/p_2 = p_n/p_{n-1}$，$q$ 是不大于 1 的数值，对于高压排气的节流降压装置，通常按临界状态设计，即对空气 $q = 0.528$；对过热水蒸气 $q = 0.546$；对饱和蒸汽 $q = 0.577$。

对于节流装置的通流截面的确定，首先根据气态方程、连续性方程和临界流速公式，然后通过简化并换算为工程上常用单位，表示为：

$$S_1 = K\mu G \sqrt{\frac{V_1}{p_1}} \tag{2-58}$$

式中　S_1——节流装置通道截面积，cm^2；

　　K——排放不同介质的修正系数，对于空气 $K = 4$；过热蒸汽，$K = 4.2$；饱和蒸汽，$K = 4.4$；

　　μ——保证排气量的截面修正系数，通常取 $1.2 \sim 2.0$；

　　G——排放气体的质量流量，t/h；

　　V_1——节流前的气体比容，m^3/kg；

　　p_1——节流前的气体压力，MPa。

在计算出第一级节流孔板通道截面积 S_1 后，可按与比容成正比的关系，近似地确定其他各级通道截面积。计算出节流面积，确定了小孔径和孔心距，就可以算出节流降压消声器所需开的孔数和孔的分布了。

在工程实用设计中，当确定了第一节流级的通流面积 S_1 后，其他各级的通流面积还可以简化为 $S_n = S_1/q^{n-1}$，误差约为 $3\% \sim 5\%$，对实用没有多大影响。按临界、降压设计的节流降压消声器的消声量可由下式计算：

$$\Delta L = 10\alpha \cdot \lg \frac{3.7(p_1 - p_0)^3}{n p_1 p_0^2} \tag{2-59}$$

式中　p_1——消声器入口压力，Pa；

　　　p_0——环境压力，Pa；

　　　n——节流降压层数；

　　　α——修正系数，其实验值为 0.9 ± 0.2（当压力较高时，α 取偏低的数值，可取 0.7；当压力较低时，α 取偏高值，取 1.1）。

2.4.5.3　多孔扩散消声器

多孔扩散消声器是利用粉末冶金、烧结塑料、多层金属网、多孔陶瓷等材料替代小孔喷注，其消声原理与小孔喷注消声器的消声原理基本相同。小孔喷注消声器的孔心距与孔径之比较大，从理论上说，它把每个喷射束流看成是独立的，可以忽略混合后的噪声；而多孔扩散消声器孔心距与孔径之比较小，使排放的气流被滤成无数小气流，不能忽略混合后产生的噪声。这是上述两种消声器的不同点。另外，多孔扩散消声器因由多孔材料制成，还有阻性材料起吸声作用，本身吸收一部分声能。

设计这种消声器与小孔喷注消声器相似，它的有效通流面积一定要大于排气管道的横截面积，如果扩散的面积设计得足够大，降噪效果可达 30～50dB（A）。由此可见，在条件允许的情况下，应尽量加大扩散面积，以期获得较高的降噪量。小孔直径一般选用 1～2mm，孔心距为 3～5mm；金属网或纱网（16～20 网目）；多孔陶瓷（微孔直径为 60～100mm）。这种消声器加工简单，适用于降低小口径高压气体的放空。在实际使用中，要适时清洗，以防堵塞气流通道，增大气流阻力，造成消声器损坏事故。图 2.48 给出几种多孔扩散消声器的结构示意图。

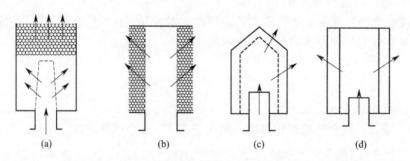

图 2.48　多孔扩散消声器结构示意图

（a）多层金属网板；（b）多层金属网筒；（c）多孔陶瓷；（d）粉末冶金

2.4.6　消声器的选用

消声器的选用一般应考虑以下五个因素。

（1）噪声源特性分析

在具体选用消声器时，必须首先弄清楚需要控制的是什么性质的噪声源，是机械噪声、电磁噪声，还是空气动力性噪声。消声器只适用于降低空气动力性噪声，对其他噪声源是不适用的。空气动力性设备，按其压力不同，可分为低压、中压和高压；按其流速不同，可分为低速、中速和高速；按其输送气体性质不同，可分为空气、蒸汽和有害气体等。应按不同性质、不同类型的噪声源，有针对性地选用不同类型的消声器。噪声源的声级高低及频谱特性各不相同，消声器的消声性能也各不相同，在选用消声器前应对噪声源进行测量和分析，一般测量 A 声级、C 声级、倍频带或 1/3 倍频带频谱特性。根据噪声源的频谱特性和消声器的消声特性，使两者相对应，噪声源的峰值频率应与消声器最理想的、消声量最高的频段相对应，这样，安装消声器后，才能得到满意的消声效果。另外，对噪声源的安装使用情况，周围的环境条件，有无可能安装消声器，消声器装在什么位置等，事先应有个考虑，以便正确合理地选用消声器。

（2）噪声标准确定

在具体选用消声器时，还必须弄清楚应该将噪声控制在什么水平上，即安装所选用的消声器后，能满足何种噪声标准的要求。我国已制订和正在制订的噪声标准很多。

《中华人民共和国环境噪声污染防治法》（1996 年 10 月 29 日第八届全国人民代表大会常务委员会第二十二次会议通过，1997 年 3 月 1 日起施行，2018 年 12 月 29 日，第十三届全国人民代表大会常务委员会第七次会议通过对《中华人民共和国环境噪声污染防治法》作出修改，2022 年 6 月 5 日起施行，同时旧的废止）规定了工业生产、建筑施工、交通运输和社会生活中所产生的噪声污染的防治要求、法律责任和监督管理。责成国务院有关主管部门制定国家声环境质量标准和噪声排放标准。GB 3096—2008《声环境质量标准》是为保障城市居民的生活声环境质量而制订的；GB 12348—2008《工业企业厂界环境噪声排放标准》是为控制工业企业厂界噪声危害而制订的；GB 12523—2011《建筑施工场界噪声限值》是为控制城市环境噪声污染而制订的；GB/T 50087—2013《工业企业噪声控制设计规范》是为限制工业企业厂区内各类地点的噪声值而制订的。另外，各类机电产品、运输工具、家用电器等都制订了噪声限值标准和测量方法标准，在选用消声器之前应了解这些标准，执行这些标准。人们希望噪声越低越好，但这要看必要性和可能性，应按不同对象、不同环境的标准要求，只要将噪声控制到允许范围之内就可以了。

（3）消声量计算

按噪声源测量结果和噪声允许标准的要求来计算消声器的消声量。消声器的消声量要适中，过高过低都不恰当。过高，可能做不到或提高成本或影响其他性能参数；过低，则可能达不到要求。例如，噪声源 A 声级为 100dB，噪声允许标准 A 声级为 85dB，则消声量至少应为 15dB（A）。消声器的消声量一般指 A 声级消声量或频带消声量。在计算消声量时要考虑下列因素的影响：第一，背景噪声的影响。有些待安装消声器的噪声源，使用环境条件较恶劣，背景噪声很高或有多种声源干扰，这时，对消声器消声量的要求不一定太苛求。噪声源安装消声器后的噪声略低于背景噪声即可。第二，自然衰减量的影响。声波随距离的增加而自然衰减。例如，点声源，球面声波，在自由声场，其衰减规律符合反平方律，即离声源距离加倍，声压级减小 6dB。在计算消声量时，应减去从噪声源至控制区沿途的自然衰减量。

（4）选型与适配

正确的选型是保证获得良好消声效果的关键。如前所述，应按噪声源性质、频谱、使用环境的不同，选择不同类型的消声器。例如，风机类噪声，一般可选用阻性或阻抗复合型消声器；空压机、柴油机等，可选用抗性或以抗性为主的阻抗复合型消声器；锅炉蒸汽放空，高温、高压、高速排气放空，可选用新型节流减压及小孔喷注消声器；对于风量特别大或气流通道面积很大的噪声源，可以设置消声房、消声坑、消声塔或以特制消声元件组成的大型消声器。

消声器一定要与噪声源相匹配，例如，风机安装消声器后既要保证设计要求的消声量，又能满足风量、流速、压力损失等性能要求。一般来说，消声器的额定风量应等于或稍大于风机的实际风量。若消声器不是直接与风机进风管道相接，而是安装于密闭隔声室的进风口，此时消声器设计风量必须大于风机的实际风量，以免密闭隔声室内形成负压。消声器的设计流速应等于或小于风机实际流速，防止产生过高的再生噪声。消声器的阻力应小于或等于设备的允许阻力。

（5）综合治理、全面考虑

安装消声器是降低空气动力性噪声最有效的办法，但不是唯一的措施。如前所述，由于消声器只能降低空气动力设备进排气口或沿管道传播的噪声，而对该设备的机壳、管壁、电动机等辐射的噪声无能为力。因此，在选用和安装消声器时应全面考虑，按噪声源的分布、传播途径、污染程度以及降噪要求等，采取隔声、隔振、吸声、阻尼等综合治理措施，才能取得较理想的效果。

2.4.7　消声器的安装

消声器的安装一般应注意以下几点。

（1）消声器的接口要牢靠

消声器往往是安装于需要消声的设备上或管道上，消声器与设备或管道的连接一定要牢靠，重量较大的消声器应支撑在专门的承重架上，若附于其他管道上，应注意支承位置的强度和刚度。

（2）在消声器前后加接变径管

对于风机消声器，为减小机械噪声对消声器的影响，消声器不应与风机接口直接连接，而应加设中间管道。一般情况下，该中间管道长度为风机接口直径的3～4倍。当所选用的消声器的接口形状尺寸与风机接口不同时，可以在消声器前后加接变径管。无论是按要求供应变径管，还是自行加工，变径管的当量扩张角不得大于20°。消声器接口尺寸应大于或等于风机接口尺寸。

（3）应防止其他噪声传入消声器的后端

消声设备的机壳或管道辐射的噪声有可能传入消声器后端，致使消声效果下降，必要时可在消声器外壳或部分管道上做隔声处理。消声器法兰和风机管道法兰连接处应加弹性垫并注意密封，以免漏声、漏气或刚性连接引起固体传声。在通风空调系统中，消声器应尽量安装于靠近使用房间的地方，排风消声器应尽量安装在气流平稳的管段。

（4）消声器安装场所应采取防护措施

消声器露天使用时应加防雨罩；作为进气消声使用时应加防尘罩；含粉尘的场合应加滤清器。一般通风消声器，通过它的气体含尘量应低于$150mg/m^3$；不允许含水雾、油雾或腐蚀性气体通过；气体温度≤150℃；寒冷地区使用时应防止消声器孔板表面结冰。

2.4.8　消声降噪设计流程及方法

① 确定噪声源的各倍频带声功率级。噪声源中心频率为63～8000Hz的8个倍频带的声功率级，应由噪声源设备制造商提供。当设备制造商不能提供，可通过测量、估算或查找资

料等方法确定。

②　根据噪声源位置、噪声控制点（1 个或若干个）位置、两者间的噪声传播路径特性以及控制点所在位置的房间特性（或室外环境特性），预测噪声控制点的各倍频带声压级和 A 声级。噪声控制点的预测声压级，传播路径上各部件的插入损失和气流再生噪声，应根据各部件制造商提供的资料以及国家现行标准进行计算。

③　根据噪声控制点允许的倍频带声压级（或 A 声级）限值，得到控制点的各倍频带声压级（或 A 声级）超标量。对于控制点在室外情况，房间常数 R 趋于无穷大。

④　根据超标量确定消声器各倍频带所需的插入损失，并选定满足要求的消声器（不仅指插入损失满足要求，而且其压力损失也在设备正常运行许可的范围内）。消声器的类型应根据噪声频谱特性、所需插入损失、气流再生噪声、空气动力性能以及防潮、防火、防腐蚀等特殊使用要求确定。消声器的型号选择应根据定型消声器的性能参数确定，也可自行设计符合要求的消声器。

⑤　根据选定消声器的插入损失和气流再生噪声数值，重新进行步骤②的计算，检查控制点的声压级，控制点的声压级应满足限值的要求。消声器产生的气流再生噪声有影响时，应降低气流速度或简化消声器结构。消声器的安装位置应根据辐射噪声的部位和传播噪声的途径，在空间允许的情况下，消声器装设位置应符合下列规定：

a. 空气动力机械进（排）气口敞开的，应在靠近进（排）气口处安装进（排）气口消声器；

b. 空气动力机械进（排）气口均不敞开的，但管道隔声差，且管道经过空间的噪声不能满足要求时，应装设消声器；

c. 噪声源隔声围护结构孔洞辐射噪声的，应在孔洞处装设消声器。

⑥　当所选消声器不能满足要求，再根据超标量调整消声器的选型，重复进行步骤②的计算，直至满足要求。

2.5　隔振减振技术

声波起源于物体的振动，物体的振动除了向周围空间辐射在空气中传播的声（称"空气声"）外，还通过其相连的固体结构传播声波，简称"固体声"，固体声在传播的过程中又会向周围空气辐射噪声，特别是当引起物体共振时，会辐射很强的噪声。振动除了产生噪声干扰人的生活、学习和健康外，特别是 $1 \sim 100 \mathrm{Hz}$ 的低频振动，直接对人有影响。长期暴露于强振动环境中，人的机体将受到损害，机械设备或建筑结构也会受到破坏。

对于振动的控制应从以下两方面采取措施：一是对振动源进行改进，以减弱振动强度；二是在振动传播路径上采取隔振措施，或用阻尼材料消耗振动的能量并减弱振动向空间的辐射。从而，直接或间接地使噪声降低。

2.5.1　隔振的基本概念

隔振是通过降低振动强度来减弱固体声传播的技术。通常把物体沿直线或弧线相对于基准平衡位置所做的往复运动称为振动。

振动是一种周期性的往复运动，任何机械都会产生振动，机械振动的原因主要是旋转或往复运动部件的不平衡、磁力不平衡和部件的互相碰撞。振动能量常以两种方式向外传播产生噪声：一部分由振动机器直接向空气辐射，称空气声；一部分振动能量通过承载机器的基础，向地层或建筑物结构传递，如图 2.49 所示。在固体表面，振动以弯曲波的形式传播，能激发建筑物的地板、墙面、门窗等结构振动，再向空中辐射噪声，这种通过固体传导的声称为固体声。水泥地板、砖石结构、金属板材等是隔绝空气声的良好材料，但对固体声却有很少衰减。噪声通过固体可传播到很远的地方，当引起物体共振时，会辐射很强的噪声。有时邻近房间噪声会比安装机器房间更响，这是由固体传声引起建筑结构共振造成的。

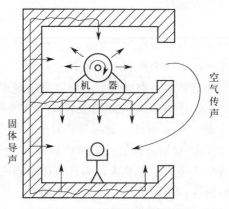

图 2.49　机械振动的传播途径

控制固体声的重要方法是隔振。从噪声控制研究隔振，不涉及由结构固有振动导致开裂、下沉、倒塌、破坏等现象，即不涉及强度计算，只研究降低固体声及空气声。隔振是将振源（声源）与基础或其他物体的近于刚性连接改为弹性连接，防止或减弱振动能量的传播。实际上振动不可能绝对隔绝，所以通常称隔振或减振。隔振技术有积极隔振和消极隔振，降低振动设备（振源）馈入支撑结构的振动能量称积极隔振，减少来自支撑结构或外界环境的振动传入称消极隔振。积极与消极隔振原理相同，积极隔振的原理、方法和结论对消极隔振同样适用。

2.5.2　振动控制的基本方法

振源产生振动，通过介质传至受振对象（人或物），因此，振动污染控制的基本方法也就分三个方面：振源控制、传递过程中振动控制和对受振对象采取控制措施。

（1）振源控制

虽然振动来源不同，但振动的主要来源是振动源本身的不平衡力引起的对设备的激励。减少或消除振动源本身的不平衡力（即激励力），改进振动设备的设计和提高制造加工装配精度，使其振动最小，是最有效的控制方法。

① 旋转机械

这类机械有电动机、风机、泵类、蒸汽轮机、燃气轮机等。此类机械，大部分属高速运转类，如每分钟在千转以上，因而其微小的质量偏心或安装间隙的不均匀常带来严重的振动危害。为此，应尽可能地调好其静、动平衡，提高其制造质量，严格控制其对中要求和安装间隙，以减少其离心偏心惯性力的产生。对旋转设备的用户而言，在保证生产工艺等需要的前提下，应尽可能选择振动小的设备。

② 旋转往复机械

此类机械主要是曲柄连杆机构所组成的往复运动机械，如柴油机、空气压缩机等。对于此类机械，应从设计上采用各种平衡方法来改善其平衡性能。故对用户而言，可在保证生产需要的情况下，选择合适型号和质量好的往复机械。

③ 传动轴系的振动

它随各类传动机械的要求不同而振动形式不一，会产生扭转振动、横向振动和纵向振动。对这类轴系通常是应使其受力均匀，传动扭矩平衡，并应有足够的刚度等，以改善其振动情况。

④ 管道振动

工业用各种管道愈来愈多，随传递输送介质（气、液、粉等）的不同而产生的管道振动也不一样。通常在管道内流动的介质，其压力、速度、温度和密度等往往是随时间而变化的，这种变化又常常是周期性的，如与压缩机相衔接的管道系统，由于周期性地注入和吸走气体，激发了气流脉动，而脉动气流形成了对管道的激振力，产生了管道的机械振动。为此，在管道设计时，应注意适当配置各管道元件，以改善介质流动特性，避免气流共振和降低脉冲压力。

⑤ 改变振源（通常是指各种动力机械）的扰动频率

在某些情况下，受振对象（如建筑物）的固有频率和扰动频率相同时，会引起共振，此时改变机器的转速、更换机型（如柴油机缸数的变更）等，都是行之有效的防振措施。

⑥ 改变振源机械结构的固有频率

振动机械激励力的振动频率，若与设备的固有频率一致，就会引起共振，使设备振动得更厉害。起了放大作用，其放大倍数可有几倍到几十倍。共振带来的破坏和危害是十分严重的。木工机械中的锯、刨加工不仅有强烈的振动，而且常伴随壳体等共振，产生的抖动使人难以承受，操作者的手会感到麻木。高速行驶的载重卡车、铁路机车等，往往使较近的居民楼房等产生共振，在某种频率下，会发生楼面晃动、玻璃窗强烈抖动等。历史上曾发生过几次严重的共振事故，如美国 Tacoma 峡谷悬索吊桥，长 853m，宽 12m 左右，1940 年因风灾（8 级大风）袭击，发生了当时难以理解的振动，引起共振，历时 1h 使笨重的钢桥翻腾扭曲，最后在可怕的断裂声中整个吊桥彻底损毁。

因此，防止和减少共振响应是振动控制的一个重要方面。控制共振的主要方法有：改变设施的结构和总体尺寸或采用局部加强法等，以改变机械结构的固有频率；改变机器的转速或改换机型等以改变振动源的扰动频率；将振动源安装在非刚性的基础上，以降低共振响应；对于一些薄壳机体或仪器仪表柜等结构，用粘贴弹性高阻尼结构材料增加其阻尼，以增加能量逸散，降低其振幅。

⑦ 加阻尼以减少振源振动

如振源的机械结构为薄壳结构，则可以在元件上加阻尼材料，抑制振动。

（2）振动传递过程中的控制

① 建筑物选址

对于精密仪器、设备厂房，在其选址时要远离铁路、公路以及工业上强振源。对于居民楼、医院、学校等建筑物选址时，也要远离强振源。反之，在建设铁路、公路和具有强振源的建筑物时，其选址也要尽可能远离精密仪器厂房、居民住宅、医院和一些其他敏感建筑物（如古建筑物）。对于防振要求较高的精密仪器设备，尚应考虑远离由于海浪和台风影响而产生较大地面脉动的海岸。据国外资料报道，在同样地质条件下，海岸边地面脉动幅值要比距海岸 200m 处的脉动幅值大三倍以上。

② 厂区总平面布置

工厂中防振等级较高的计量室、中心实验室、精密机床车间（如高精度螺纹磨床、光栅刻线机等）等最好单独另建，并远离振动较大的车间，如锻工车间、冲击车间以及压缩机房等。换一个角度，在厂区总体规划时，应尽可能将振动较大的车间布置在厂区的边缘地段。

③ 车间内的工艺布置

在不影响工艺的情况下，精密机床以及其他防振对象，应尽可能远离振动较大的设备。为计量室及其他精密设备服务的空调制冷设备，在可能的条件下，也尽可能使它们与防振对象离开远一些。

④ 其他加大振动传播距离的方法

将动力设备和精密仪器设备分别置于楼层中不同的结构单元内，如设置在伸缩缝（或沉降缝）、抗震缝的两侧，这样振源的传递路线要比直接传递长得多，对振动衰减有一定效果。缝的要求除应满足工程上的要求外，不得小于5cm；缝中不需要其他材料填充，但应采取弹性的盖缝措施。有桥式起重机的厂房附设有对防振要求较高的控制室时，控制室应与主厂房全部脱开，避免桥式起重机开动或刹车时振动直接传到控制室。

⑤ 隔振沟（防振沟）

对冲击振动或频率大于30Hz的振动，采取隔振沟有一定的隔振效果，对于低频振动则效果甚微，甚至几乎没有什么效果。隔振沟的效果主要取决于沟深与表面波的波长之比，对于减少振源振动向外传递而言，当振源距沟为一个波长时，沟深与波长之比至少应为0.6时才有效。对于防止外来振动传至精密仪器设备，该比值要达到1.2以上才可以。

（3）隔振措施

至今为止，在振动控制中，隔振是投资不大，却行之有效的方法，尤其是在受空间位置限制或地皮十分昂贵或工艺需要时，无法加大振源和受振对象之间的距离，此时则更加显示隔振措施的优越性。

隔振分两类：一类为积极隔振，另一类为消极隔振。所谓积极隔振，就是为了减少动力设备产生的扰力向外的传递，对动力设备所采取的隔振措施（即减少振动的输出）。所谓消极隔振，就是为了减少外束振动对防振对象的影响，对防振对象（如精密仪器）采取的隔振措施（即减少振动的输入）。无论何种类型隔振，都是在振源或防振对象与支承结构之间加隔振器材。

值得注意的是，近些年来，国内外学者的研究和实践表明，对动力机器采取隔振措施还对保护机器本身精密部件和模具等有好处，故人们更加乐意采取隔振措施。除了机器设备隔振外，管道隔振也是常采用的方法。在动力机器与管道之间加柔性连接装置，如在风机的风管与风机的连接处，采用柔性帆布管接头，以防止振动的传出；在水泵进出口处加橡胶软接头，以防止水泵机体振动沿管路传出；在柴油机排气口与管道之间加金属波纹管，以防止柴油机机体振动沿排气管传出等。在管路穿墙而过时，应使管路与墙体脱开，并垫以弹性材料，以减少墙体振动。为了减少管道振动对周围建筑物的影响，应每隔定距离设置隔振吊架和隔振支座。

采用大型基础来减少振动影响是最常用最原始的方法。根据工程振动学原则合理地设计机器的基础，可以减少基础（和机器）的振动和振动向周围的传递。根据经验，一般的切削机床的基础是自身质量的1～2倍，而特殊的振动机械如锻冲设备则达到设备自重的2～5倍，更甚者达10倍以上。

在设备下安装隔振元件——隔振器，是目前工程上应用最为广泛的控制振动的有效措施。安装这种隔振元件后，能真正起到减少振动与冲击力传递的作用，只要隔振元件选用得当，隔振效果可在85%～90%以上，而且可以不必采用上面讲的大型基础。对一般中、小型设备，甚至可以不用地脚螺钉和基础，只要普通的地坪能承受设备的静负荷即可。

（4）对防振对象采取的振动控制措施

对防振对象采取的措施主要是指对精密仪器、设备采取的措施。

① 采用黏弹性高阻尼材料

对于一些具有薄壳机体的精密仪器或仪器仪表柜等结构，宜采用黏弹性高阻尼材料（阻尼漆、阻尼板等）增加其阻尼，以增加能量耗散，降低其振幅。

② 精密仪器、设备的工作台

精密仪器、设备的工作台应采用钢筋混凝土制的水磨石工作台，以保证工作台本身具有足够的刚度和质量，不宜采用刚度小、容易晃动的木制工作台。

③ 精密仪器室的地坪设计

为了避免外界传来的振动和室内工作人员的走动影响精密仪器和设备的正常工作，应采用混凝土地坪，必要时可采用厚度≥500mm 的混凝土地坪。当必须采用木地板时，应将木地板用热沥青与地坪直接粘贴，不应采用在木格栅上铺木地板架空作法，否则由于木地板刚度较小，操作人员走动时产生较大的振动，对精密仪器和设备的使用是很不利的。

（5）其他振动控制方法

① 楼层振动控制

对于安装有动力设备或机床设备的楼层，振动计算十分重要。楼层结构的固有频率谱排列很密，而楼层上各类设备的转速变化范围较宽，故很容易出现共振问题。因而在楼层设计时应根据楼层结构振动的规律及机械设备振动特性，合理地确定楼层的平面尺寸、柱网形式、梁板刚度及其刚度比值，以使结构的共振振幅控制在某个范围内。无论是哪一种楼层，只要适当加大构件刚度，调整柱网尺寸，均可达到减少振动的目的。

工艺布置时，振动设备必须布置在楼层上时，应尽可能放在刚度较大的柱边、墙边或主梁上，要注意使其产生扰力的方向尽量与结构裂度较大的方向一致。

② 有源振动控制

有源振动控制是近些年来发展起来的高新技术。该方法为：用传感器将动力机器设备扰力信号检测出来，并送进计算机系统进行分析，产生一个相反的信号，再驱使一个电磁结构或机械结构产生一个位相与扰力完全相反的力作用于振源上，从而可达到控制振源振动的目的，但目前这一技术在我国尚在试验阶段。

2.5.3 隔振材料与隔振器

机械设备和基础之间选择合理的隔振材料或隔振装置，防止振动的能量以噪声的形式向外传递。作为隔振材料和隔振装置必须具备支承机械设备动力负载和良好的弹性恢复性能这两方面的要求。一般从降低传递系数这方面考虑，希望其静态压缩量大些。然而，对许多弹性材料与隔振装置来说，往往承受大负载的其压缩量较小，而承受负载小的其压缩量大。在实际应用中，必须根据工程设计要求适当地选择。若要使隔振材料或隔振装置在低频范围内起作用，则在允许负载内，希望得到较大的变形。同时，也应考虑到经久耐用、稳定性好、维护方便等实际因素。

工程上常用的隔振材料或隔振装置主要有钢弹簧、橡胶、软木、玻璃纤维板、毛毡类等，此外，空气弹簧、液体弹簧也开始应用。目前，使用最为广泛的是金属弹簧和剪切橡胶。但以空气弹簧的隔振效率为最好，发展前景乐观。在工程实际中，也常将这些隔振材料互相复合使用，如钢弹簧-橡胶减振器就是常用的一种隔振装置。

现将常用的隔振材料与隔振装置介绍如下。

（1）钢弹簧隔振器

钢弹簧是在隔振中最常用的一种隔振器。常见的有圆柱螺旋弹簧、圆锥螺旋弹簧和板弹簧等，如图 2.50，其中应用较多的是圆柱弹簧和板弹簧。如各类风机、空压机、球磨机、破碎机等大中小型的机械设备均使用螺旋弹簧减振器。只要设计或选用正确，就能获得良好的隔振效果。板弹簧是由几块钢板叠合制成的，利用钢板之间的摩擦可获得适宜的阻尼比，这种减振器只在一个方向上有隔振作用，一般用于火车、汽车的车体减振和只有垂直冲击的锻锤基础隔振。

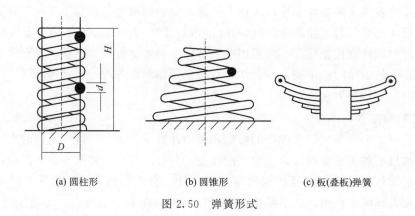

(a) 圆柱形　　　　　　　(b) 圆锥形　　　　　　　(c) 板(叠板)弹簧

图 2.50　弹簧形式

钢弹簧有较大的静态压缩量，因此，能使隔振系统获得很低的固有频率，适宜低频隔振；有较大的承载能力，且性能稳定；此外，钢弹簧还具有结实耐用、尺寸小、耐高温、耐腐蚀等优点。缺点是本身阻尼较低，一般 $c/c_0 = 0.005$，以致共振区传递系数较大，易于传递高频振动，因此，采用黏滞阻尼器或簧丝表面附加阻尼材料来弥补这一不足。下面简略介绍圆柱螺旋钢弹簧的设计问题。

① 弹簧钢丝直径 d 的计算

螺旋弹簧丝的轴线是一条空间螺旋线，其应力和变形的精确分析比较复杂，但当螺旋角 α 很小时，例如 $\alpha < 5°$，便可忽略 α 的影响，近似地认为弹簧丝截面与弹簧丝轴线在同一平面内，如图 2.51。

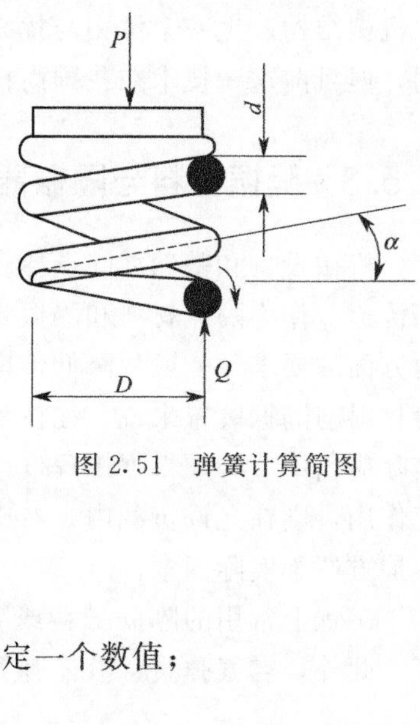

当弹簧丝横截面的直径 d 远小于弹簧圈的平均直径 D 时，还可以略去弹簧丝曲率的影响，近似地用直杆公式计算。如当 $D/\alpha \geqslant 10$ 时，弹簧钢丝主要承受扭转剪应力的作用，则钢丝直径 d 可由下式计算：

$$d = \sqrt[3]{\frac{8PD}{\pi [\tau]}} \qquad (2\text{-}60)$$

图 2.51　弹簧计算简图

式中　d——弹簧丝直径，m；

　　　P——弹簧承受的载荷，N；

　　　D——弹簧圈的平均直径，m，一般从实际需要预先选定一个数值；

[τ]——材料的需用剪应力，Pa，一般弹簧钢为 $4.3×10^8$ Pa。

② 弹簧工作圈数的计算

由弹簧的变形知识，弹簧的工作圈数可由下式计算：

$$n=\frac{Gd^4}{8D^3k} \tag{2-61}$$

式中　G——剪切弹性模量，一般取 $8×10^{10}$ Pa；

　　　k——弹簧刚度，N/m。

由上式求出的是弹簧工作圈数（有效圈数），而弹簧的上下两面应保持平面状态，共有一圈半不起作用，仅供安装使用，所以弹簧的实际总圈数为：

$$n_1=n+1.5$$

③ 弹簧丝的长度 L

弹簧丝的长度可由下式直接计算：

$$L=\pi Dn_1 \tag{2-62}$$

④ 弹簧在自由状态下的高度 H

弹簧的自由高度 H 是指未受载荷的高度，应等于各圈钢丝直径总和加上静态压缩量：

$$H=d(n+1)+x \tag{2-63}$$

安装钢弹簧隔振器，应注意以下两点：第一，应使各弹簧的自由高度尽量一致，基础底面要平整，使各弹簧在平面上均匀对称，受压均衡；第二，机组的重心一定要落在各弹簧的几何中心上，整个振动系统的重心要尽量低，以保证机组运行的稳定性。

（2）橡胶隔振器

橡胶隔振器也是工程上广泛应用的另一种隔振装置，它具有以下特点：

① 良好的阻尼特性。在共振区时不致造成过大的振动，甚至接近共振点还能安全使用。

② 固有频率低，隔振缓冲和隔声性能好，对吸收机械高频振动的能量较突出。

③ 根据工程实际需要，橡胶隔振器可设计成各种形状和不同刚度。

④ 橡胶隔振器的缺点是不耐油、易腐蚀，不耐高温、易老化。在高温下使用，性能不好；在低温下使用，弹性系数也会改变。天然橡胶制成的隔振器使用温度为 $-30\sim60℃$。

橡胶隔振器主要是由橡胶制成的，橡胶的配料和制造工艺不同，橡胶的性能差别是很大的，因此，橡胶隔振器的性能参数变化也大。橡胶承受的载荷应力宜控制在 $1×10^5\sim7×10^5$ Pa 范围内，较软的橡胶容许承受较低的应力值；较硬的橡胶容许承受较高的应力值；对于中等硬度的橡胶容许承受 $3×10^5\sim7×10^5$ Pa。软橡胶内阻尼较小，阻尼比大多在 2% 以下，而硬橡胶内阻尼相当高，阻尼比可达 15% 以上。

橡胶隔振器是由硬度合适的橡胶材料制成的，其形状、面积和高度均根据受力情况进行设计。橡胶隔声器适宜压缩、剪切或切压状态，不宜用于拉伸的情况，受剪切的隔振效果一般比受压缩的隔振效果好。橡胶隔振器根据实际需要可制成不同形状，如平板形、碗形、圆筒或圆柱形、锥形等。根据受力情况，可分为压缩型、剪切型、压缩-剪切复合型。

由上述可以看出，隔振器的性能不仅与配料有关，还与其形状、受力方式有关。因此，在隔振器的实际设计中，要根据具体受力情况，选择合适的橡胶，组成一定形状、面积和高度等。一般设计步骤是根据所需的最大静态压缩量计算出橡胶材料的厚度和所需的面积，其计算式为：

$$h = X \frac{E_d}{[\sigma]} \tag{2-64}$$

式中　h——材料厚度，m；

　　X——所需最大静态压缩量，m；

　　E_d——橡胶的动态弹性模量，Pa；

　　$[\sigma]$——橡胶的许用应力，Pa。

$$S = \frac{P}{[\sigma]} \tag{2-65}$$

式中　S——橡胶支承面积，m^2；

　　P——机组重力，N。

E_d 和 $[\sigma]$ 是橡胶隔振材料的重要参数，一般由实验测得，见表 2.25。

表 2.25　几种橡胶隔振材料的参数

名称	$[\sigma]$/Pa	E_d/Pa	$E_d/[\sigma]$
软橡胶	$1 \times 10^5 \sim 2 \times 10^5$	5×10^6	$25 \sim 50$
较硬橡胶	$3 \times 10^5 \sim 4 \times 10^5$	$2 \times 10^7 \sim 2.5 \times 10^7$	$50 \sim 83$
有槽缝或圆孔橡胶	$2 \times 10^5 \sim 2.5 \times 10^5$	$4 \times 10^6 \sim 5 \times 10^6$	$18 \sim 25$
海绵状橡胶	3×10^4	3×10^6	100

　　根据工程实际需要，目前国内已有系列化的隔振器产品。在各类橡胶隔振器中，国产 JG 型隔振器是目前应用较广泛而且效果较好的一种。这种隔振器是采用丁腈合成橡胶，在一定温度和压力下硫化，并牢固黏结于金属附件上压制而成的，它具有较高的承载能力、较低的刚度、较大的阻尼、较低的固有频率（可达 5Hz），是较理想的隔振元件。此外，这种隔振器安装方便，稳定性较好。如用在通风机、水泵、冷冻机、空压机等动力机械设备中，具有良好的隔振效果。

　　前面已经叙述了弹簧隔振器和橡胶隔振器的特性及设计选择等。在实际工程中，机组隔振常采用多个隔振器，如何布置隔振器对隔振效果关系甚大。如机组外形规则，重心位置对称的机组，按对称分布，将隔振器安置在基础上就可以了；对于外形不规则的，重心不对称的机械设备，如何正确布置是较复杂的问题。对于回转式机电设备的重心，在轴向不对称，若采用同型号的隔振器（刚度相等）后，因每个隔振器上所受的载荷不同，挠度也就不同，在运转工作中会发生摇动。可以采用加大机电设备机座的尺寸，使隔振器的位置布置对称于重心位置改进，此时，仍可采用同型号的隔振器。若无法加大机座尺寸，可选用不同刚度的隔振器，离重心近的隔振器选用刚度较大的，离重心远的隔振器用刚度较小的。这时，各隔振器的挠度相等。当重心在水平面内不对称时，也可依上述方法处理。

　　往复式机械的隔振要比回转式机械麻烦些。其主要原因是机组重心位置高于隔振器，并有水平往复力的作用，从而使机组发生水平方向晃动，其措施是降低重心位置，使机组和隔振器的重心尽量处于同一水平面内，隔振器的布置和机座尺寸与回转式机械的两种处理方案相同。

　　综上所述，隔振器布置应遵循下列原则：

　　① 每个隔振器所受的载荷要力求均匀，以便选用同型号隔振器，且在任何情况下，不能超过隔振器的许用范围。

　　② 当各支承点所受载荷相差较大时，必须选用不同型号的隔振器，此时应保证隔振器

的挠度（下沉量）相等。

③ 隔振器的固有频率与干扰频率的关系应满足 $f/f_0 > \sqrt{2}$，一般取 $2.5 \sim 5$。

④ 为避免耦合振动，要求隔振器的布置尽量对称于机组的主惯性轴，保持垂直振动独立。

在工程实际中，大多数机组设备的质量分布多少有一定的对称性，因此，可大致将机组设备的轮廓线或转动轴线选取的参考轴线，假定为机组设备的主惯性轴。这样，上述的原则④基本可满足。此外，隔振器的选择和布置在满足原则③的前提下，主要根据前两个原则①和②进行。此时，处理方法分为两种，一是相同型号隔振器（刚度相等）的选择与布置；二是不同型号隔振器（挠度相等）的选择与布置。不论采用哪一种方法，都必须计算出每个隔振器所承受载荷的大小。

（3）橡胶隔振垫

橡胶隔振垫是近几年发展起来的隔振材料，常见的有肋状垫、开孔的镂孔垫、钉子垫及WJ 型垫等几种，如图 2.52 所示。

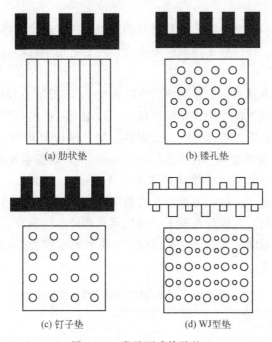

(a) 肋状垫　　　　　　　(b) 镂孔垫

(c) 钉子垫　　　　　　　(d) WJ型垫

图 2.52　常见型式橡胶垫

WJ 型橡胶垫是一种新型橡胶垫，它在橡胶垫的两面有四个不同直径和不同高度的圆台，分别交叉配置。当 WJ 型隔振垫在载荷作用下，较高的凸圆台受压变形，较低的圆台尚未受压时，其中间部分受载而弯成波浪形，振动能量通过交叉凸台和中间弯曲波来传递，它能较好地分散并吸收任意方向的振动。由于圆凸面斜向地被压缩，这便起到制动作用，在使用中无须紧固措施，即可防止机器滑动，承载越大，越不易滑移。橡胶隔振垫的刚度是由橡胶的弹性模量和几何形状决定。由于表面是凸台及肋状等，故能增加隔振垫的压缩量，使固有频率降低。凸台（或其他形体）的疏松直接影响隔振垫的技术性能。

（4）软木隔振

隔振用的软木与天然软木不同，它是用天然软木经高温、高压、蒸汽烘干和压缩成的板状和块状物。软木具有一定的弹性，但动态弹性模量与静态弹性模量不同，一般软木静态弹性模量约为 1.3MPa，动态弹性模量约为静态弹性模量的 2～3 倍。软木的静态压缩量中有一部分属于永久变形，即不是弹性变形。计算固有频率时，应扣除这一部分不可恢复的压缩量。软木隔振系统的固有频率一般可控制在 20～30Hz 范围内。软木承受的最佳载荷为 $(5～20)×10^4$Pa，阻尼比宜取 0.04～0.18 值，常用的总厚度为 5～15cm。软木的优点是质轻，耐腐蚀，保温性能好，加工方便等。但作为隔振基础的软木，由于厚度不宜太厚，固有频率较高，不宜于低频隔振。一般软木的隔振效果是随着晶粒粗细、软木层的厚度、载荷大小，以及结构形式不同而变化。

在工程实际中，人们常把软木切成小块，均匀布置在机器基座或混凝土底座下面，这样分成小块比整块隔振效果好。一般将软木切成 100mm×100mm 的小块，然后根据机器的总载荷求出所需的块数。如果机组的总载荷大，而软木承受压力一定会造成基座面小于所设计的软木面积，此时，可在机器底座下面附设混凝土板或钢板，以增大它的面积。为使软木隔振，保证最佳效果，需采取适当的防虫措施，避免遭水浸腐蚀。

（5）毛毡

玻璃纤维、矿渣棉和各毛毡类，均是良好的隔振材料。玻璃纤维和矿渣棉等，这类材料耐腐蚀，防火，弹性好，其性能不随温度而变化。主要适用于机器设备的隔振以及特殊建筑物基础的隔振。

玻璃棉或矿渣棉这类材料，容重为 800～1200N/m³，纤维直径约为 8～10μm，宜作隔振垫层；而容重小、纤维直径小的宜作吸声材料。如用酚醛树脂等黏结剂，把玻璃纤维或矿渣棉胶合板状，会使承载能力提高很大。常用的玻璃纤维板承载为$(1～2)×10^4$Pa，阻尼比为 0.04～0.07，自由状态的最佳厚度宜取 5～15cm 范围，隔振系统的固有频率为 5～10Hz。

实际应用时，可将纤维板或纤维毡切成小块 100mm×100mm，将若干小块分散放置；如采用玻璃纤维或矿渣棉，一般均匀地垫在机器底座下面。在这些隔振材料（板）上面，宜先用混凝土板或金属板覆盖，然后在板上安装机器。用酚醛树脂胶结的玻璃纤维板隔振，其承载能力随容重不同而不同，见表 2.26；表 2.27 列出了容重为 110kg/m³ 的矿渣棉毡板的性能参数，供设计时参考。

表 2.26　树脂-玻璃纤维毡板的性能

纤维板容量/(N/m³)	650	800	1100	1300	1450	1600	2000
承受压力/Pa	1450	2350	5000	7000	8800	11000	18000

表 2.27　矿渣棉毡板性能

毡板厚度/cm	载荷/Pa	压缩率/%	动态弹性模量/Pa	固有频率/Hz
10	$5×10^3$	40	$4.5×10^5$	15
	$2.5×10^3$	41	$2.56×10^5$	16
5	$2.5×10^3$	45	$1.5×10^5$	17.4
	$1.5×10^3$	42	$8.5×10^4$	16.9
2	$2.5×10^3$	52.5	$7.8×10^4$	19.9
	$1.5×10^3$	47.5	$4.4×10^4$	19.2

其他类毛毡应防腐、防虫，宜用油纸或塑料薄膜予以包裹，缝隙宜用沥青涂抹密封。

（6）软管隔振

在工厂车间的生产设备中，常见一些管道被用来输送高速气体、液体或颗粒物质。这些物质在流动中，对管壁产生冲击和摩擦，使管道振动并辐射噪声；同时，这些管道还与机械设备相连，机械设备运转也常引起管道振动。若管道振动强烈不仅会导致管道和支架疲劳破坏，还会引起墙体、楼板及建筑物的振动，伴有强烈的噪声。此外，当机械设备的基础采取隔振措施后，与机械相连的管道便会在原来振动的基础上增加颤动，因此，管道的隔振更加重要。

管道隔振通常是将机械设备与管道的刚性连接改为软连接而实现的。如果需要降低振动的管道的辐射噪声，则对管道实行包扎处理。

根据设备和要求的不同，常见下列三种软连接类型。

① 帆布软接管

帆布软接管常用在风机与风管的连接处，管长一般为 0.2～0.3m。实践证明，用该软管连接对降低风机沿管道传递振动是很有效的。

② 橡胶软接管

对于流速较大、压力高的输送管道，尤其输送有酸性或有毒气体，可使用橡胶软管。橡胶软管常用于水泵、压缩机、通风机进出管的连接，冷凝器循环管道、冷冻管道、化学品防腐管道、循环水道管的连接。橡胶软管长 0.3～0.6m，两端有金属法兰，可直接与设备及管道连接。工程实践已证明，橡胶软管不但能有效地削弱刚性管道的振动传递，而且由于胶管的减振，改善机械设备的运行状况，保证设备安全生产，降低噪声污染，避免建筑物发生共振等。

③ 不锈钢螺纹软接管

对于高压、高温的输气管道，上述的普通胶管及接头很难满足这些特殊要求。可采用不锈钢螺纹软接管，方能满足隔振及使用要求。

值得注意，上述采用胶管隔振对降低机房本身的噪声较小，但对降低相邻房间的噪声较明显，一般可取得 4～7dB 的减噪效果。

（7）复合隔振器

复合隔振器是兼顾钢弹簧和橡胶等隔振材料的优点而设计的，它具有钢弹簧的低频隔振性能，克服了阻尼太小、高频隔振性能差的特点；同时，利用橡胶阻尼较大，中高频隔振性能良好，来弥补固有频率较高、低频隔振性能较差的弱点。实践证明，复合隔振器具有良好的隔振效果。

图 2.53 为复合隔振器的一种典型设计结构。它把弹簧与橡胶两种隔振材料组合在一起，构造较复杂，一般适用隔振要求很高的场合。

在工程中，较实用的复合隔振器是以弹簧隔振为基础，采取适当措施增加一定的阻尼而完成。例如，在弹簧芯部填充阻尼材料，或在弹簧外面包敷一层橡胶，以增加阻尼。复合隔振器也可由弹簧与橡胶两类互相独立的隔振器，它的搭配形式为"并联"或"串联"。并联连接时，弹簧与橡胶的刚度要与分别承受的载荷成

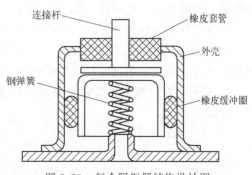

图 2.53　复合隔振器结构设计图

正比，即应使它们的压缩量保持相等。串联连接时，弹簧与橡胶垫的中心线处于同一竖直线上。

（8）空气弹簧

橡胶空气弹簧隔振器简称橡胶空气弹簧，其与前述的橡胶隔振器的作用原理完全不一样，橡胶隔振器是靠橡胶本体的弹性变形取得隔振效果，而橡胶空气弹簧是靠橡胶气囊中压缩空气的压力变化取得隔振效果。随着载荷的增加，橡胶空气弹簧的高度降低，内腔容积减小，压缩空气的压力增大，橡胶空气弹簧的刚度增大，使得其承载能力增加。当载荷减小时，弹簧的高度升高，内腔容积增大，压缩空气的压力减小，橡胶空气弹簧的刚度减小，使得其承载能力减小。此外，还可以通过增、减内腔中压缩空气的方法，调整弹簧的刚度和承载力；或可附设辅助气室，实现自控调节。从工作的固有频率、承载能力以及阻尼性能多方面比较，橡胶空气弹簧是一种优良的低频率隔振器，广泛应用于汽车、轨道交通、工业机械等行业中的产品隔振中，也用于精密仪器、精密机械以及冲压设备的隔振工程中。

空气弹簧隔振器的隔振效率高，固有频率低（在 1Hz 以下），而且具有黏性阻尼，因此，也能隔绝高频振动；弹簧软、安装高度低、水平稳定性好、承受载荷能力范围大，可用调节内压的方法来适应承受不同的载荷；若载荷变动的情况下，也能保持固有频率一定，它的原理结构如图 2.54 所示。

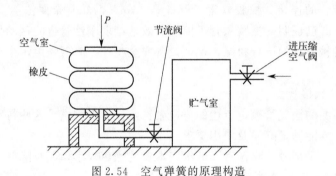

图 2.54　空气弹簧的原理构造

空气弹簧是在一个强度较高的橡胶腔内，用空气压缩机打进一定压力的空气，使它具有一定的弹性，它一般设有一定自动调节机构。当载荷改变时，可以自动调节橡胶腔内的压力，使机器保持稳定的静态下沉量。当载荷加大后，先形成一个加大的静态下沉量。此时，自动调节机构行程开关，立即使气泵向空气弹簧充气，从而加大刚度重新顶起来，恢复到原先的下沉量。如果载荷减少，则静态下沉量变小，空气弹簧高度变大，此时空气又自动从腔中跑出，就减小了它的刚度，结果又保持了原来的位置。

橡胶空气弹簧作为弹性元件用于机器及设备的隔振支承，有以下性能及优缺点。

① 橡胶空气弹簧可以提供很低的固有频率，一般小于 2Hz，甚至小于 1Hz，在低转速机器、冲击设备及精密仪器的隔振中是第一选择。

② 具有非线性特性，其特性曲线可根据实际需要进行设计，使其在额定载荷附近具有低的刚度值。

③ 可以通过改变空气弹簧的内压来改变承载能力，在结构上借助高度调节阀使弹簧保持一定的高度。

④ 阻尼性能好，隔离高频振动及隔声效果好。

⑤ 与橡胶隔振器一样，在横向与四周方向也有相应的弹性支承作用。

⑥ 如果采用一定的控制设备（如辅助气室），不但可以获得任意近似的非线性特性，而且还可以自动调节隔振系统的固有频率，获得最佳的隔振效果。

⑦ 具有较长的疲劳寿命。

当然，橡胶空气弹簧也有以下缺点：制作工艺复杂，价格昂贵；需要一套空气气动装置，这是其应用较少的一个重要原因。

与普通的钢制弹簧或橡胶垫相比，橡胶空气弹簧最突出的优点是它能在大载荷下呈现低刚度特性。

空气弹簧多用于火车、汽车和一些消极隔振的场合。目前，国外已付诸实践，国内也着手研制采用。但空气弹簧不足之处是它需要压缩气源及一套复杂的辅助系统，价格昂贵，并且荷载仅限于一个方向，因此，一般工程采用较少。

（9）防振沟

在振动传播的路径上挖沟，以隔绝振动的传播，这对于以地面传播表面波为主的振动来说，是很有效的，人们把这种以隔振为目的而设计的沟叫防振沟。一般来说，防振沟越深，隔振效果越好，而沟的宽度对隔振效果几乎没有影响。防振沟中以不填材料为佳，如果填些松散的锯末、膨胀珍珠岩等也是可以的。

图 2.55 是由试验得到的结果，沟的宽度取振动波长的 $1/20$，纵轴为沟后振幅 x_2 与沟前振幅 x_1 之比，横轴是为沟的深度 h 与波长 λ 之比。由图中看出，当沟的深度为振动波长的 $1/4$ 时，振幅减少 $1/2$；当沟深为波长的 $3/4$ 时，振幅减少 $1/3$，沟的深度再增加，不仅施工困难，同时隔振效果的提高也不够明显。

应该指出，振动在地表面传播速度与噪声在空气中传播的速度是不同的。表 2.28 列出了地表面传播振动的频率、波速与波长的关系。利用此表和图 2.55 就可大略地进行防振沟的设计。

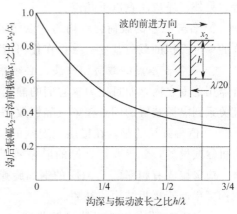

图 2.55　防振沟的隔振效果

表 2.28　振动频率、波速和波长的关系

振动频率/Hz	地表面波速/(m/s)	波长 λ/cm	振动频率/Hz	地表面波速/(m/s)	波长 λ/cm
10	140	1400	300	126	42.1
200	137	68.6	350	117	33.5
250	128	51.2			

（10）隔振元件选择原则

随着振动与噪声控制技术日渐为人们所重视，隔振支承的应用越来越普及了，但对于某一具体的隔离对象而言，特别是那些外形轮廓不规则、重心位置不易计算的机器设备，如何正确地设计弹性支承系统，如何选择隔振元件，设计人员感到难度较大。实际工作中常常发生由于隔振元件选择或布置不当而引起的许多麻烦，致使隔振装置达不到预期效果，有的甚至比不装隔振元件更坏。本节将有针对性地对隔振元件的选择问题作一扼要的介绍。

这里只讨论隔振支承，即隔振器、隔振垫及柔性接管等的选择问题，对于其他的隔振或控制元件，可参见有关的产品介绍。

隔振器、隔振垫及柔性接管等隔振元件的主要性能指标包括：固有频率（或刚度）、载荷范围、阻尼比、使用寿命等。

对于一个高质量的可靠的隔振系统弹性支承的设计，不但有理论问题，而更重要的是工程实践经验。

频率范围：为获得良好的隔振效果，隔振系统的固有频率与相应的激励频率之比应小于 $1/\sqrt{2}$（一般推荐 $1/4.5 \sim 1/2.5$）。

当固有频率 $f_0 \geqslant 20 \sim 30\mathrm{Hz}$，可用橡胶隔振垫及压缩型橡胶隔振器。

当固有频率 $f_0 = 2 \sim 10\mathrm{Hz}$，可选用钢螺旋弹簧隔振器、剪切型橡胶隔振器和复合隔振器。

当固有频率 $f_0 = 0.5 \sim 2\mathrm{Hz}$，可选用钢螺旋弹簧隔振器和空气弹簧隔振器。

静载荷与动载荷：隔振元件选择是否恰当，另一个重要因素是每一个隔振器或隔振垫的载荷是否合适，一般应使隔振元件所受到的静载荷为额定或最佳载荷的 90% 左右，动载荷与静载荷之和不超过其最大允许载荷。对于隔振垫，允许载荷或推荐载荷是指单位面积的载荷。另外，还应注意以下几点：

① 各隔振器的载荷力求均匀，以便采用相同型号的隔振器，对于隔振垫则要求各个部分的单位面积的载荷基本一致，在任何情况下，实际载荷不能超过最大允许载荷。

② 当各支承点的载荷相差甚大必须采用不同型号的隔振器时，应力求它们的载荷在各自需用范围之内，而且应力求它们的静变形一致，这不仅关系到机组隔振后振动的状况，而且关系到隔振装置的固有频率及隔振效果。

③ 值得强调的是，在楼层上安装的设备如风机、水泵、冷冻机以及其他振动扰力较大的机器或设备，要想取得良好的隔振效果，尤其是一些高级建筑及对噪声有特殊要求的场合，应选用固有频率低于 3Hz 的钢螺旋弹簧隔振器，以使隔振效率高于 95%，使隔振器的工作频率低于楼板结构的基频。

④ 在同一设备上选用的隔振器型号一般不超过两种，应考虑隔振器安装场所的温度、湿度、腐蚀等条件，这些直接影响隔振元件的寿命。

⑤ 对隔振元件的质量、尺寸、结构、价格以及安装的便利性等诸因素应作综合全面的考虑。

2.5.4 阻尼减振与阻尼材料

在工程中，常见一些动力机械的外罩、管道、船体、车体等，它们大多是金属薄板制成的，这些薄板受到激振后，能辐射出强烈的噪声。这类由金属薄板结构振动引起的噪声称为结构噪声。同时，这些薄板又将机械设备的噪声或气流噪声辐射出来。结构噪声的控制不宜采用隔声罩，因为隔声罩的壁壳受激振后也会辐射噪声。有时不但不起隔声作用，反而因为增加了噪声的辐射面积而使噪声变得强烈。

控制结构噪声一般有两种方法：第一种，在尽量减少噪声辐射面，去掉不必要的金属板面的基础上，利用材料阻尼，即在金属结构上涂喷一层阻尼材料，抑制结构振动减小噪声。这种措施称为阻尼减振。第二种则是非材料阻尼，如固体摩擦阻尼器、液体摩擦器、电磁阻尼器及吸振器等。

值得注意的是，阻尼减振与隔振在性质上是不同的，减振是在振动源上采取措施，直接减弱振动源；而隔振措施并不一定要求减弱振动源本身的振动，而只是把振动加以隔离，使振动不易传递到需要控制的部位。减振和隔振可同时应用，也可单独应用。

（1）阻尼减振原理

对于一般的金属材料，如钢、铝等，它们的固有阻尼都不大。阻尼减振降噪原理，一是增加材料自身的阻尼内耗机械振动的能量，转化为分子无规则运动的热能，以减少噪声的辐射；二是当仅靠材料自身的内耗，阻尼效果不够理想时，就采用外加阻尼层的办法。

前述金属薄板结构的振动，往往存在一系列的峰值，相应的噪声也具有与结构振动一样的频率谱，即噪声也有一系列峰值，每个峰值频率对应一个结构共振频率。当在薄板涂上阻尼材料后，共振结构峰值明显减弱，如图 2.56 所示。

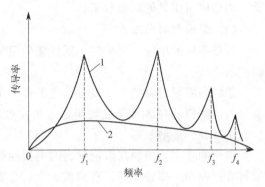

图 2.56　阻尼降低结构共振
1—无阻尼结构；2—有阻尼结构

图中结构共振具有 4 个共振频率，传导率出现峰值。涂上阻尼材料后，传导率不再出现峰值。所谓传导率为结构的振动振幅与激振力的比值。

阻尼材料之所以能够减弱振动、降低噪声的辐射，主要是利用材料内损耗的原理。当涂上阻尼材料的金属板面做弯曲振动时，阻尼层也随之振动、拉压交替变化，材料内部分子相互挤压、相互摩擦、相对位移和错动，使振动能量转化为热能而耗散掉。同时，加阻尼材料可缩短被激振的时间，从而降低金属板辐射噪声的能量，达到减振降噪的目的。

（2）损耗因子

衡量材料阻尼大小，用材料损耗因子 η 来表征，它不仅作为对材料内部阻尼的量度，而且也是涂层与金属薄板复合系统的阻尼特性的量度。同时，η 与薄板的固有振动、在单位时间内转变为热能而散失的部分振动能量成正比。η 值越大，则单位时间内损耗振动的能量越多，减振阻尼效果就越好。

不同的材料具有不同的内阻尼。大多数材料在常温下，在噪声干扰的主要频率为 $30\sim500\mathrm{Hz}$ 范围内，η 近似为常数。大多数金属 η 介于 $10^{-5}\sim10^{-4}$ 之间，木材为 $10^{-3}\sim10^{-2}$，软橡胶为 $10^{-2}\sim10^{-1}$，常用材料的损耗因子 η 值，见表 2.29。

表 2.29　常用材料的损耗因子 η 值

材料	损耗因子 η	材料	损耗因子 η
铅	10^{-4}	砖	$1\times10^{-2}\sim2\times10^{-2}$
铜	2×10^{-3}	石块	$5\times10^{-3}\sim7\times10^{-3}$
钢（铁）	$1\times10^{-4}\sim6\times10^{-4}$	木	$0.8\times10^{-2}\sim1\times10^{-2}$
锡	2×10^{-3}	胶合板	$1\times10^{-2}\sim1.3\times10^{-2}$
锌	3×10^{-4}	木纤维板	$1\times10^{-2}\sim3\times10^{-2}$
镁	10^{-4}	干砂	$0.6\sim0.12$
铝	$0.5\times10^{-3}\sim2\times10^{-3}$	软干	$0.13\sim0.17$
玻璃	$0.6\times10^{-3}\sim2\times10^{-3}$	有机玻璃	$2\times10^{-2}\sim4\times10^{-2}$

对于阻尼因子 η 较大的金属又常称为减振合金。如片状石墨铸铁、Al-Zn 合金、Fe-Cr-Al 合金、Fe-Mo 合金、Mg-Zr 合金、Mn-Cu-Al 合金等，它们的力学性能、使用温度范围不同，在使用中应考虑其综合特点，以取得最佳减振效果。这些阻尼较大的金属可直接作为结构材料，来代替机械中振动和发生强烈的部件。在印刷机械、制钉机、织布机、钢锉机等机器上均已取得明显的减振效果。

（3）阻尼材料及配方

根据不同的用途，可配制不同性能的阻尼材料。阻尼材料是由基料、填料和溶剂三部分制成的。

基料是阻尼材料的主要成分。它的作用是使组成阻尼材料的各种成分进行黏合，并黏合金属板，基料的好坏对阻尼效果起着决定性的作用。常用基料有沥青、氯丁橡胶、丁腈橡胶、丁基胶、烯酸酯等。

填料的作用是增加高阻尼材料的内损耗能力和减少基料的用量，降低经济成本。常用的填料有石棉粉、膨胀蛭石、石棉绒、生石膏等。

溶剂的作用是溶解基料。常见的有胺焦油、熟桐油、醇酸树脂、硬脂酸、醋酸乙酯等。

目前，国内研制了不同品种的阻尼材料，表 2.30 列出了部分阻尼材料的损耗因子 η 值。

表 2.30　部分阻尼材料的 η 值

名称	厚度/mm	损耗因子 η
石棉漆	3	3.5×10^{-2}
硅石阻尼浆	4	1.4×10^{-2}
石棉沥青膏	2.5	1.35×10^{-2}
聚氯乙烯胶泥	3	9.25×10^{-3}
软木纸	1.5	3.1×10^{-3}

常用的几种阻尼材料的配方及使用条件如下：

① 防振隔热阻尼浆

该阻尼浆适用于高温、潮湿等环境，配方见表 2.31。

表 2.31　防振隔热阻尼浆的成分

序号	材料成分及规格	质量分数/%	序号	材料成分及规格	质量分数/%
1	30%氯丁橡胶液	60	6	1~5mm 膨胀蛭石	8
2	420 环氧树脂	2	7	石棉粉	6
3	胡麻油醇酸树脂	4	8	2%萘酸、钴液	0.6
4	膨胀珍珠岩	8	9	15%萘酸、钴液	0.8
5	0.3~2mm 细膨胀蛭石	10	10	萘酸、锰液	0.6

② 软木防振隔热阻尼浆

这种阻尼浆材料成本较低，制作方便，与钢板黏合较牢固，可在 80~150℃的温度下使用。在 100℃时损耗因子最大，其阻尼性能最好；当温度升至 200℃时，阻尼性能下降。它的配方见表 2.32。

表 2.32　软木防振隔热阻尼浆的成分

序号	材料成分及规格	质量分数/%	序号	材料成分及规格	质量分数/%
1	厚白漆	20	4	软木粉（粒度：4mm）	13
2	光油	13	5	松香水	4
3	生石膏	23	6	水	27

③ 沥青阻尼浆

沥青阻尼浆应用最广泛，是一种经济、实用的阻尼材料，与金属板黏合牢固，有防锈、防水的能力。缺点是涂粘工艺上有困难。

沥青阻尼浆制作过程为：将沥青与桐油同时加热成稀粥状，至 250～300℃，保温 3～4h，再降温至 200℃以下，然后加入蓖麻油，继续降温至 60～80℃时加入胺焦油。边搅拌边逐量加入混合，使温度降至 20～30℃，此时，加入汽油稀释，再加石棉绒，搅拌均匀便制成沥青阻尼浆。沥青阻尼浆的成分见表 2.33。

表 2.33　沥青阻尼浆的成分

序号	材料成分	质量分数/%	序号	材料成分	质量分数/%
1	沥青	57	4	蓖麻油	4
2	胺焦油	23.5	5	石棉绒	14
3	熟桐油	4	6	汽油	适量

④ 丁腈胶与丁基胶阻尼配方

丁腈胶、丁基胶体系阻尼材料质量轻，性能良好；适用于精密仪器及设备，其丁腈胶、丁基胶体系的配方分别见表 2.34 和表 2.35。

表 2.34　丁腈胶体系的配方

原材料名称	1	2	3	4	5
丁腈 40	100	100	—	100	100
丁腈 26	—	—	100	—	—
氧化锌	5	5	5	5	5
硬脂酸	0.5	0.5	0.5	0.5	0.5
促进剂 TMTD	3	3	3	3	3
硫黄	0.5	0.5	0.5	0.5	0.5
2123 酚醛树脂	15	35	35	35	35
黏合剂 A	0.3	0.7	0.7	0.7	0.7
邻苯二甲酸二丁酯	10	15	15	25	—
混气炭黑	5	5	5	5	5
4010	1.5	1.5	1.5	1.5	1.5

表 2.35　丁基胶体系的配方

原材料名称	1	2	3	4	5
丁胶 301（国产）	100	100	100	—	—
氯化丁基胶 1063	—	—	—	100	100
硬脂酸	0.5	0.2	5	0.5	0.5
氧化锌	5	2	5	2	2
促进剂 TMTD	3	—	—	3	—
硫黄	0.5	—	—	0.5	—
4010	1.5	—	1	1	0.5
SP1055 树脂	—	40	240	—	20

（4）阻尼层结构

由于大多数金属材料的阻尼损耗因子较小，金属构件自由振动时衰减得很慢，为此，人们采用外加阻尼材料来抑制结构振动，提高结构的抗振性、稳定性，从而得到降低噪声的阻尼结构。

一般阻尼结构可分为自由阻尼层结构和约束阻尼层结构。

① 自由阻尼层结构

自由阻尼层结构是将黏弹性阻尼材料牢固地粘贴或涂抹在作为振动构件的金属薄板的一面或两面。金属薄板为基层板，阻尼材料形成阻尼层，如图 2.57 所示。从图看出，当基层板作弯曲振动时，板和阻尼层自由压缩和拉伸，阻尼层将损耗较大的振动能量，从而使振动减弱。

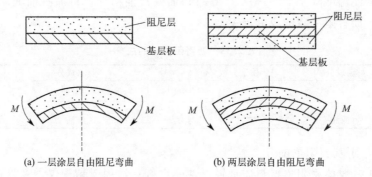

(a) 一层涂层自由阻尼弯曲　　　　　　(b) 两层涂层自由阻尼弯曲

图 2.57　自由阻尼层结构

自由阻尼层结构的损耗因子与阻尼层的厚度等因素的关系可用下式近似表示：

$$\eta = 14\left(\frac{\eta_2 E_1}{E_2}\right)\left(\frac{d_2}{d_1}\right)^2 \qquad (2\text{-}66)$$

式中　η——基层板与阻尼层组合的损耗因子；

　　　η_2——阻尼材料的损耗因子；

　　　E_1——基层板的弹性模量，Pa；

　　　E_2——阻尼材料的弹性模量，Pa；

　　　d_1——基层板的厚度，mm；

　　　d_2——阻尼材料层的厚度，mm。

由上式可以看出，损耗因子与相对厚度 d_2/d_1 的平方成正比；d_2/d_1 的比值一般取 2～4 为宜。比值过小，达不到应有的阻尼效果；比值过大，阻尼效果增加不明显，会造成阻尼材料的浪费。从实验研究中发现，对于薄金属板，厚度在 3mm 以下，可达到明显的减振降噪效果；对于厚度在 5mm 以上的金属板，减振降噪效果则不够明显，还造成阻尼材料的浪费。因此，阻尼减振降噪措施一般仅适用降低薄板的振动与发声结构。这种阻尼结构措施，涂层工艺简单，取材方便。但阻尼层较厚，外观不够理想。一般用于管道包扎、消声器及隔声设备易振动的结构上。

② 具有间隔层的自由阻尼层结构

为了进一步增加阻尼层的拉伸与压缩，可在基层板与阻尼层之间再增加一层能承受较大剪切力的间隔层。增加层通常设计成蜂窝结构，它可以是黏弹性材料，也可以是类似玻璃纤维那样依靠库仑摩擦产生阻尼的纤维材料。增加层的底部与基层板牢固黏合，而顶部与阻尼层牢固黏合。其结构见图 2.58。

③ 约束阻尼层结构

若将阻尼层牢固地粘贴在基层金属板后，再在阻尼层上部牢固地黏合刚度较大的约束层（通常是金属板），这种结构称为约束阻尼层结构，见图 2.59。图中，当结构基层板发生弯曲变形时，约束层相应弯曲与基层板保持平行，它的长度仍几乎保持不变。此时阻尼层下部将受压缩，而上部受到拉伸，即相当于基层板相对于约束层产生滑移运动，阻尼层产生剪应变力，不断往复变化，从而消耗机械振动能量。

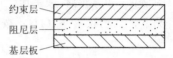
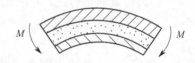
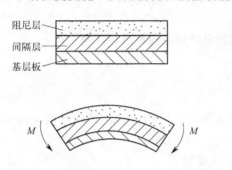

图 2.58　具有间隔层的自由阻尼层结构　　图 2.59　约束阻尼层结构

约束阻尼层结构与自由阻尼层结构不同，它们的运动形式不同，约束阻尼层结构可以提高机械振动能量的消耗。

一般选用的约束层是与基层板的材料相同、厚度相等的对称型结构；也可选择约束层厚度仅为基层板的 0.25~0.5 的结构。

④ 复合阻尼层结构

除了上述介绍的几种阻尼结构外，复合阻尼结构也在减振降噪工程结构中开始应用，它是用薄黏弹性材料将几层金属板黏结在一起的具有高阻尼特性，并保持金属板强度的约束阻尼层结构。阻尼层厚度约为 0.1mm，在常温和高温（80~100℃）下具有良好的阻尼特性；它对振动能量的耗散，从一般普通弹性形变做功的损耗，提高为高弹性形变的做功损耗，使形变滞后应力的程度增加。另外，这种约束阻尼结构，在受激振时，其层间形成剪应力和剪应变远远大于自由阻尼结构拉压变形所耗散的能量，损耗因子一般在 0.3 以上，最大峰值可达 0.85，并且具有宽频带控制特性，在很大的频率范围内起到抑制峰值的作用。

复合阻尼层结构常见为 2~5 层；基层板常选用不锈钢、耐摩擦钢。复合阻尼层结构早期应用于宇航、军工，现已应用于普通工程机械中，如电动机机壳、空压机机壳、凿岩机内衬、隔声罩及消声器钢板结构等。实践证明，减振降噪效果良好。上述几种阻尼结构的实施，要充分保证阻尼层与基层板的牢固黏结，防止开裂、脱皮等。如形成"两层皮"，再好的阻尼材料，也不会收到好的减振降噪效果。同时，还应考虑阻尼结构的使用条件，如防燃、防油、防腐蚀、隔热等方面的要求。

2.5.5　机械设备隔振设计要点

一般机械设备的隔振设计，可按一个自由度的情况计算，即只计算一个方向的振动与传递，而不必像设计重型机械或精密设备那样按六个自由度计算。本节扼要介绍机械设备振动隔离的设计要点。

本节涉及的机械设备主要是用于工业及民用建筑工程中的风机、水泵、冷水机组、空调机组、冷却塔、变压器等公用设备，未包括汽车、地铁车辆及船舶等交通系统的设备。

（1）振动扰力分析

首先要分清是积极隔振还是消极隔振。如果是积极隔振，则要调查或分析机械设备最强烈的扰动力或力矩的方向、频率及幅值；如果是消极隔振，则要调查所在环境的振动优势频率、基础的振幅及方向。

这里仅介绍旋转机械振动扰力（不平衡力）的估算及分析方法，对于往复式机器与冲击机器扰动力的估算，可查阅有关手册。

一般情况下，扰动频率 f（Hz）按旋转机械的最低额定转速进行计算，即：

$$f=\frac{n}{60} \tag{2-67}$$

式中 n——最低或额定转速，r/min。

若由于特殊原因不能按最低转速或额定转速确定时，可靠的方法是现场测定扰动力的频率。

扰动力幅值 F_0 一般应由制造厂提供，或按下式计算：

$$F_0=m_0 r\left(\frac{2\pi n}{60}\right)^2\times 10^{-3} \tag{2-68}$$

式中 F_0——旋转机器的振动力幅值，N；

m_0——设备主要旋转部件的质量，kg；

r——旋转部件的重心偏心距，cm；

n——机器的最低转速或额定转速，r/min。

常用风机、泵及电机的旋转部件的重心偏心距一般为 0.01～0.1cm，也可查有关手册，或者采取保守的方法，令 $r=0.1$cm，但是对于未作动平衡甚至未作静平衡的质量不佳风机及泵，以上估算方法不适用，也就是说，扰动力的幅值 F_0 要大得多。

扰动力方向，一般说，扰动力的方向垂直于旋转轴，即扰动力是一个旋转矢量，不平衡力旋转的结果是形成垂向与水平两个方向的扰动力。

（2）隔振系统的固有频率与传递率（隔振效率）

隔振系统的固有频率应根据设计要求，由所需的振动传递率或隔振效率来确定，各类机器在不同场合时振动传递率推荐值可参考表2.36。对于消极隔振，可根据设备对振动的具体要求及环境振动的恶劣程度确定消极隔振系数。

表 2.36　机械设备隔振系统振动传递率的推荐值

机器功率/kW	按机器功率分类		
	振动传递率 T/%		
	底层	二层以上（重型结构）	二层以上（轻型结构）
≤7	只考虑隔声	20	10
10～20	50	15	7
27～54	20	10	5
≤7	只考虑隔声	20	10
10～20	50	15	7
27～54	20	10	5
68～136	10	5	2.5
136～400	5	3	1.5

按机器种类分类		
机器种类	振动传递率 $T/\%$	
	地下室、工厂底层	二楼以上
泵	20~30	5~10
往复式冷冻机	20~30	5~15
密封式冷冻设备	30	10
离心式冷冻机	15	5
通风机	30	10
管路系统	30	5~10
引擎发电机	20	10
冷却塔	30	15~20
冷凝器	30	20
换气装置	30	20
空气调节设备	30	20
按建筑物用途分类		
场所	示例	振动传递率 $T_o/\%$
只考虑隔声	工厂,地下室,仓库,车库	80
一般场所	办公室,商店,食堂	10~20
需注意的场所	旅馆,医院,学校,教室	5~10
需特别注意的场所	播音室,音乐厅,宾馆	1~5

注：此表一般适用于转速大于 500r/min 的机械设备。

系统的固有频率 f_0 与扰动频率 f 的比值 f_0/f，原则上应在以下范围：f_0/f 应小于 $1/4.5 \sim 1/2.5$，当这一条件无法满足时，应力求使 f_0 至少被控制在 f 的 71% 以下，即 $f_0 < f/\sqrt{2}$。

（3）机组的允许振动

精密的设备及仪器，其允许振动的指标在出厂说明书或技术要求中可以查到，这是保证设备正常运转的必要条件，应在设计隔振系统时给以确保。一般机械隔振后机组的允许振动，推荐用 10mm/s 的振动速度为控制值；对于小型机器可用 $3.8 \sim 6.3$ mm/s 的振动速度为控制值。因为机器隔振之后，其振幅或振速可能要超过没有隔振的情况，即超过机器直接固定在基础上的情况。

关于振动速度与振幅的关系，如果是单一频率的周期振动，可按下式进行换算：

$$v_0 = x_0 2\pi f \tag{2-69}$$

式中　v_0——振动速度幅值，mm/s；

　　　x_0——位移幅值，mm；

　　　f——振动频率。

对于消极隔振，应按设备的振动要求来设计隔振系统，请特别注意分清设备给定的允许振动是用振速还是用振幅表示的，因为两者的处理方法是不一样的。

对于转速低于 500r/min 并具有较大的水平方向扰力的机器的隔振，如活塞压缩机，隔振系统的设计要比较谨慎。

（4）隔振台的设计（附加质量）

一般机械的隔振系统设计，往往是将电动机或发动机与工作机器共同安装在一个有足够刚度和一定质量的隔振底座即隔振台上，隔振底座的质量就称为附加质量，这个附加质量一般为机组质量的若干倍。采用附加质量有以下好处：

① 使隔振器受力均匀，设备振幅得到控制；

② 减少因机器设备重心位置的计算误差所产生的不利影响；

③ 使系统重心位置降低，增加系统的稳定性；

④ 提高系统的回转刚度，减少其他外力引起的设备倾斜；

⑤ 防止机器通过共振转速时的振幅过大；

⑥ 作为一个局部能量吸收器，以防止噪声直接传给基础。

隔振台可采用钢结构、混凝土结构或钢结构与混凝土混合结构，主要的考虑因素：质量、体积、整体强度、局部强度及系统的安装问题，在安装空间允许的条件下，隔振台的长宽尺寸设计得大一些是很有利的。

（5）隔振元件的布置

在设计隔振元件布置时，应注意以下几点：①隔振元件受力均匀，静压缩量基本一致；②尽可能提高支承面的位置，以改善机组的稳定性能；③同一台机组隔振系统应尽可能采用相同型号的隔振元件；④在计算隔振元件分布及受力时，应注意利用机组的对称性。

一些专著中较详细地阐述了每个隔振元件的布置位置的计算，但实际上由于机器的重心位置很难确定而使这一计算无法进行，或者提供的重心位置的精确度不够也使这一计算失去意义。建议把隔振元件的安装位置设计成可调节的，也就是说在安装时可以设法使隔振元件的布置位置适当调节即水平方向移动，使隔振元件的压缩量基本一致，减少机器的摇晃和不稳，确保隔振效果和机器的稳定性。

（6）启动与停车

在积极隔振系统中，机械设备的启动与停车过程中转速要通过支承系统的固有频率的共振区，容易引起机组瞬时振幅过大，因此频繁启动的机械设备的隔振系统，应考虑安装阻尼器或选用阻尼性能好的隔振器。

（7）其他部件的柔性连接与固定

在积极隔振中，机器隔振后机组的振幅有所增加，因此机组的所有管道、动力线及仪表导线等在隔振底座上下间的连接应是柔性的，以防止损坏。大多数管道的柔性接管由橡胶或塑料帆布制成，在温度较高或有化学腐蚀剂的场合可采用金属波纹管或聚四氟乙烯波纹管；电源动力线可采用 U 形或弹簧形的盘绕；凡在隔振底座上的部件应得到很好的固定。柔性接管之外的管道应采用弹性支承，不应把管道的质量压在柔性接管上，管道过墙或过楼板应加弹性垫，这不仅是隔振的需要，也是隔声的需要。

总之，隔振系统的正确设计，不仅需要正确的振动隔离理论，也需要机械方面的综合知识及工程经验。

2.5.6 常用机械设备隔振设计

（1）水泵

现代建筑中有三种用途的水泵，即生活水泵、空调系统的循环水泵和消防水泵。这些水泵大多数安装在地下层的水泵房中，在高层和超高层建筑中避难层的设备用房中也可能布置一些水泵，有的循环水泵就与冷却塔共同布置在建筑物的屋面上。这三种类型的水泵都是离心水泵，其流量、扬程、装机功率及转速都不一致，总体上看，建筑物越高，水泵的扬程及装机功率都比较大，一些高扬程的水泵转速为 2900r/min，进出管道的管径和使用水压都比较高。除了消防水泵平时保持待机状态，其他的水泵基本上是昼夜运行，大多数水泵是单级或多级的卧式离心水泵，水泵的泵体和电动机是共同安装在铸铁的底座上。

水泵运行产生的振动扰力主要来自于水泵的叶轮高速旋转的离心力，其振动的主要频率应是不平衡离心力的振动频率，即 $f=n/60$（Hz），n 是水泵的转速（r/min），水泵隔振应针对这一频率的振动。

水泵的振动扰力（含固体噪声）将通过水泵的基础、进出管道及管道支承向建筑结构传递，成为影响现代建筑内声环境质量的主要公用设备。

水泵机组的隔振应尽可能采用混凝土隔振台，隔振台的质量应大于水泵和电动机的运行总质量，应选用低频弹簧隔振器，如果水泵安装在楼层上下毗邻噪声敏感房间（如客房、会议室及办公室等），隔振器的工作频率应低于 2.5Hz，其他场合隔振器的工作频率应低于 3.5Hz，隔振器上下支承面应设有橡胶垫。水泵进出的管道应安装橡胶柔性接管并采用弹性支承，即管道的吊支架用吊式隔振器或弹簧隔振器隔振，水泵进出管道的第一个支承最好设一个混凝土隔振台，管道坐落在隔振台上，隔振台用隔振器支承。现代建筑中的水泵不应采用橡胶隔振垫进行隔振。

（2）风机

现代建筑中有两种用途的风机，即送风机和排风机。空调系统的新风机组是送风机，排风机用于空调系统的排风（含排烟）中，也用于厨房、地下停车库及各功能机房的排风中，多数风机是安装在各楼层的风机房中，但厨房的排风机一般是布置在建筑物的屋面上。在室内安装的空调机组实际上是带冷热交换器的送风机组，风机盘管是比较特殊的小型风机。

总体上看，这些风机大多数是中低压风机，有的是离心风机，也有不少风机是轴流风机或混流风机，除了排烟风机平时不运行，其他的风机基本上是昼夜运行。

不管是离心风机还是轴流风机，风机运行产生的振动扰力主要来自于叶轮高速旋转的离心力，其振动的主要频率应是不平衡离心力的振动频率，即 $f=n/60$（Hz），n 是风机的转速（r/min），风机隔振应针对这一频率的振动。风机的振动扰力（含固体噪声）主要通过风机的基础建筑结构传递，成为影响现代建筑内声环境质量的主要公用设备。

风机的隔振可采用钢结构隔振台，隔振台的质量宜大于风机和电动机的运行总质量，应选用低频弹簧隔振器，如果风机安装楼层上下毗邻噪声敏感房间，隔振器的工作频率应低于 2.5Hz，其他场合隔振器的工作频率应低于 3.0Hz，隔振器上下支承面应设有橡胶垫。风机进出的风管应安装柔性接管并采用弹性支承，即管道的吊支架用吊式隔振器或弹簧隔振器隔振。轴流风机及混流风机可以采用隔振器支承在楼面上，也可以用吊式隔振器吊装在上一层的楼层结构上。

风机不宜采用橡胶隔振垫隔振，轴流风机可采用钢隔振台方式进行隔振，也可以采用吊式隔振器进行隔振。

（3）冷水机组

现代建筑都采用离心式或螺杆式冷水机组作为建筑空调系统的冷源，这两类冷水机组的装机功率都比较大，机组的外形和体积都比较大，一般在机组的两端各有一个厚钢板的底座，冷水进出管道和冷却水进出管道与机组的一个端面连接，冷水管道及冷却水管道还与冷水及冷却水循环水泵连接，冷水机组的运行质量都超过 10t。冷水机组一般布置在地下层的冷冻机房内。

冷水机组运行产生的振动扰力主要来自于制冷压缩机的运转，由于离心式或螺杆式压缩机的转速很高，因此冷水机组的振动频率大于50Hz。

冷水机组的振动扰力（含固体噪声）将通过机组的基础、进出管道及管道支承向建筑结构传递，成为影响现代建筑内声环境质量的主要公用设备。

冷水机组的隔振可利用机组两端钢板底座安装隔振器，因为机组有较大的质量，可不设隔振台，应选用低频弹簧隔振器，如果冷水机组安装楼层上下毗邻噪声敏感房间，隔振器的工作频率应低于2.5Hz，其他场合隔振器的工作频率应低于3.5Hz，隔振器上下支承面应设有橡胶垫。冷水机组的进出管道应安装橡胶柔性接管，管道的吊支架用吊式隔振器或弹簧隔振器隔振，第一个管道支承宜设一个小型的混凝土隔振台，隔振台用弹簧隔振器支承，管道坐落在隔振台上。冷水机组采用橡胶隔振垫隔振达不到应有的隔振效果。

（4）风冷式热泵

许多现代建筑采用多台风冷式热泵（冷热两用）为空调系统的冷热源，热泵一般安装在建筑物的屋面，露天安装是基于热泵的排风散热。热泵的外形尺寸与热泵的制冷量有关，热泵的宽度一般为2.2m，高度也约为2.3m，长度6～10m不等，运行质量也比较大。热泵的顶部安装多台轴流排风机，制冷压缩机在热泵的底部或一端的壳体内。热泵的运行产生的振动扰力来自制冷压缩机和轴流排风机。多数热泵采用的是离心式压缩机或螺杆式压缩机，压缩机的转速较高，产生的振动扰力频率也较高，但顶部多台轴流排风机的转速一般为960r/min，振动扰力的频率为16Hz。

热泵的隔振可利用在热泵槽钢底座下直接安装隔振器，因为机组有较大的质量，可不设隔振台，应选用低频弹簧隔振器，如果建筑物屋面下一层是功能性用房，隔振器的工作频率应低于2.5Hz，隔振器上下支承面应设有橡胶垫。热泵的进出管道应安装橡胶柔性接管，管道的吊支架用吊式隔振器或弹簧隔振器隔振，第一个管道支承宜设一个小型的混凝土隔振台，隔振台用弹簧隔振器支承，管道坐落在隔振台上。安装在屋面上的风冷式热泵采用橡胶隔振垫隔振效果不佳。

（5）电力变压器

安装在现代建筑物内的变压器一般为干式变压器，35kV和10kV级，35kV变压器一般安装在地下室的变电所内，10kV变压器有可能安装在地下室，也有可能安装在避难层内。电力变压器由3相铁芯和绕组组成，具有较大的质量，3相铁芯和绕组支承在型钢制成的底座上。

电力变压器运行中产生的振动扰力频率为100Hz，是铁芯受磁场变化产生的电磁振动。变压器隔振的设计原则：变压器的隔振可利用在型钢底座安装隔振器，因为变压器有较大的质量，可不设隔振台；选用低频弹簧隔振器，隔振器的工作频率低于2.5～3.5Hz，隔振器上下支承面应设有橡胶垫。变压器的进出电缆不宜绷得很紧，可留有一定的弹性，比如盘成U形或S形。

第三章

油气田主要噪声源及其特性

随着石油天然气的大力发展，油气田开发过程中引起的噪声问题备受关注，噪声作为污染源之一，主要引起环境污染、职业健康危害、影响设备运行性能等问题。油气田噪声主要由油气开采、生产、输送等设备，如注水泵、压缩机、空冷器、风机等产生，这些高噪声设备分布于井场、注水泵站、集气站、天然气处理厂、天然气净化厂、储气库、增压站等，噪声源强集中在90~110dB，且噪声以中低频为主。高噪声设备严重影响场站工作人员的工作和生活，同时对环境造成一定程度的影响。

3.1 注水泵站噪声

注水开发是油田保证油井稳定生产的主要措施之一，注水泵房是油田注水开采生产的重要设施。但注水泵产生的噪声却在相当程度上危害着一线员工的身心健康。注水泵房内注水系统一般由注水泵机组、润滑油泵机组、冷却水泵机组及若干注水管线组成。当设备运转时，泵机组噪声和管道振动噪声交织在一起，形成了以低频为主的宽频带噪声。声源主要是注水泵、增压泵、外输泵及配用电机发出的噪声，其噪声等效声级为100dB（A）左右，频率在300~4000Hz时，噪声值较高，其频谱段较宽。

通常注水泵站厂区内的噪声源分布在室内和室外两处，室内注水泵房围护结构采用实心砖砌墙，单层铝合金门窗。室外注水泵布置于敞开式的钢结构中，上方设有彩钢顶棚，四周无围护结构。由于室内泵房墙面和顶棚无吸声处理，混响声叠加严重，因此室内噪声值高达90dB（A）以上。室外泵组周围无隔挡，噪声辐射范围非常广，对厂区、厂界及周围声环境造成较大影响，是注水泵站噪声治理的重点和难点。图3.1为油气田注水泵站的现场照片。

3.1.1 注水泵站噪声概况

通过对注水泵站内的噪声源进行了解，发现其噪声具有以下特点：噪声源多，分布广；噪声频带宽，大多呈现在中频段，远传能量强。从噪声发生的机理上分析，注水泵房噪声源主要如下：

图 3.1　注水泵站噪声源

(1) 电磁噪声

电机在运行中定子、转子之间的气隙有电磁力作用，而且有脉冲的电磁波产生。其电磁力使定子铁心磁轭伸缩产生振动变形，电磁噪声的大小与电机功率、转速密切相关，大功率电机的电磁噪声占相当大的比例，其频率范围为 $500 \sim 1000 \mathrm{Hz}$。

(2) 泵的噪声

注水泵是液体传输系统中的动力源，它能产生两类噪声，一类是液体动力性噪声，另一类是机械噪声。注水泵工作时，连续出现动力压强脉冲，从而激发泵体和管路系统的阀门、管道等部件振动，由此而辐射噪声。泵的机械噪声，是由于泵体内传递压力的不平衡运动形成部件间的冲击力和摩擦力，从而引起结构振动而发声。

(3) 管路噪声

对于圆管内的流动，当雷诺数 $Re < 2300$ 时，流动总是层流；$Re > 4000$ 时，流动一般为湍流；其间为过渡区，流动可能是层流，也可能是湍流，取决于外界条件。站内绝大多数管路的流体均处于湍流状态，当管路具有不规则形状或不光滑表面时，就与这些阻碍流体通过的部分相互作用，产生噪声。

(4) 阀门噪声

阀门是流体传输管道中影响最大的噪声源。流体通过阀门时，经调节阀节流孔后速度激增而压力突降，当阀前阀后的压降差达到一定数值时，就会形成阀门噪声。阀门处产生的噪声会随着流体流动和管壁传递，因此阀门噪声应该从源头处降低。

3.1.2　注水泵站噪声特性

图 3.2 为油气田包括注水泵房室内/室外、集气站、天然气处理厂等多个测点的平均声压级。对比噪声数据，除了室外注水泵以外，其他室内机房平均等效 A 声级均在 90dB（A）以上，其中最高的是集气站压缩机房，高达 95dB（A）。即便是声压级最低的室外注水泵的声压级也达到 88dB（A）。根据《工作场所有害因素职业接触限值 第 2 部分：物理因素》（GBZ 2.2—2007）中的规定，考虑到油气田设备基本为稳态噪声情况，因此噪声职业接触限值为 85dB（A）。由此可见，目前油气田注水泵站的噪声限值超过我国现行规范的要求，针对不同的噪声源，所需的降噪量不同，室内注水泵房的降噪量至少需达到 7dB（A）。

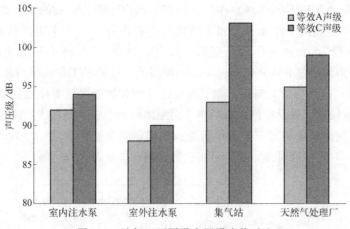

图 3.2　油气田不同噪声源噪声值对比

如图 3.2 所示，油气田不同噪声源测量所得 C 声级均高于 A 声级，从而表明水噪声频谱中有较强的低频成分。其中注水泵房 A 声级与 C 声级的差距约为 2～4dB，而集气站压缩机房内 A 声级和 C 声级的差距约为 10dB。

图 3.3 为油气田注水泵（室内）噪声源的噪声频谱图。

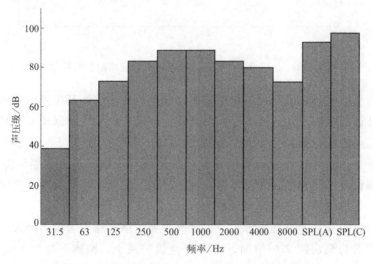

图 3.3　油气田注水泵（室内）噪声源的噪声频谱

从图 3.3 的频谱可以看出，注水泵房的噪声属于宽频噪声，噪声声能分布于 500～1000kHz 之间。对于注水泵房而言，泵房中虽然存在多个设备，但是设备类型较为单一，其频率特性也极为接近，因而在总体声级上表现出明显的波峰。对于压缩机房而言，其频谱上的声能分布相比更加均匀，没有明显的波峰与波谷，这很可能是由于集气站压缩机房中存在多种设备同时运行，而其噪声频率特性各不相同，因此总体噪声表现出较为均匀的频谱分布，这是注水泵站噪声与集气站压缩机房噪声的显著特点。

3.1.3　注水泵噪声传播特性

在制定降噪方案之前，不仅要了解声源的噪声频谱特性，还要掌握分析噪声的传播特性。图 3.4 为实测油气田不同噪声源在厂区内部，噪声随距离衰减的实测数据。首先可以看到围护结构的隔声性能对于注水泵房和压缩机房的噪声有极大的作用。邻近注水泵/压缩机房的位置上（3m 处），除室内注水泵房形式以外，其他泵房/机房所造成的声压级均高于80dB（A），这一声级远超非噪声工作区域的噪声限值，接近于工作接触所容许噪声限值 85dB（A）。由于油气田厂区往往较为简单，除了办公建筑和其他管道设备外无其他建筑物，因此噪声在厂区内的衰减较慢。假设厂区内非噪声用房距离声源 20m（测试中厂区距离声源最近用房的均值），可以看到注水泵房与压缩机房所造成的噪声级分别为 63dB（A）、75dB（A）、77dB（A）、80dB（A），对比标准可知，这一声级已远远超过非噪声工作区域的噪声限值。

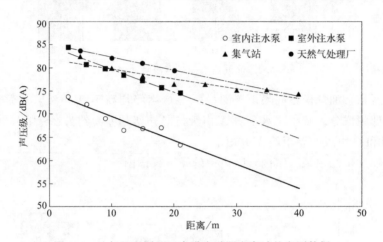

图 3.4   油气田不同厂区内噪声随距离衰减的实测数据

噪声衰减产生的差异是由围护结构的隔声性能不足造成的，其中主要有两种情况，其一是围护结构墙体或门窗隔声性能较差，例如室外注水泵房，泵房暴露于室外环境，因此对于噪声基本没有阻隔效应。另一种常见情况是结构墙体隔声性能尚可，但是由于通风散热需求，在运行过程中门窗开敞，使得噪声易扩散到周围环境中。这对于隔声降噪是十分不利的，因此在降噪设计的同时必须考虑实际运行工况的其他要求，并且注意实际运行过程中的管理，才能充分发挥降噪设计方案的效果。

从噪声在厂区内衰减的速率来看，注水泵噪声与压缩机噪声表现出极大的差异。对于注水泵站来说，随着与泵房距离的增加，噪声级会显著减小，距离每增加 10m，噪声级可降低约 5dB。对于气田压缩机房而言，虽然噪声级同样会随着距噪声源距离的增加而减小，但是衰减的速度仅为注水泵房的一半，距离每增加 10m，噪声级降低约 2～3dB。

结合噪声数据与衰减数据，若不采用任何降噪措施，仅依靠距离衰减，厂区内非噪声用房距离噪声源车间分别要达到 30m（室内注水泵房）、50m（室外注水泵房）、100m（气田集气站）、80m（气田处理站），显然这是不现实的。

图 3.5 所示为油田注水泵站和气田集气站厂区外噪声随距离衰减的实测数据。在邻近厂界的位置上（图中最左侧点），油田注水泵站和气田集气站的声压级分别为 65dB 和 83dB，若将周围声环境功能分区设定为 3 类（具体执行标准参见有关文件及标准规范），考虑到设备均日夜连续工作，采用夜间较严格的标准即 $L_{eq} \leqslant 55dB$（A），则两类厂房厂界噪声均高于标准要求，降噪量需分别达到 10dB 和 28dB。

从噪声随距离衰减的速率来看，注水泵与压缩机噪声表现出较大的差距。对于注水泵站来

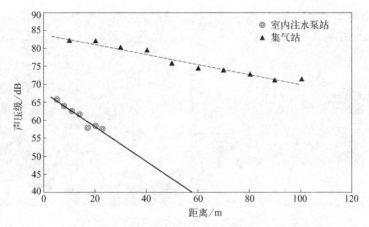

图 3.5　油气田注水泵和集气站厂区外噪声随距离衰减的实测数据

说，随着距离的增加，噪声级显著减小，距离每增加 10m，噪声级可衰减约 5dB。对于集气站压缩机房噪声而言，虽然距离的增加也可以降低噪声级，但是其衰减速率远低于注水泵房噪声，距离每增加 10m，噪声级衰减约 2dB。

根据以上数据，若不采用其他降噪措施，仅靠自然衰减，注水泵站在现有厂界 25m 外可以达到 3 类声环境功能分区的噪声要求，而集气站则需要近 200m 外才可以达到同样的标准。考虑到现有站点的工作形式以及周边环境，这显然也是不现实的，因此采用针对性的降噪措施是十分必要的。

3.2　集气站噪声

天然气集气站为收集气井所生产天然气的场站，在集气站内对天然气进行节流降压、加热、加防冻剂、调压计量、预处理和管线防腐等。集气站噪声源主要为空气压缩机工作时产生的噪声，压缩机是一个多声源发声体，其主要噪声源有压缩机噪声、空冷器噪声和发动机噪声，主要分为压缩机本体机械噪声、空冷器气动噪声和发动机排气噪声。根据噪声发声的机理可分为机械噪声、空气动力性噪声、电磁噪声等。设备产生的噪声一般包含多种类型噪声，如压缩机运行时将产生机械噪声、吸气噪声、排气噪声等，因此，本章将根据油气田站场产生噪声的主要来源，将分别介绍空压机和空冷器设备的噪声特性。图 3.6 为油气田集气站的现场照片。

3.2.1　压缩机噪声

空气压缩机（简称压缩机）是集气站场提供动力的机械设备，它可以提供压力波动不大的稳定气流，具有转动平稳、效率高的特点。空压机的种类很多，主要有往复式、螺杆式、滑片式和轴流式等，使用最广的是往复式空压机。往复式空压机的曲轴由电机或发动机驱动，通过连杆使活塞做往复运动。活塞正向运动时，气缸内压力逐渐降低，进气阀打开，气体进入缸内，完成吸气过程；当活塞反向运动时，气缸内压力逐渐加大，排气阀打开，气体从出气管排出，完成排气过程。往复式空压机周而复始地重复上述循环，实现空气压缩。

图 3.6　集气站噪声源

空压机是一个综合性噪声源，它的主要噪声源有进气脉动气流声、机壳声、发动机声、电机声、管道声、贮气罐声、基础振动等。其中，对环境污染最严重的是进气和排气低频脉动气流声，其噪声均在 85～95dB（A）以上。尤以低频 31.5Hz、63Hz、125Hz、250Hz 的倍频带噪声较为突出，严重危害周围环境，尤其在夜晚影响范围达数百米，引起人们烦躁不安，脉搏心跳异常（见图 3.7）。

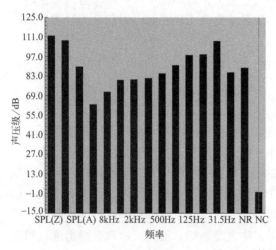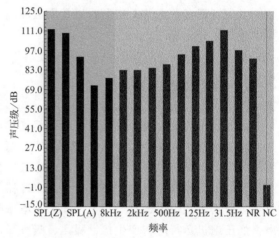

图 3.7　某压缩机噪声频谱

（1）空压机的进气与排气噪声

空压机的进气噪声是由于气流在进气管内的压力脉动而形成的。进气噪声的基频与进气管里的气体脉动频率相同，它们与空压机的转速有关。进气噪声的基频可用下式计算：

$$f_i = \frac{nz}{60} i \tag{3-1}$$

式中　z——压缩机气缸数目，单缸 $z=1$，双缸 $z=2$；

　　　n——压缩机转速，r/min；

　　　i——谐波序号，$i=1$，2，3，…。

空压机的转速较低，往复式转速为 480～900r/min，因此，进气噪声频谱呈典型的低频特性，它的谐波频率也不高。图 3.8 为 20m³/min 空压机进气噪声频谱图。从图中可看出，整个频谱呈低频特性，峰值频率大部分集中在 31.5Hz、63Hz、125Hz 上，它与由式 (3-1) 计算的基频及谐频大致相符。

空压机的排气噪声是由于气流在排气管内产生压力脉动所致。由于排气管端与贮气罐相连，因此，排气噪声是通过排气管壁和贮气罐向外辐射的。排气噪声较进气噪声弱，所以，空压机的空气动力性噪声一般以进气噪声为主。

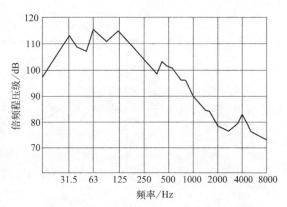

图 3.8　20m³/min 空压机进气噪声频谱

（2）发动机的噪声

某些空压机的动力源是由发动机驱动的，它的噪声由下列几部分组成：发动机的排气噪声、进气噪声、燃烧噪声，以及连杆、活塞、齿轮等运动件在工作时的往复、高速运动和撞击而产生的机械噪声。其中尤以排气噪声最为突出。

发动机的排气是一种高温、高速的脉动气流，其主要频率成分 f_0（Hz）可按下式计算：

$$f_i = \frac{2nk}{60T} i \tag{3-2}$$

式中　k——发动机的气缸数；

　　　n——发动机转速，r/min；

　　　T——发动机的冲程；

　　　i——谐波序号，$i=1$，2，3，…。

可见，发动机排气噪声的特性，与发动机的功率、工作容积、缸内气体压力以及发动机负荷、转速等因素有关。它的总声压级 L_p（dB）可按下式计算：

$$L_p = 30\lg n + 20\lg P - 9 \tag{3-3}$$

式中　n——发动机转速，r/min；

　　　P——发动机总功率，W。

发动机的噪声特性呈明显的低频宽带噪声，峰值声压级在 31.5～250Hz 范围内，但中、高频声压级也达到 90～100dB 以上。显然，低频噪声是由转速、气缸数以及行程决定的；中频噪声是基频的多次谐波延伸造成的；而高频噪声则是由于排气噪声的涡流、气缸内燃烧噪声、撞击振动以及管壁自振所造成的。

实测的发动机排气噪声频谱如图 3.9 所示。

（3）压缩机的电磁噪声

某些空压机的动力源是由电动机驱动的，电磁噪声是由于电动机气隙中的磁场脉动、定子与转子之间交变的电磁力、磁致伸缩引起电机结构振动而产生的倍频噪声。电磁噪声的大小与电动机的功率及极数有关。对于一般小型电动机功率不大，电磁噪声并不突出。但对于大型电机，功率很大，电磁噪声在电机噪声中占有一定分量。

电磁噪声属于机械性噪声，主要是由交变磁场对定子和转子作用产生周期性的交变力，引起振动产生的。这个交变力与磁通密度的平方成正比。它的切向矢量形成的转矩有助于转子的转动，而径向分量引起的噪声的频率与电源频率有关，电机的电磁振动频率一般在 100～4000Hz 范围内。电磁噪声的声源类型有以下几种。

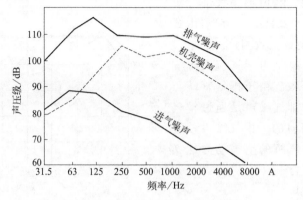

图 3.9　实测发动机排气噪声频谱

① 感应电机的嗡嗡声

这种噪声的频率为电源频率的两倍，即为 $2f_1 = 2 \times 50 = 100 (\mathrm{Hz})$，它是由定子中磁滞伸缩引起的。

② 沟槽谐波噪声

当转子的每一个导体通过定子磁板时，作用在转子和定子气隙中的整个磁动势将发生变化而引起噪声，频率表达式为

$$f_r = \frac{nR}{60} \tag{3-4}$$

或

$$f_r = \frac{nR}{60} \pm 2f_1$$

式中　R——转子槽数；

　　　n——转子转速，$\mathrm{r/min}$；

　　　f_1——电源频率，Hz。

③ 槽噪声

槽噪声指由定子内廓引起的气隙的突然变化使空气突变产生的噪声，其频率为：

$$f_s = \frac{nR_s}{60} \tag{3-5}$$

式中　R_s——定子槽数；

　　　n——转子转速，$\mathrm{r/min}$。

此外，开式电动机的通风是使气流径向通过转子槽，横越气隙并通过定子线包。当径向气流突然中断时，由于空气流的断续，也会引起噪声，此类型噪声的频率为：

$$\left. \begin{array}{l} f_s = \dfrac{nR_s}{60} \\[2mm] f_{2s} = \dfrac{2nR_s}{60} \end{array} \right\} \tag{3-6}$$

电源电压不稳时，最容易产生电磁振动和电磁噪声。由于转子在定子内有偏心，引起气隙偏心等，对电磁噪声也有影响，且转子电阻不平衡。转子偏心率为 $2sf_1$，s 为转差率。要减小电磁噪声，必须稳定电源电压和提高电机的制造装配精度。改变槽数可明显降低电磁

噪声。

电动机的噪声级可按下式估算：

$$L = 10\lg\frac{Nn^2}{r^2} + a \qquad (3-7)$$

式中　L——电动机的噪声级，dB；

　　　N——电动机的额定功率，kW；

　　　n——电动机的转速，r/min；

　　　r——测点到电动机表面的距离，m；

　　　a——常数，$a = (9\pm1)$dB。

由式(3-7)可知，电动机的功率越大，转速越高，电动机的噪声就越大。图 3.10 所示为大、中、小型电动机的噪声频谱。

由频谱看出，电动机的频谱一般为宽频带的，中、低频均较丰富，但在某些频率又有较突出的峰值，如大型电动机在 63Hz 和 500Hz 附近出现峰值；中型电动机在 1kHz 处峰值较突出；小型电动机在 250Hz 和 1kHz 附近出现峰值。

（4）空压机的机械噪声

机械性噪声是由固体振动产生的。在冲击、摩擦、交变应力或磁性应力等作用下，引起机械设备中的构件（杆、板、块）及部件（轴承、齿轮）碰撞、摩擦、振动，而产生机械性噪声。机械性噪声源可大致分为下列几种类型：

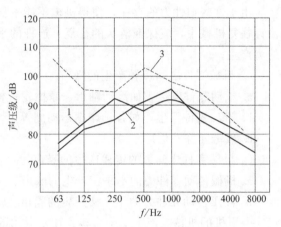

图 3.10　大、中、小型电机噪声频谱
1—小型电动机；2—中型电动机；3—大型电动机

① 由机械零件运动产生的噪声

机械运动可分为上下、左右、前后的往复运动和绕此三方向的旋转运动，因此，运动噪声源又分为以下两种。

a. 机械中旋转零部件不平衡产生的噪声。旋转机械的振动，多数是由转动零部件（简称转子）的不平衡引起的，尤其对矿山一些固定机械，由于转子的形状不对称，材质不均匀，毛坯缺陷，热处理变形，加工和装配误差以及与转速有关的变形等原因，使其质量分布不均匀，造成转子偏心。当转子运转时，就产生了不平衡的离心惯性力，从而使机械产生振动和噪声。为了减小不平衡离心的惯性力，要对转子进行静、动平衡。在进行低噪声设计时，轴（转子）都应按其大、小旋转速度等确定需用不平衡量。

当存在旋转不平衡时，所产生的噪声由基频及高频谐波组成，它的基频为 $f_1 = n/60$（Hz），n 表示转子的转速（r/min）。如果 n 为 1450～2000(r/min)，它的基频则介于 20～34Hz 之间。虽然这些基频很低，人耳对于这些低频声并不敏感，但是高速轴的不平衡产生了很大的离心惯性力，造成了齿轮、轴承等零件的冲击、振动，破坏了正常平衡工作状态，产生许多高频振动与噪声。也就是说，这种噪声源往往本身不辐射空气声，实际上是作为振动能源，通过支撑结构传递到某些结构上，迫使结构振动，辐射空气声。它们的振动频率若恰好和转子不平衡频率的基频或它的谐频相同时，会产生共振。所以，转子不平衡是真正的噪声源。这说明，真正的噪声源本身并不直接向外发射空气声，而是振源。机械的箱体、罩壳、盖板、薄壁管道、底座等部件，由于有较大的噪声辐射面，因而，很容易被声源诱发而产生振动和噪声。对此类噪声的控制，除提高转子平衡精度外，还应减少噪声的辐射或者将辐射面与振源隔开。

b. 往复机械的不平衡产生的噪声。

对于往复机械，如空压机中的曲柄连杆机构，除了转动零件出现的不平衡质量产生的离心惯性力外，还有往复运动和平面运动的零件不平衡产生的惯性力是引起往复机械振动和噪声的主要原因。因此，曲柄连杆机械的惯性力包括：曲柄不平衡质量的旋转惯性力、活塞或往复运动质量的往复惯性力和连杆的惯性力。

由于这些惯性力的存在，使得机械不能平稳地沿轨道运行，而是不断撞击和振动。故在设计往复机械中，应保证滑块的往复、连杆的平面和曲柄的旋转运动平稳，避免有其他运动的力产生。

② 机械零件之间接触产生的噪声

a. 滚动零件发生，如滚动轴承、摩擦轮机构、皮带轮机构等。

b. 滑动零件发生，如各种摩擦运动副等。

c. 敲击元件发生。

③ 机械零件之间力的传递产生的噪声

a. 机械传动零件力的不平衡产生的噪声。

b. 液压传动元件力的不平衡产生的噪声。

空压机的机械噪声主要是旋转、往复运动的不平衡、接触不良力传递不均匀等引起的噪声。追究起来，机械噪声都是机械振动引起的。当机械噪声的声源是固体面的振动引起时，其振动速度越大，噪声级越高。因此，降低噪声与减小机械振动的振动量（振幅、速度、加速度、频率）有密切关系。也就是说，欲降低机械噪声，就要设法减小机械运转时零部件的振动量。所以，从广义上讲，噪声控制包括了振动控制。通常通过计算可以预知所设计的零部件的频率范围。通过测试，根据频谱可找出主要噪声源。

综上所述，空压机的噪声主要包括进、排气空气动力性噪声以及发动机的排气噪声，其次为电磁噪声和机械噪声。在一些场合，发动机的排气噪声十分突出，应予以重视。

3.2.2 空冷器噪声

空冷器主要是对压缩机进行空冷降温，以维持设备正常的运行环境温度。空冷器产生的噪声包括机械设备工作时运动的零部件互相摩擦发出的机械噪声、进风口风扇转动引起空气快速流动产生的空气动力性噪声、机械设备运转时由于振动而通过各种连接管线向外辐射的振动噪声。主要噪声源是由于旋转的风机叶片引起空气的周期性脉动所致，因此属于空气动力性噪声。

（1）空气动力性噪声声源类别

产生空气动力性噪声的声源一般可分为三类：单极子源、偶极子源和四极子源。

① 单极子源

单极子源也称脉动球源，如图 3.11 所示。这种声源可认为是一个脉动质量流的点源，如果假想一个气球安置在这个点源，我们将会观察到，该气球随着质量的加入或排出而膨胀或收缩。这种状态总是纯径向的，在气球的这种各向同性的运动下，周围的介质也随着做周

期性的疏密运动。于是便产生了一个球对称的声
场，即单极子源。

单极子源的辐射是球面波。在球面上各点的
振幅和相位都相同。因此，这球源是最理想的辐
射源。单极源的辐射没有指向特性。常见的单极
源有爆炸、质点的燃烧等，空压机的排气管端，
当声波波长大于排气管直径时也可以看成一个单
极子源。

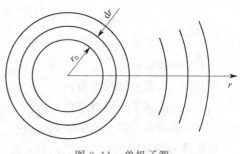

图 3.11　单极子源

单极子源的声压和声功率分别由下列两式
表达：

$$L_p = 20\lg\left(\frac{\rho_0 f q}{2r p_{\mathrm{ref}}}\right) \tag{3-8}$$

$$W = \frac{\pi \rho_0 f^2 q^2}{c_0} \tag{3-9}$$

式中　ρ_0——流体平均质量密度，$\mathrm{kg/m^3}$；

　　f——频率，Hz；

　　q——均方根体积流量，$\mathrm{m^3/s}$；

　　c_0——平均声速，m/s；

　　p_{ref}——参考声压，取 $2\times10^{-5}\,\mathrm{Pa}$；

　　r——声源至接受点的距离，m。

② 偶极子源

偶极子源可以认为是两个相互接近，而相位相差 $180°$ 的单极子源的组合，见图 3.12。
偶极子源的另一种描述可认为是由于气体给气体一个周期力的作用而产生的。常见的偶极子
源如：球的往复运动、乐器上振动的弦、不平衡的转子以及机翼和风扇叶片的尾部涡流脱落
等。偶极辐射不同于单极辐射，偶极辐射与 θ 角有关，即在声场中，同一距离不同方向的位
置上的声压不一样。例如，在 $\theta = \pm90°$ 的方向上，声压为零；而在 $\theta = 0°$，$\theta = 180°$ 的方向上
声压最大。这说明偶极子源辐射具有指向特性。

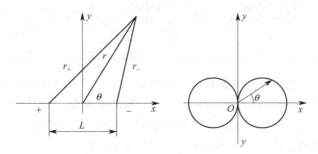

图 3.12　偶极子源

偶极源的声压级和声功率可表示为

$$L_p = 20\lg\left(\frac{F\cos\theta}{\Delta\pi r p_{\mathrm{ref}}}\sqrt{\frac{1+k^2 r^2}{r^2}}\right) \tag{3-10}$$

$$W = \frac{\pi f^2 F^2}{3\rho_0 c_0^3}$$

(3-11)

式中　F——均方根作用力，N；

　　　k——波数；

　　　θ——与偶极轴的夹角；

　　　ρ_0——流体平均质量密度，kg/m^3；

　　　r——声源至接受点的距离，m；

其他符号意义同式(3-8)及式(3-9)。

③ 四极子源

四极子源可认为是由两个具有相反相位的偶极子源，因而也就是由四个单极子源组成的。如表 3.1 中所示。因为偶极有一个轴，所以偶极的组合可以是侧向的，也可以是纵向的。侧向四极代表切应力造成的，而纵向四极则表示纵向应力造成的。侧向四极有三根轴，四个辐射声瓣。而纵向的只有一根轴，两个辐射声瓣。四极源与单极、偶极不同，围绕着四极源的球形边界积分，既没有净质量流量，也没有净作用力存在。因此，四极源是在自由紊流中产生的。如喷气噪气和阀门噪声等都是四极声源，四极声源也有辐射指向特性。为比较各极声源的特征，将其列于表 3.1。

表 3.1　各极声源的特征

声源形式	与源有关的流动	源的声学表示	指向性图形	声功率关系式	声辐射效率正比于	举例
单极	脉动流动			$\rho V^3 D^2 M$	M	往复式机器的进排气喷气发动机
偶极	接近表面的非定常流			$\rho V^3 D^2 M^3$	M^3	风扇噪声 声边界层噪声
四极	排气的自由紊流			$\rho V^3 D^2 M^5$	M^5	喷气噪声 阀门噪声

对于空冷器而言，由于其叶片直径大、转速不高，且具有明显的方向性，因此可按偶极子声源处理。而对于压缩机的进排气口，其产生的噪声频率低，且具有明显的脉动特性，因此可按单极子声源处理。在实际工作中，根据不同机械的不同声源特性，可采取与之相应的降噪措施，而这一措施是从声源上进行噪声控制的主动措施。

（2）空气动力性噪声产生的机理

空冷器的噪声主要是风机噪声，主要由四部分组成：进气口和排气口的空气动力性噪声；机壳、管路、电动机轴承等辐射的机械性噪声；电动机的电磁噪声；风机振动通过基础辐射的固体声。在这四部分中，一般以进、排气口的空气动力性噪声最强。根据对风机的实测分析表明，风机的空气动力性噪声约比其他部分的噪声高出 10～20dB（A），因此，对风机采取噪声控制首先应考虑空气动力性噪声。

风机的空气动力性噪声主要是气体流动过程中所产生的噪声，它主要是由于气体非稳定流动，即气流的扰动、气体与气体及气体与物体相互作用产生的噪声。从噪声产生的机理来看，它主要由两种成分组成，即旋转噪声和涡流噪声。如风机出口直接排入大气，还有排气噪声。

① 旋转噪声

旋转噪声是由于工作轮旋转时，轮上的叶片打击周围的气体介质、引起周围气体的压力脉动而形成的。对于给定的空间某质点来说，每当叶片通过时，打击这一质点气体的压力便迅速起伏一次，旋转叶片连续地逐个掠过，就不断地产生压力脉动，造成气流很大的不均匀性，从而向周围辐射噪声。

旋转噪声的频率可由下式确定：

$$f_{ri} = \frac{nz}{60} i \tag{3-12}$$

式中　n——风机工作轮的转速，r/min；

　　　z——叶片数；

　　　i——谐波序号，取 1，2，3，…。

$i=1$ 为基频，$i=2$，3，4，…。从旋转噪声的强度来看，其基频最强，其次是二次谐波、三次谐波等，总的趋势是逐渐减弱的。

对于轴流风机，一般在工作轮（动叶）前有导流器（静叶）；当工作轮旋转时，动叶片周期地承受通过前面静叶片排流出不均匀气体，则气流作用在动叶片上的力也是周期脉动的。那么轴流风机同时存在两种旋转噪声：其一是由于叶片及叶片上的压力场随工作轮旋转对周围介质产生扰动而造成的噪声；其二是由于静、动叶片相互作用的空气动力，对叶片所造成的压力脉动所产生的噪声。

对于离心风机，叶片出口处沿着工作轮周围，由于存在尾迹，气流的速度和压力都不均匀，这种不均匀的气流作用在蜗壳上，在蜗壳上形成了压力随时间的脉动，即形成旋转噪声，气流的不均匀性越强，噪声也越大。

② 涡流噪声

涡流噪声又称为紊流噪声。它主要是气流流经叶片界面产生分裂时，形成附面层及旋涡分裂脱离，而引起叶片上压力的脉动，辐射出一种非稳定的流动噪声。

涡流噪声的频率可由下式计算：

$$f_{ci} = k \frac{v}{t} i \tag{3-13}$$

式中　k——斯特劳哈尔数，在 0.14～0.20 之间，一般可取 0.185；

　　　v——气体与叶片的相对速度，m/s；

　　　t——物体正表面宽度在垂直于速度平面上的投影，m。

由于涡流噪声的频率主要取决于叶片与气流的相对速度，而相对速度又与工作轮的圆周速度有关，则圆周速度是随着工作轮各点到转轴轴心距离而连续变化的。因此，风机的涡流噪声是一种宽频带的连续谱。

由上述可知，风机的空气动力性噪声是旋转噪声和涡流噪声相互混杂的结果。在这宽频带的连续谱上，常常有一个或几个突出的峰值，一般超出连续部分 5～15dB。

（3）风机噪声的频谱特性

通过对风机产生噪声的机理分析和大量的现场实测表明，风机噪声频谱可适当地分类。如常见的离心风机，其叶片数为 10～12 片，转速为 250～1450r/min 时，基频落在倍频程中心频率 63～125Hz 的范围内，主要频率范围为 125～2000Hz。当转速为 1450～2900r/min 时，基频落在 250～500Hz，重要频带为 250～4000Hz。离心风机的峰值一般在 500Hz 以上，重要频带范围在 125～4000Hz 或 250～8000Hz，呈宽频带噪声。这样，按倍频程最大声压级的分布特性，可将风机噪声分为五类：特低频、低频、中频、高频及宽频。其划定分类及典型风机举例见表 3.2；几种常见风机出风口噪声级及其倍频程声压级见表 3.3。

表 3.2　风机噪声频谱分类

噪声频谱分类	定义方法
特低频	倍频程声压级最大值在 125Hz 以下，并高于相邻频带声压级 5dB 以上
低频	倍频程声压级最大值在 250Hz 以下，并高于相邻频带 5dB 以上
中频	倍频程声压级最大值在 500Hz，并高于相邻频带 5dB 以上
高频	倍频程声压级最大值在 1000Hz 以上，并高于相邻频带 5dB 以上
宽频	在 250～4000Hz 频带内，均有较高的声压级

表 3.3　几种常见风机出风口噪声级及倍频程声压级

风机型号	风量 Q/(m³/min)	各倍频程声压级/dB								噪声级/dB	
		63	125	250	500	1000	2000	4000	8000	A	C
D36 容积鼓风机	80	112	116	102	118	116	112	103	94	120	123
罗茨 LGB 41×37-40/350	40	126	112	114	115	118	108	104	94	118	126
8-18-101No8	171	110	118	118	124	116	114	106	98	122	122
4-62-101No7	167	77	83	80	85	91	84	78	71	93	96
8-18-101No6	63	90	93	95	98	113	100	93	83	111	115
9-27-12No8	52	103	100	108	108	103	100	95	92	109	115

注：表中噪声测点距离出气口 1m 位置。

在对风机噪声治理之前，必须详细了解待治理风机与机组的噪声状况。这里包括查资料或实际测量，并对噪声频谱进行分析。噪声的测量应按国家标准《风机和罗茨鼓风机噪声测量方法》（GB/T 2888—2008）执行。

（4）风机噪声的估算

风机噪声的大小与风机的结构、型号、风量和风压等因素有关，下面简略介绍风机噪声的几种物理量度及评价的估算方法。

① 声功率级的估算

通过理论分析及大量的实验研究表明，风机的声功率级可用下式表示：

$$L_W = L_{W0} + 10 \lg Q + 20 \lg H - 20 \tag{3-14}$$

式中　L_{W0}——比声功率级，dB；

　　　Q——风量，m³/min；

　　　H——风压（静压），Pa。

比声功率级是这样定义的：单位流量、单位风压下产生的声功率级。同一系列的风机，它们的比声功率级是相同的，可作为不同系列风机噪声大小的评价标准。

风机的比声功率级的大小与风机的结构、性能和使用效率有关。一般来说，风机结构越合理，使用效率越高，比声功率级也越小。对于同一台风机在不同的工况下运转，其最高效率点就是比声功率级的最小点。

由式(3-14)估算离心风机噪声声功率级与实际测量相近；但对于轴流风机这样估算，计算值与实测数据差异较大，因轴流风机大多用于需要风量较大的场合，其运行效率很高，叶片圆周速度大，但全压很低。在同样风量下，轴流风机的圆周速度约为离心风机的两倍，因风机噪声随圆周速度的增加而成比例地增大，所以轴流风机噪声一般高于离心风机，轴流风机产生的声功率级可由下式估算：

$$L_W = 19 + 10\lg Q + 25\lg H + \Delta L_{W_i} \tag{3-15}$$

式中　Q——风量，m^3/min；

H——风压，Pa；

ΔL_{W_i}——轴流风机声功率级的修正值，dB。

表 3.4 列出轴流风机不同工况下的声功率级修正值，表中的 Q_g 为最高效率时的风量，尽量使风机在 $Q/Q_g=1$ 的情况下工作，Z 表示叶片数目，θ 为叶片的倾斜角。

表 3.4　轴流风机不同工况下的声功率级修正值

Z,θ 数据	Q/Q_g						
	0.4	0.6	0.8	0.9	1.0	1.1	1.2
$Z=4,\theta=15°$	—	3.4	3.2	2.7	2	2.3	4.6
$Z=8,\theta=15°$	−3.4	5	5	4.8	5.2	7.3	10.6
$Z=4,\theta=20°$	1.4	2.5	−4.5	−5.2	−2.4	1.4	3
$Z=8,\theta=20°$	4	2.5	1.8	1.9	2.2	3	—
$Z=4,\theta=25°$	4.5	2	1.6	2	2	3	—
$Z=8,\theta=25°$	9	8	6.4	6.2	8	4	—

② 风机的比 A 声级估算

风机噪声级除了用比声功率级表示外，国内近几年趋向用比 A 声级。比 A 声级定义为单位风量、单位全压时的 A 声级：

$$L_{SA} = L_A - 10\lg QP^2 + 20 \tag{3-16}$$

式中　L_A——噪声级，指在距风机 1m 或等于该风机叶轮直径的地方测得 A 声级，dB（A）；

L_{SA}——比 A 声级，dB（A）；

Q——风量，m^3/min；

P——全压，Pa。

用风机噪声的比 A 声级来表示风机特性较方便，测量简单。表 3.5 为几种风机最佳工况下的比 A 声级（L_{SA}）值，表中测点风机叶轮均为 1m。

表 3.5　几种风机最佳工况下的 L_{SA} 值

风机系列与型号	最佳工况点风量 /（m^3/min）	最佳工况点静压 /Pa	比 A 声级 L_{SA} /dB(A)
5-48No 5	61.92	823.2	21.5
6-48No 5	74.37	891.8	19.5
9-19-11No 6	69.96	8790	16.0
9-20-11No 6	71.63	8555	16.7
8-18-10No 6	57.30	8281	22.7
9-27-11No 6	139.10	9084.6	201

3.3 天然气处理厂噪声

天然气处理厂是天然气净化的主要场所，具有较高的处理能力。在实际处理过程中，天然气处理厂的气体主要是先从油田生产厂区直接向处理厂输送，之后再经过科学、合理的净化工艺将天然气分离、匹配，最后再利用专业管道输送到相关生产企业，其中一部分副产品则借助槽车输送到城市居民区供用户使用。

3.3.1 天然气处理厂噪声概况

天然气处理厂内的主要噪声源包括压缩机、空冷器、注水泵、输气管线及各类风机噪声。压缩机组一般位于压缩机房内，噪声主要通过墙体、门窗、孔洞缝隙等传递至室外。空冷器区域主要运行设备的噪声源包括：空冷器进风口处噪声、空冷器排风口处噪声、安装在空冷器排风口处的噪声。大型天然气处理厂中同时存在多个厂房及大型管道等复杂噪声源，厂房外噪声不仅包括压缩机房噪声，同时受到其他噪声源的影响。

（1）压缩机噪声

压缩机产生的噪声有进气噪声、排气噪声、机械噪声和电机噪声等，是以低频为主的宽频噪声，噪声强度受机器功率、工作压力、排气量和转速影响。如处理厂常用的低压螺杆压缩机，在运行的主要声频范围内（125～3250Hz），压缩机脱去设备厂家带的隔声外壳后，噪声均在90dB（A）以上，在1950Hz时达到100dB（A）的峰值，加隔声外壳后噪声值约为83～88dB（A）。

（2）空冷器管道噪声

空冷器噪声可分为空气动力性噪声、机械性噪声、电磁噪声及管道流体噪声。空气动力性噪声包括风机进气噪声、排气噪声、叶片旋转噪声、叶片旋转形成的高速流体与风筒摩擦噪声；机械性噪声包含钢构件碰撞振动噪声、风机传动系统摩擦噪声；电磁噪声即电机运转时产生的噪声；管道流体噪声指天然气在管道内流动或冲击管道弯头时的噪声。

（3）气体管道噪声

因管道、储气罐、阀门和调节装置的变化随之产生气流及辐射噪声。主要是放空噪声和高速气流在不光滑通道中产生的噪声，受气流压力变化和流速影响，如PsA的电磁阀组切换时，气流在阀门区由0.7MPa瞬间膨胀降压到常压，压力波动形成约106dB（A）的辐射噪声。PsA和冷干机排放废气放空时，管线气体放空噪声可达110～130dB（A）。

（4）换气风机噪声

噪声治理需要对工作设备进行围护，同时设置换气风机向室内大量换气，换气风机附带产生一定的噪声，主要是因叶片带动气体流动过程中产生的空气动力噪声、风机振动噪声和电机噪声，低风速低噪声风机产生的噪声约为63dB（A）。

如图3.13所示，压缩机房内有多台同型号的压缩机组，并列布置在室内地面上。压缩机房相对较为封闭，室内无主动通风散热装置，设备产生的热量主要通过打开的门窗散出去，因而噪声也通过门窗扩散至室外。目前，压缩机房的降噪和通风散热成为解决问题的矛盾点。

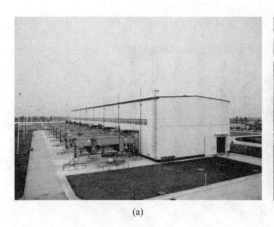 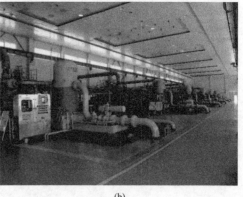

(a)　　　　　　　　　　　　　　　　(b)

图 3.13　天然气处理厂压缩机房室外（a）和室内（b）

3.3.2　噪声特性

（1）噪声监测

图 3.14 为天然气处理厂压缩机房噪声监测点位布置图。由于天然气处理厂中同时存在多个厂房及大型管道等复杂噪声源，厂房外所测噪声中不仅包括来自压缩机房传播出来的噪声，同时还来自其他噪声源的噪声。因此为避免其他噪声对于测试数据的影响，本厂区测试时厂房外测点布置范围受到较大的限制，基本局限于压缩机房周边。

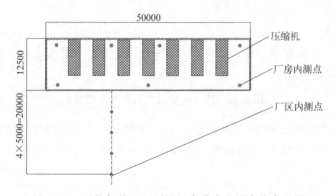

图 3.14　天然气处理厂压缩机房噪声监测点位布置图

机房内主要声源为 7 台压缩机组，位于大型厂房内。从图 3.14 中可以看到，厂房室内在墙面及顶棚均采用穿孔吸声板进行了降噪处理，但穿孔板后无附加多孔吸声材料，同时部分穿孔板后无空腔，只是简单附着于原结构墙体上，因此室内的降噪效果较差。

（2）噪声特性

压缩机房室内噪声测点声压级及频谱分别如图 3.15 和图 3.16 所示。从图 3.15 中可以看到，厂房室内（工作接触噪声环境）等效 A 声级平均值为 95.2dB(A)，除了测点 1 外，其余所有测点噪声值均超过 90dB(A)。对比相关标准可知，现有室内噪声暴露水平已远超标准要求。

从图 3.16 的噪声频谱来看，压缩机噪声为宽频带噪声，在 100～8000Hz 的频域范围上分布较为均匀，大多数测点在此频带范围内的噪声值均超过 70dB(A)。由于较宽的频带分布，因此各测点数据中 A 声级与 C 声级存在约 5dB 的差异。

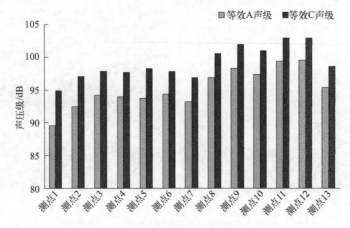

图 3.15　压缩机房内各测点噪声声压级

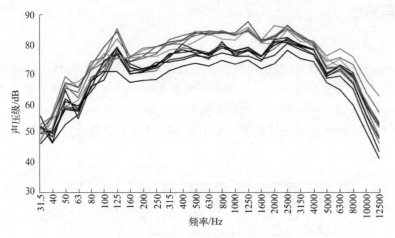

图 3.16　压缩机房内各测点噪声频谱

压缩机房外测点声压级随距离的变化如图 3.17 所示，厂区内所测等效 A 声级最大值为 83.6dB(A)，并且声压级随距离的增加而显著降低，距离从 5m（距离压缩机房最近测点）

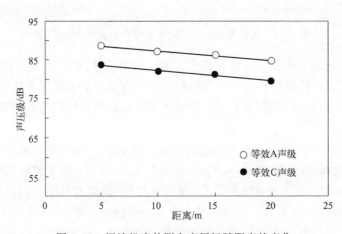

图 3.17　压缩机房外测点声压级随距离的变化

增加至 20m（距离压缩机房最远测点）时，声压级从 83.6dB（A）衰减至 79.3dB（A），衰减量为 4.3dB。从频谱上看，低频衰减要弱于高频，距离压缩机房较远处测点的低频成分要高于距离较近测点，因此 C 声级的衰减要小于 A 声级的衰减。

3.4　天然气增压站噪声

　　天然气在输气管道的流动过程中由于各种摩擦，其压力不断下降，导致管道的输气通过能力下降，仅靠天然气地层压力长距离大量输送是不可能的，为保持天然气管道中以规定的流量、管道沿线的最优压力，故在输气管道 100～200km 的距离上建立增压站（见图 3.18），主要作用是把进站的天然气从进口压力压缩到出口压力，以保证干线输气管道中规定的天然气流量。天然气增压站是天然气采输的主要环节，随着我国天然气工业的发展，天然气增压站的建立将越来越普遍。天然气增压站噪声源主要包含压缩机、空冷器、冷却塔、循环水泵等。

图 3.18　某天然气增压站噪声源

3.4.1　压缩机噪声

　　压缩机组及其附属设备正常运行时产生的噪声主要有压缩机本体噪声、管道噪声、机械旋转噪声、电机噪声、压缩机台架结构振动辐射噪声等，压缩机房内平均 A 声级为 90～100dB(A)，图 3.19 为同条件下某压缩机房内 1/3 噪声实测频谱图。

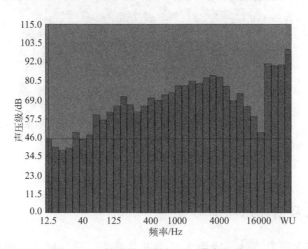

图 3.19　某压缩机房内 1/3 噪声频谱图

从压缩机噪声频谱图可以看出，压缩机工作时产生的噪声主要以中高频为主，峰值出现在 4000Hz 左右，中高频噪声波长短，穿透力较强，能够穿透一般彩钢墙面及吊顶向外辐射，对周围影响较为明显。

3.4.2　空冷器噪声

天然气长输管线压气站压缩机工艺气出口需进行冷却，国内绝大多数增压站冷却设备采用空冷器，空冷器是采用空气进行冷却的工业热交换装置，它是以环境空气作为冷却介质，横掠翅片管外，利用动力带动风机叶轮转动，产生的涡流不断将空气吸入，冷空气与换热管接触后传递热量，将管内的介质冷却，达到出口设计的温度，实际上是需要通过空冷器中风机的做功来实现空冷器管束换热。图 3.20 为某空冷器 1/3 噪声频谱图。

空冷器由管束、构架和风机三个基本部分和加热排管、百叶窗、梯子平台等辅助部分组成，空冷器在运行过程中会产生不间断噪声，其噪声主要来源于空冷器的轴流风机，其单台噪声值可达 90～100dB(A)，以高陵增压站为例，30 台风机同时开启时通过噪声叠加，其噪声辐射值为 103～105dB(A)，强噪声对增压站工作人员及周围环境产生较严重的影响。

空冷器是采用空气进行冷却的工业热交换装置，实际上是需要通过空冷器中风机的做功来实现空冷器管束换热，空冷器的噪声来源于它的风机，单台噪声值为 90～100dB(A)，空冷轴流风机噪声源主要有以下 4 种：

① 风机叶轮在工作时产生的气动噪声，包括进气噪声和排气噪声；

② 风机传动系统产生的机械噪声，如风机采用皮带传动时，皮带与叶轮组传动时相互摩擦产生的噪声；

③ 风机在运行中电动机运转时产生的电磁噪声，如风机为减速机传动，那么噪声就是电机与减速机共同产生的；

④ 与风机相连接的钢结构在风机运行中相互碰撞、相互振动产生的噪声。

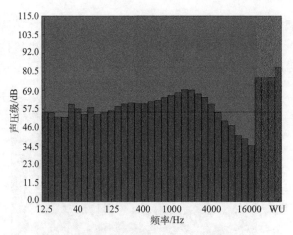

图 3.20　某空冷器 1/3 噪声频谱图

3.4.3　空压机房及循环水泵房

空压机是一个多生源发声体，噪声主要为进气噪声、排气噪声、机械噪声和电磁噪声，进气噪声呈现低频特性，噪声为 90～95dB（A）；而排气噪声则呈现中高频特性，噪声频率较复杂，噪声为 80～90dB（A）；机械噪声具有随机性质，频谱窄，频率相对固定，呈现宽频特性，机械噪声一般为 90～95dB（A）。

循环水泵噪声主要是由电机噪声与泵的机械噪声两部分组成，其噪声值大于 85dB（A），图 3.21 和图 3.22 分别为同条件下某空压机和循环水泵房的 1/3 噪声频谱图。

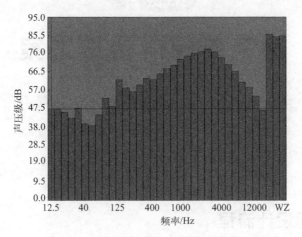

图 3.21　某空压机 1/3 噪声频谱图

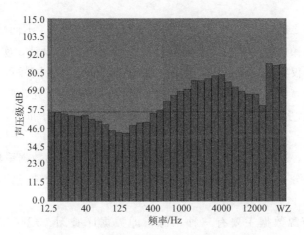

图 3.22　某循环水泵房 1/3 噪声频谱图

第四章

油气田噪声治理方案

4.1 噪声治理设计流程

4.1.1 调查噪声源

在制定降噪方案之前，首先要调查了解现场噪声源的特性。不同噪声源的特性差异较大，只有准确地掌握噪声源的信息，才能够针对性地进行方案设计，实现良好的降噪效果。噪声源特性方面，不仅需要重视声压级指标，噪声源的频谱特征同样重要。调查的重点是了解现场有哪些主要噪声源，同时弄清噪声传播的途径，以供在研究确定噪声控制措施时，结合现场具体情况进行考虑或加以利用。根据需要可绘制噪声分布图，使噪声的分布一目了然。

要制定降噪方案，首先需要对噪声源特性进行准确、全面的数据采集。通常所需数据包括总体声压级及频谱分布特性，数据的准确性与全面性对于后期选择针对性降噪措施有重要影响。

一般而言，噪声源数据主要有三种来源，即数据库查阅、现场实测及软件模拟。首先是数据库查阅，这既包括了设备提供商所提供的噪声数据，也包括了通过文献查询及以往测试数据所包括的噪声数据。虽然可以从数据库中获得相同或相近设备的噪声数据，但是由于安装、运行情况不同，设备噪声与数据库中的数据往往存在一定差异，因此在条件具备的情况下，现场实测可以获取更加直接和准确的数据。最后，在有条件的情况下，建议采用噪声软件对噪声源的影响范围和影响强度进行模拟预测。一方面，现场实测数据受到现场地面情况的影响，同时限于测试时间和数量，往往无法对被测区域进行全面的取样。通过软件模拟，可以在实测数据的辅助之下对被测区域噪声水平进行更加全面的了解。另一方面，实测数据仅仅对应于现有条件下的噪声情况分布，而无法对采用降噪方案处理之后的降噪效果进行预测，而通过噪声软件模拟可以实现，进而便利地分析不同因素对于噪声传播的影响，实现在方案阶段对于降噪效果的对比分析，论证不同降噪方案之间的差异。

4.1.2　确定噪声控制目标

在调查完噪声源特性之后，需要进一步确定噪声控制的目标及需求。噪声控制目标是噪声方案制定的基础和依据，因此需要根据实际项目情况进行仔细确认。目前我国针对工业企业厂界环境噪声排放标准规范中已有明确规定，可根据厂区所属区域周边环境类型进行分级。噪声控制目标需要根据每一个项目的实际情况并参照相关标准制定。

对于油气田区域的工业环境，设备噪声除了对厂界外声环境造成显著的影响外，同时对于作业工人的健康、厂区内其他非噪声用房中人员的健康均有潜在的影响，因此制定噪声控制目标时应同时考虑这三个主要的噪声控制目的，确定相应的噪声限值。

首先，制定噪声控制目标时参考的主要标准规范如下：

《工业企业厂界环境噪声排放标准》（GB 12348—2008）

《工业企业设计卫生标准》（GBZ 1—2010）

《工作场所有害因素职业接触限值　第 2 部分：物理因素》（GBZ 2.2—2007）

《声环境质量标准》（GB 3096—2008）

《声环境功能划分技术规范》（GB/T 15190—2014）

《工业企业噪声控制测量规范》（GBJ 122—1988）

《工业企业噪声控制设计规范》（GB/T 50087—2013）

（1）噪声工作用房内噪声限值

根据《工作场所有害因素职业接触限值　第 2 部分：物理因素》（GBZ 2.2—2007）及《工业企业噪声控制设计规范》（GB/T 50087—2013）中的规定，考虑到油气田设备基本为稳态噪声源，因此宜设定噪声职业接触限值为 85dB(A)。

（2）厂界内非噪声用房噪声限值

表 4.1 为非噪声工作场所的噪声接触限值设计要求。

表 4.1　非噪声工作场所的噪声接触限值设计要求

项目	地点	噪声级/dB(A)	工效限值/dB(A)
工业企业设计卫生标准	噪声车间观察/值班室	<75	<55
	非噪声车间办公室、会议室	<60	
	主控室、精密加工室	<70	
工业企业噪声控制设计规范	生产车间	<85	1. 生产车间噪声限值为每周 5d，每天 8h 等效声级；对于每天时间不同的情况，需计算 8h 等效声级；对于每周工作不足 5d 的情况，需计算 40h 等效声级 2. 室内背景噪声级指室外传入室内噪声级
	车间内值班室、观察室、休息室、办公室、实验室、设计室背景噪声级	<70	
	正常工作状态精密装配线、精密加工车间、计算机房	<70	
	主控室、集中控制室、通信室、电话总机室、消防值班室、一般办公室、会议室、设计室、实验室室内背景噪声级	<60	
	医务室、教室、值班宿舍室内背景噪声级	<55	

鉴于工作站点情况复杂，设施用途多样，因此宜分析噪声最不利房作为噪声控制点，根据其功能确定其噪声限值。

另外，工业区中的生活小区，根据其与生产现场的距离和环境噪声现状水平，可从工业区中划出，其噪声限值根据声环境功能分区 2 类或者 1 类制定。

（3）厂界噪声排放限值

工业企业厂界环境噪声排放限值应根据周围环境的声环境功能分区来制定，因此各油田、气田相关厂区应根据周围环境实际状况，首先确定其声环境功能分区，具体规定如下：《声环境质量标准》-乡村区域一般不划分，根据需要，由县级以上人民政府环境保护行政主管部门按要求确定：

① 康复疗养区为 0 类；

② 村庄原则上定为 1 类，工业活动较多或交通干线经过村庄可局部或全部执行 2 类；

③ 集镇执行 2 类；

④ 独立于村庄集镇之外的工业区执行 3 类；

⑤ 交通干线旁噪声敏感建筑物执行 4 类。

根据厂界外声环境功能分区确定的工业企业厂界环境噪声排放限值应符合表 4.2 中的相关规定。

表 4.2　工业企业厂界环境噪声排放限值/dB(A)

厂界外声环境功能区类别	时段	
	昼间	夜间
0	50	40
1	55	45
2	60	50
3	65	55
4	70	55

注：此限值为《工业企业厂界环境噪声排放标准》中的规定，需要指出的是现行版本《声环境质量标准》中对于声环境 4 类进行了细分，分为 4a 类和 4b 类，表中 4 类的限值等于 4a 类的限值，比 4b 类更加严格，因此建议采用本表中的规定。

鉴于油气田设备通常昼夜连续运行的情况，因此宜采用夜间较为严格的标准执行，例如，若油气田位于村庄集镇之外，则可定为 3 类环境，夜间限值为 55dB(A)。

4.1.3　计算确定减噪量

在噪声源特性和噪声控制目标确定后，即可进行所需降噪量的计算。将调查噪声现场的资料数据与噪声标准（包括国标、部标及地方或企业标准）比较，确定所需降低噪声的数值（包括噪声级和各频带声压级所需降低的分贝数）。一般来说，数值越大，表明噪声问题越严重，越需要控制噪声。特别需要注意的一点是，在计算低频声的减噪量时，需要留有一定的降噪余量。受复杂因素的影响，低频噪声的控制往往难度较大。

鉴于油气田噪声源的特殊性，其噪声影响范围广泛，宜针对三项噪声限值分别进行计算，即：

$$L_{降噪量\_噪声用房} = L_{实测\_噪声用房} - L_{标准\_噪声用房}$$

$$L_{降噪量\_非噪声用房} = L_{实测\_非噪声用房} - L_{标准\_非噪声用房}$$

$$L_{降噪量\_厂界噪声} = L_{实测\_厂界噪声} - L_{标准\_厂界噪声}$$

一般而言，由于3个降噪量均是降噪方案需要考虑的目标，因此宜将降噪量最大的一个作为降噪方案的降噪量目标。然而需要注意的是，每个降噪量目标所对应的降噪方案和降噪措施往往是不同的。例如围护结构隔声降噪（例如设置隔声屏障），对于改善机房室外的噪声级往往很有效，在计算厂区内和厂区外噪声级时可以将其计算进去，然而这个措施对于改善机房内部噪声级并无作用，因此在计算厂房内降噪量时不可将其计算在内。因此，有必要独立计算和验算每个降噪量的目标。

4.1.4　噪声控制方案

噪声减噪量确定后，即可进行降噪方案的布局设计。确定具体方案时既要考虑声学效果，又要经济合理、切实可行；控制措施可以是单项的，也可以是综合性的。要对声学效果进行估算，做必要的仿真或者实验，避免盲目性；要抓住主要矛盾，如在厂房内，空压机的噪声比其他设备的噪声高，应首先针对空压机采取措施；反之，即使所采取的措施再完善，也不能达到良好的降噪效果。

噪声控制是一项综合性工作，应从多方面考虑。在确定噪声控制方案时，要进行方案比较，除考虑降噪效果外，还要兼顾考虑通风散热、采光、是否影响工人操作、设备检修、投资概算等综合性因素，才可确定最终方案。

虽然噪声控制方案往往是属于现有厂区改造或者噪声处理的范畴，但是需要指出的是，在早期设计阶段即考虑噪声控制因素的话，可以实现远好于后期改造的效果，这就要求在总体设计中对于噪声控制进行考虑。

具体而言，总体设计中的噪声控制主要包括厂址选择、总平面设计、工艺、管线设计与设备选择以及车间布置等几个方面。

（1）厂址选择

首先油气田厂区，包括所有高噪声设备的厂区，应避免在噪声敏感区域（如居民区、医疗区、文教区等）选择厂址；其次，对于厂区的选址，应位于居民集中区（或其他噪声敏感区域）的当地常年夏季最小风频的上风侧，以降低噪声对于噪声敏感区域的影响；最后，油气田厂区的厂址选择，应充分利用天然缓冲地域，例如树林、地面高差等因素，降低噪声对于周围环境的影响。

（2）总平面设计

首先，厂区的总平面布置，在满足工艺流程与生产运输要求的前提下，应符合下列规定：

① 结合功能分区与工艺分区，应将生活区、行政办公区与生产区分开布置，高噪声厂房与低噪声厂房分开布置。同时如果有多个噪声源，应相对集中，并远离厂内外要求安静的区域。

② 主要噪声源设备及厂房周围，宜布置对噪声较不敏感的，较为高大的，朝向有利于隔声的建筑物、构筑物。在高噪声区与低噪声区之间，宜布置辅助车间、仓库、料场、堆场等。

③ 对于室内要求安静的建筑物，其朝向布置与高度应有利于隔声。

其次，立面布置应充分利用地形、地物隔挡噪声；主要噪声源宜低位布置，噪声敏感区宜布置在自然屏障的声影区中。

当总平面设计中采用以上各条措施后，仍不能达到噪声设计标准时，宜设置隔声用的屏障或在各厂房、建筑物之间保持必要的防护间距。

（3）工艺、管线及设备选择

首先，工艺设计在满足生产要求的前提下，应符合下列规定：

① 减少冲击性工艺。在可能条件下，以焊代铆，以液压代冲压，以液动代气动。

② 避免物料在运输中出现大高差翻落和直接撞击。

③ 采用较少向空中排放高压气体的工艺。

④ 采用操作机械化（包括进、出料机械化）和运行自动化的设备工艺，实现远距离监视操作。

其次，管线的设计应正确选择输送介质在管道内的流速；管道截面不宜突变；管道连接宜采用顺流走向；阀门宜选用低噪声产品。管道与强烈振动的设备连接，应采用柔性连接；有强烈振动的管道与建筑物、构筑物或支架的连接，不应采用刚性连接。辐射强噪声的管道，宜布置在地下或采取隔声、消声等处理措施。

最后，设备宜选用噪声较低、振动较小的设备。主要噪声源设备的选择，应收集和比较同类型设备的噪声指标。

（4）车间布置

首先，在满足工艺流程要求的前提下，高噪声设备宜相对集中，并应尽量布置在厂房的一隅。如对车间环境仍有明显影响时，则应采取隔声等控制措施；其次，有强烈振动的设备，不宜布置于楼板或平台上；最后，设备布置应考虑与其配用的噪声控制专用设备的安装和维修所需的空间。

4.1.5 降噪效果预测

在确定最终降噪方案之前，应对所采取的设计方案进行初步预测评估，以判断该方案是否能达到预期的降噪效果。噪声预测可采用声传播的理论计算方法，也可采用噪声模拟软件。由于噪声控制工程的复杂性，采用噪声预测软件进行降噪模拟预测是非常有效的手段。常用的工业噪声模拟软件有 CadnaA、Soundplan、Raynoise 等，在模拟软件中可直接进行建模及仿真计算，评估对比不同方案的优劣及降噪效果。噪声模拟软件的广泛应用大大提高了降噪工程设计的效率，特别适合大型工业厂区的降噪工程设计。

4.1.6 降噪效果的鉴定及评价

噪声控制措施实施后，应及时进行降噪效果鉴定。如未达到预期效果，应查找原因，分析结果，补加新的控制措施，直至达到预期的效果，最后对整个噪声控制工作进行评价，其内容包括降噪效果、投资费用及对正常工作的影响等。对新建及改扩建工程，一律实行"三同时"，即噪声控制措施必须与主体工程同时设计、同时施工、同时投产。

图 4.1 表示为降噪设计工作的流程图。

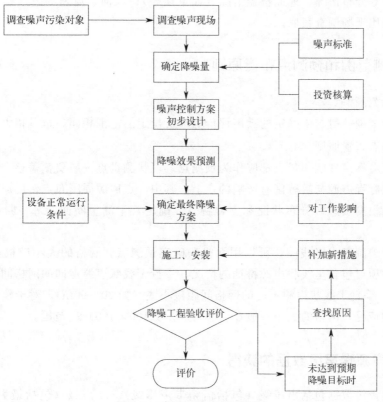

图 4.1 降噪设计工作流程图

4.2 噪声预测

在进行方案设计之前，在具备条件的情况下应对场站的噪声现状进行模拟分析，其主要目的是掌握噪声源的传播特性和现场噪声分布，以便为后续的降噪方案提供设计思路和依据。

4.2.1 基础资料准备

建设项目噪声预测应掌握的基础资料，包括建设项目的声源资料和建筑布局、室外声波传播条件、气象参数及有关资料等。

（1）建设项目的声源资料

建设项目的声源资料是指噪声源种类（包括设备型号）与数量、各声源的噪声级与发声持续时间、声源的空间位置、声源的作用时间段。

声源种类与数量、各声源的发声持续时间及空间位置由设计单位提供或从工程设计书中获得。

（2）影响声波传播的各种参数

影响声波传播的各种参数包括当地常年的平均气温和平均湿度；预测范围内影响声波传播的障碍物（如建筑物、围墙等，若声源位于室内还包括门窗等）的位置（坐标）长、宽、高数据；树林等分布情况、地面覆盖情况（如草地等）；风向、风速等。这些参数一般通过现场或同类类比现场调查获取。

4.2.2　预测范围和预测点布置原则

（1）预测范围

噪声预测范围一般与所确定的噪声评价等级所规定的范围相同，也可稍大于评价范围。

（2）预测点布置原则

所有的环境噪声现状测量点都应作为预测点，现状测量点一般要覆盖整个评价范围，重点要布置在现有噪声源与敏感区有影响的点上。其中，点声源周围布点密度应高一些。对于线状声源，应根据敏感区分布状况和工程特点，确定若干测量断面，每一断面上设置一组测点。

为了便于绘制等声级线图，可以用网格法确定预测点。网格的大小应根据具体情况确定，对于建设项目包含呈线状声源特征的情况，平行于线状声源走向的网格间距可大些（如100～300m），垂直于线状声源走向的网格间距应小些（如20～60m）。对于建设项目包含呈点声源特征的情况，网格的大小一般在（20×20）～（100×100）m^{2}范围。

4.2.3　噪声源噪声级数据的获得

噪声源噪声级数据包括声压级（包括倍频带声压级）、A声级（包括最大A声级）、A声功率级、倍频带声功率级以及有效感觉噪声级。有关符号见表4.3。

表4.3　符号一览表

序号	符号	含义	单位
1	A	附加衰减	dB
2	A_{octdiv}	声波几何发散引起的倍频带衰减量	dB
3	A_{octbar}	遮挡物引起的倍频带衰减量	dB
4	A_{octatm}	空气吸收引起的倍频带衰减量	dB
5	A_{octexc}	倍频带的附加衰减量	dB
6	A_{div}	声波几何发散引起的A声级衰减量	dB
7	A_{bar}	遮挡物引起的A声级衰减量	dB
8	A_{atm}	空气吸收引起的A声级衰减量	dB
9	A_{exc}	附加A声级衰减量	dB
10	L	声级	dB
11	L_{eq}	等效连续A声级	dB
12	$L_A(r)$	距声源r处的A声级	dB
13	$L_{Aref}(r_0)$	参考位置r_0处的A声级	dB
14	$L_{octref}(r_0)$	参考位置r_0处的倍频带声压级	dB
15	$L_{oct}(r)$	距声源r处的倍频带声压级	dB
16	L_p	声压级	dB
17	L_{WA}	A声功率级	dB
18	L_W	声功率级	dB
19	Q	方向因子	
20	r	距离	m
21	R	房间常数	m^2
22	S	面积	m^2

序号	符号	含义	单位
23	t_i	第 i 个声源的发声时间	s
24	T	测量或计算时间间隔	h
25	WECPNL	计权等效连续感觉噪声级	dB
26	δ	声程差	m
27	λ	波长	m
28	α	空气吸收系数	dB/100m

获得噪声源数据有两个途径：类比测量法、引用已有的数据。在一般情况下，评价等级为一级的，必须采用类比测量法；评价等级为二级、三级的，可引用已有的噪声源数据。噪声源的类比测量，应选取与建设项目的声源有相似的型号、工况和环境条件的声源进行类比测量，并根据条件的差别进行必要的声学修正。为了获得噪声源噪声级的准确数据，必须严格按照现行国家标准进行测量。

对于噪声源声功率级的测量，当评价等级为一级时，应满足工程法的要求；当评价等级为二级时，应满足准工程法的要求；当评价等级为三级时，可用简易法测量。报告书应当说明噪声源数据的测量方法和标准。引用类似的噪声源噪声级数据必须是公开发表的，经过专家鉴定并且是按有关标准测量得到的数据。报告书应当指明被引用数据的来源。

4.2.4　噪声传播声级衰减计算方法

4.2.4.1　概述

在环境影响评价中，经常是根据靠近声源某一位置（参考位置）处的已知声级（如实测得到）来计算距声源较远处预测点的声级。

在预测过程中遇到的声源往往是复杂的，需根据其空间分布形式作简化处理。环境影响评价中，经常把声源简化成二类声源，即点声源和线状声源。

当声波波长比声源尺寸大得多或是预测点离声源的距离比声源本身尺寸大得多时，声源可当作点声源处理，等效点声源位置在声源本身的中心。各种机械设备、单辆汽车、单架飞机等均可简化为点声源。当许多点声源连续分布在一条直线上时，可认为该声源是线状声源。公路上的汽车流、铁路列车均可作为线状声源处理。

（1）噪声户外传播声级衰减计算的基本方法

首先，计算预测点的倍频带声压级：

$$L_{\text{oct}}(r) = L_{\text{octref}}(r_0) - (A_{\text{octdiv}} + A_{\text{octbar}} + A_{\text{octatm}} + A_{\text{octexc}}) \tag{4-1}$$

式中符号代表的含义见表4.3，下同。

然后根据各倍频带声压级合成计算出预测点的 A 声级。

（2）噪声户外传播声级衰减计算的替代方法

在倍频带声压级测试有困难时，可用 A 声级计算：

$$L_{\text{A}}(r) = L_{\text{Aref}}(r_0) - (A_{\text{div}} + A_{\text{bar}} + A_{\text{atm}} + A_{\text{exc}}) \tag{4-2}$$

（3）对于稳态机械设备噪声的传播计算

原则上用倍频带声压级方法计算，其他（非稳态、脉冲）噪声可用 A 声级直接计算。

4.2.4.2　几何发散衰减

（1）点声源的几何发散衰减

① 无指向性点声源几何发散衰减的基本公式：

$$L(r) = L(r_0) - 20\lg(r/r_0) \tag{4-3}$$

式中，$L(r)$、$L(r_0)$ 分别为 r、r_0 处的声级。

如果已知 r_0 处的 A 声级，则式（4-4）和式（4-3）等效：

$$L_A(r) = L_A(r_0) - 20\lg(r/r_0) \tag{4-4}$$

式（4-3）和式（4-4）中第二项代表了点声源的几何发散衰减：

$$A_{div} = 20\lg(r/r_0) \tag{4-5}$$

如果已知点声源的 A 声功率级 L_{WA}，且声源处于自由声场空间，则式（4-4）等效为式（4-6）。

$$L_A(r) = L_{WA} - 20\lg r - 11 \tag{4-6}$$

如果声源处于半自由声场空间，则式（4-4）等效为式（4-7）：

$$L_A(r) = L_{WA} - 20\lg r - 8 \tag{4-7}$$

② 具有指向性声源几何发散衰减的计算式：

$$L(r) = L(r_0) - 20\lg(r/r_0) \tag{4-8}$$

或

$$L_A(r) = L_A(r_0) - 20\lg(r/r_0) \tag{4-9}$$

式（4-8）和式（4-9）中，$L(r)$ 与 $L(r_0)$、$L_A(r)$ 与 $L_A(r_0)$ 必须是在同一方向上的声级。

③ 反射体引起的修正

如图 4.2 所示，当点声源与预测点处在反射体同侧附近时，到达预测点的声级是直达声与反射声叠加的结果，从而使预测点声级增高（增高量用 ΔL_r 表示）。

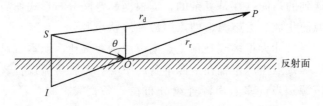

图 4.2　反射体的影响

当满足下列条件时需考虑反射体引起的声级增高：a. 反射体表面是平整、光滑、坚硬的；b. 反射体尺寸远远大于所有声波的波长；c. 入射角 θ 小于 85°。

在图 4.2 中，被 O 点反射到达 P 点的声波相当于从虚声源 I 辐射的声波，记 $SP = r_d$，$IP = r_r$。在实际情况下，声源辐射的声波是宽频带的且满足条件 $r_r - r_d \gg \lambda$，反射引起的声级增高量 ΔL_r 与 $r_r - r_d$ 有关；当 $r_r - r_d \approx 1$ 时，$\Delta L_r = 3dB$；当 $r_r - r_d \approx 1.4$ 时，$\Delta L_r = 2dB$；当 $r_r - r_d \approx 2$ 时，$\Delta L_r = 1dB$；当 $r_r - r_d > 2.5$ 时，$\Delta L_r = 0dB$。

（2）线状声源的几何发散衰减

① 无限长线声源

无限长线声源几何发散衰减的基本公式为：

$$L(r) = L(r_0) - 10\lg(r/r_0) \tag{4-10}$$

如果已知 r_0 处的 A 声级，则式（4-11）与式（4-10）等效：

$$L_A(r) = L_A(r_0) - 10\lg(r/r_0) \tag{4-11}$$

式(4-10)和式(4-11)中，r、r_0 为垂直于线状声源的距离。式(4-10)和式(4-11)中第二项表示了无限长线声源的几何发散衰减：

$$A_{div} = 10\lg(r/r_0) \tag{4-12}$$

② 有限长线声源

如图 4.3 所示，设线状声源长为 l_0，单位长度线声源辐射的声功率级为 L_W。在线声源垂直平分线上距声源 r 处的声级为：

$$L_p(r) = L_W + 10\lg\left[\frac{1}{r}\arctan\left(\frac{l_0}{2r}\right)\right] - 8 \tag{4-13}$$

或

$$L_p(r) = L_W + 10\lg\left[\frac{\dfrac{1}{r}\arctan\left(\dfrac{l_0}{2r}\right)}{\dfrac{1}{r_0}\arctan\left(\dfrac{l_0}{2r_0}\right)}\right] \tag{4-14}$$

当 $r > l_0$ 且 $r_0 > l_0$ 时，式(4-14)可近似简化为：

$$L_p(r) = L_p(r_0) - 20\lg(r/r_0) \tag{4-15}$$

即在有限长线声源的远场，有限长线声源可当作点声源处理。

当 $r < l_0/3$ 且 $r_0 < l_0/3$ 时，式(4-14)可近似简化为：

$$L_p(r) = L_p(r_0) - 10\lg(r/r_0) \tag{4-16}$$

即在近场区，有限长线声源可当作无限长线声源处理。

当 $l_0/3 < r < l_0$ 且 $l_0/3 < r_0 < l_0$ 时，可以作近似计算：

$$L_p(r) = L_p(r_0) - 15\lg(r/r_0) \tag{4-17}$$

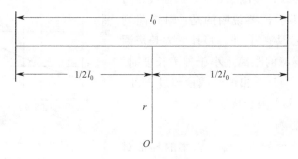

图 4.3 有限长线声源

4.2.4.3 遮挡物引起的衰减

位于声源和预测点之间的实体障碍物，如围墙、建筑物、土坡或地堑等都起声屏障的作用。声屏障的存在使部分声波不能直达某些预测点，从而引起声能量的衰减。在环境影响评价中，一般可将各种形式的屏障简化为具有一定高度的薄屏障。

如图 4.4 所示，S、O、P 三点在同一平面内且垂直于地面。

定义：$\delta = SO + OP - SP$ 为声程差，$N = 2\delta/\lambda$ 为菲涅尔数，其中 λ 为声波波长。声屏障播入损失的计算方法很多，大多是半理论半经验的，有一定的局限性。因此在噪声预测中，需要根据实际情况作简化处理。

（1）有限长薄屏障在点声源声场中引起声衰减（如图 4.5 所示）的计算方法（推荐）

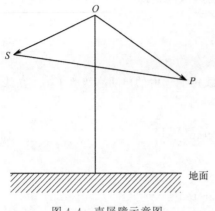

图 4.4 声屏障示意图

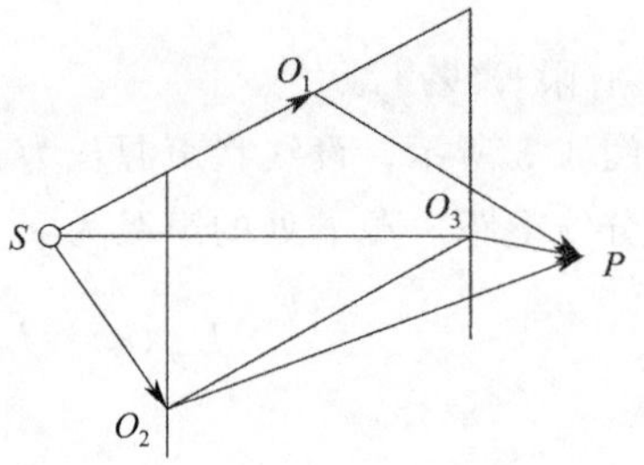

图 4.5 有限长薄屏障、点声源的声衰减

首先计算三个传播途径的声程差 δ_1、δ_2、δ_3 和相应的菲涅尔数 N_1、N_2、N_3。

则声屏障引起的衰减量计算公式为：

$$A_{\text{octbar}}(r) = -10\lg\left(\frac{1}{3+20N_1} + \frac{1}{3+20N_2} + \frac{1}{3+20N_3}\right) \tag{4-18}$$

当屏障很长（作无限处理）时，则：

$$A_{\text{octbar}}(r) = -10\lg\left(\frac{1}{3+20N_1}\right) \tag{4-19}$$

（2）无限长薄屏障在无限长线声源声场中引起衰减的计算方法（推荐）

首先计算菲涅尔数 N；按图 4.6 所示的曲线，由 N 值查出相应的衰减量。需要说明的是：对铁路列车、公路上汽车流，在近场条件下，可作无限长声源处理；当预测点与声屏障的距离远小于屏障长度时，屏障可当无限长处理。当计算出的衰减量超过 25dB，实际所用的衰减量应取其上限衰减量 25dB。

（3）绿化林带的影响

绿化林带并不是有效的声屏障。密集的林带对宽带噪声典型的附加衰减量是每 10m 衰减 1~2dB；取值的大小与树种、林带结构和密度等因素有关。密集的、50m 以上的绿化林带对噪声的最大附加衰减量一般不超过 10dB。

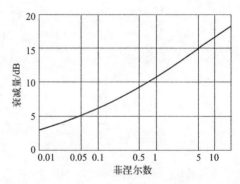

图 4.6 无限长屏障、无限长线声源的声衰减

（4）噪声从室内向室外传播的声级差计算

如图 4.7 所示，声源位于室内。设靠近开口处（或窗户）室内、室外的声级分别为 L_1 和 L_2。若声源所在室内声场近似扩散声场，则噪声衰减值为

$$NR = L_1 - L_2 - TL + 6 \tag{4-20}$$

式中，TL 为隔墙（或窗户）的传声损失。

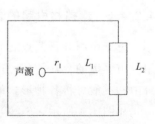

图 4.7 噪声从室内向室外传播

图 4.7 中，L_1 可以是测量值或计算值；若为计算值时，有如下计算式：

$$L_1 = L_W - 10\lg\left(\frac{Q}{4\pi r_1^2} + \frac{4}{R}\right) \tag{4-21}$$

4.2.4.4　空气吸收引起的衰减

空气吸收引起的衰减量按式（4-22）计算：

$$A_{octatm} = \frac{\alpha(r - r_0)}{100} \tag{4-22}$$

式中　r——预测点距声源的距离，m；

r_0——参考位置距离，m；

α——每 100m 空气吸收系数，dB。

α 为温度、湿度和声波频率的函数，预测计算中一般根据当地常年平均气温和湿度选择相应的空气吸收系数（见表 4.4）。

表 4.4　大气中的声衰减系数/(dB/100m)

温度 /℃	1/3 倍频带中心频率 /Hz	相对湿度/%								
		20	30	40	50	60	70	80	90	100
5	125	0.05	0.044	0.039	0.036	0.033	0.031	0.030	0.029	0.028
	250	0.115	0.096	0.086	0.079	0.074	0.070	0.066	0.063	0.061
	500	0.339	0.235	0.205	0.189	0.177	0.166	0.157	0.151	0.146
	1000	1.142	0.734	0.549	0.466	0.426	0.404	0.385	0.369	0.355
	2000	3.801	2.524	1.859	1.472	1.218	1.061	0.973	0.912	0.877
	4000	8.352	8.000	6.249	4.930	4.097	3.469	3.044	2.697	2.454
	8000	12.548	16.957	17.348	15.886	13.599	11.556	10.144	9.059	8.122
10	125	0.049	0.042	0.038	0.035	0.032	0.031	0.029	0.028	0.027
	250	0.109	0.093	0.083	0.077	0.072	0.068	0.065	0.062	0.059
	500	0.273	0.222	0.200	0.184	0.171	0.162	0.154	0.148	0.142
	1000	0.882	0.585	0.484	0.455	0.418	0.395	0.375	0.358	0.345
	2000	3.020	1.957	1.445	1.172	1.044	0.970	0.962	0.891	0.859
	4000	9.096	6.576	4.902	3.853	3.210	2.759	2.462	2.282	2.155
	8000	17.906	18.875	16.068	12.810	10.733	9.195	8.027	7.020	6.512
15	125	0.048	0.041	0.037	0.034	0.032	0.030	0.029	0.027	0.026
	250	0.106	0.090	0.081	0.075	0.070	0.066	0.063	0.060	0.058
	500	0.205	0.216	0.193	0.178	0.167	0.157	0.150	0.143	0.138
	1000	0.697	0.523	0.472	0.435	0.406	0.382	0.365	0.351	0.338
	2000	2.405	1.554	1.206	1.070	1.004	0.953	0.910	0.873	0.839
	4000	8.072	5.278	3.884	3.106	2.653	2.418	2.265	2.181	2.107
	8000	20.830	17.350	12.918	10.398	8.627	7.463	6.600	6.017	5.582
20	125	0.047	0.040	0.036	0.033	0.031	0.029	0.028	0.026	0.025
	250	0.102	0.088	0.079	0.073	0.068	0.064	0.061	0.059	0.056
	500	0.246	0.211	0.190	0.175	0.164	0.155	0.148	0.141	0.136
	1000	0.606	0.513	0.462	0.422	0.397	0.376	0.358	0.343	0.331
	2000	1.859	1.289	1.126	1.042	0.979	0.924	0.876	0.843	0.814
	4000	6.302	4.119	3.116	2.653	2.653	2.134	2.217	2.136	2.062
	8000	20.445	13.761	10.310	8.324	8.324	6.224	5.779	5.496	5.297

4.2.4.5　附加衰减

附加衰减包括声波传播过程中由于云、雾、温度梯度、风（称为大气非均匀性和不稳定性）引起的声能量衰减以及地面效应（指声波在地面附近传播时由于地面的反射和吸收，以及接近地面的气象条件引起的声衰减效应）引起的声能量衰减。

在噪声环境影响评价中，不考虑风、温度梯度以及雾引起的附加衰减。如果满足下列条件，则需考虑地面效应引起的附加衰减：①预测点距声源50m以上；②声源（或声源的主要发声部位）距地面高度和预测点距地面高度的平均值小于3m；③声源与预测点之间的地面被草地、灌木等覆盖（软地面）。

地面效应引起的附加衰减量按式(4-23)计算：

$$A_{\text{exc}} = 5\lg(r/r_0) \quad (\text{dB}) \tag{4-23}$$

不管传播距离多远，地面效应引起的附加衰减量的上限为10dB。如果在声屏障和地面效应同时存在的条件下，声屏障和地面效应引起的衰减量之和的上限为25dB。

4.2.5　预测点噪声级计算的基本步骤

预测点噪声级计算的基本步骤如下：

① 选择一个坐标系、确定出各噪声源位置和预测点位置（即坐标），并根据预测点与声源之间的距离把噪声源简化成点声源或线状声源。

② 根据已获得的噪声声源噪声级数据和声波从各声源到预测点的传播条件，计算出噪声从各声源传播到预测点的声衰减量，由此计算出各声源单独作用时在预测点产生的 A 声级 $L_{\text{A}i}$。

③ 确定预测计算的时段 T，并确定各声源的发声持续时间 t_i。

④ 计算预测点 T 时段内的等效连续 A 声级：

$$L_{\text{eq}}(\text{A}) = 10\lg\left(\frac{\sum\limits_{i=1}^{n} t_i 10^{0.1L_{\text{A}i}}}{T}\right) \tag{4-24}$$

在噪声环境影响评价中，因为声源较多，预测点数量比较大，因此常用电子计算机完成计算工作。

4.2.6　等声级线图的绘制

计算出各网格点上的噪声级（如 L_{eq}、WECPNL）后，采用某种数学方法（如双三次拟合法、按距离加权平均法、按距离加权最小二乘法）计算并绘制出等声级线。

等声级线的间隔不大于5dB。绘制 L_{eq} 的等声级线图，其等效声级范围可为 35～75dB；对于 WECPNL，一般应有 70dB、75dB、80dB、85dB、90dB 的等声级线。

等声级线图直观地表明了项目的噪声级分布，对分析功能区噪声超标状况提供了方便，同时为城市规划、城市噪声管理提供了依据。

4.3　工业噪声预测

工业噪声源有室外和室内两种声源，应分别计算。一般来讲，进行环境噪声预测时所使用的工业噪声源都可按点声源处理。

4.3.1　室外声源

先计算某个声源在预测点的倍频带声压级：

$$L_{\mathrm{oct}}(r)=L_{\mathrm{oct}}(r_0)-20\lg(r/r_0)-\Delta L_{\mathrm{oct}}$$

式中　$L_{\mathrm{oct}}(r)$——点声源在预测点产生的倍频带声压级；

$\quad\ L_{\mathrm{oct}}(r_0)$——参考位置 r_0 处的倍频带声压级；

$\qquad\qquad r$——预测点距声源的距离，m；

$\qquad\qquad r_0$——参考位置距声源的距离，m；

$\qquad\ \Delta L_{\mathrm{oct}}$——各种因素引起的衰减量（包括声屏障、遮挡物、空气吸收、地面效应引起的衰减量）。

如果已知声源的倍频带声功率级 L_{Woct}，且声源可看作是位于地面上的，则：

$$L_{\mathrm{oct}}(r_0)=L_{\mathrm{Woct}}-20\lg r_0-8$$

然后，再由各倍频带声压级合成计算出该声源产生的 A 声级 L_{A}。

4.3.2　室内声源

① 首先计算出某个室内靠近围护结构处的倍频带声压级，如图 4.8 所示：

$$L_{\mathrm{oct1}}=L_{\mathrm{Woct}}-10\lg\left(\frac{Q}{4\pi r_1^2}+\frac{4}{R}\right)$$

式中　L_{oct1}——某个室内声源在靠近围护结构处产生的倍频带声压级；

$\quad\ L_{\mathrm{Woct}}$——某个声源的倍频带声功率级；

$\qquad\ r_1$——室内某个声源与靠近围护结构处的距离；

$\qquad\ R$——房间常数；

$\qquad\ Q$——方向性因子。

② 计算出所有室内声源在靠近围护结构处产生的总倍频带声压级：

$$L_{\mathrm{oct1}}(T)=10\lg\left(\sum_{i=1}^{N}10^{0.1L_{\mathrm{oct1}(i)}}\right)$$

③ 计算出室外靠近围护结构处的声压级：

$$L_{\mathrm{oct2}}(T)=L_{\mathrm{oct1}}(T)+10\lg S$$

式中，S 为透声面积，m^2。

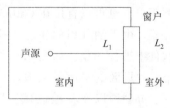

图 4.8　室内声源的倍频带
声压级示意图

④ 将室外声级 $L_{\mathrm{oct2}}(T)$ 和透声面积换算成等效的室外声源，计算出等效声源第 i 个倍频带的声功率级 L_{Woct}：

$$L_{\mathrm{Woct}}=L_{\mathrm{oct1}}(T)-TL_{\mathrm{oct}}+6$$

⑤ 等效室外声源的位置为围护结构的位置，其倍频带声功率级为 L_{Woct}，由此按室外声源方法计算等效室外声源在预测点产生的声压级。

4.3.3 计算总声压级

设第 i 个室内声源在预测点产生的 A 声级为 L_{Aini}，在 T 时间内该声源工作时间为 t_{ini}；第 j 个等效室外声源在预测点产生的 A 声级为 L_{Aoutj}，在 T 时间内该声源工作时间为 t_{outj}，则预测点的总等效声压级（L_{eq}）为：

$$L_{eq}(T) = 10\lg\left(\frac{1}{T}\right)\left(\sum_{i=1}^{N} t_{ini} 10^{0.1L_{Aini}} + \sum_{j=1}^{M} t_{outj} 10^{0.1L_{Aoutj}}\right) \tag{4-25}$$

式中　T——计算等效声压级的时间；

　　　N——室外声源个数；

　　　M——等效室外声源个数。

4.4　油气田噪声模拟

油气田厂区内的主要噪声源包括空压机、空冷器以及注水泵，噪声频谱以中低频为主。本书将利用 Cadna/A（Computer Aided Noise Abatement）软件对油气田厂区及厂界周围的声环境进行模拟计算，该软件是由德国 DataKustic 公司开发的利用 Windows 作为操作平台，用于计算、显示、评估及预测噪声影响的软件。Cadna/A 软件已在环境噪声预测领域得到了广泛应用，为噪声项目的评估、方案设计提供了便利。

4.4.1　噪声环境建模

（1）建筑物建模

噪声环境建模一般包括建筑物建模和噪声源建模两部分，首先应进行建筑物部分的建模。建筑物建模一般根据现场勘查结果，或提供的建筑图纸，进行 1:1 建模。Cadna/A 软件支持 AutoCAD 图纸导入，复杂建筑的模型可应用此方法进行模型加载导入，以此节约建模时间。若模型简单，也可以直接在 Cadna/A 软件中进行三维建模。由于油气田的建筑物相对简单，可直接在软件中进行建模。如图 4.9 所示，为某一油气田集气站厂区的平面示意图，其中主要包括压缩机区、办公区以及其他区域。厂区四周一般有 2m 左右高度的砖墙围护，空压机区为噪声源区域，其他区域无噪声源。图 4.10 为油气田集气站厂区的实拍照片。

油气田集气站内的空压机通常位于半封闭式的钢构厂房中，厂房的墙面及顶面一般为彩钢板，敞开的一面正对厂界。在 Cadna/A 中所建立的建筑模型如图 4.11 所示。在建模中，大尺寸的设

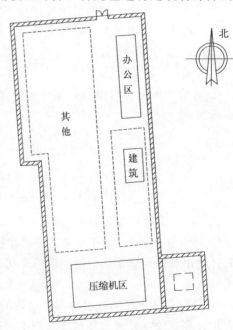

图 4.9　油气田厂区平面示意图

备、办公区均采用建筑物类型，厂界围墙、厂房墙面及顶棚采用屏障板类型。

图 4.10 某一油气田集气站厂区照片

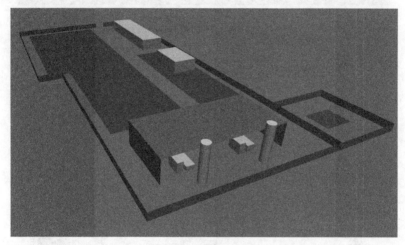

图 4.11 在 Cadna/A 中建立的三维模型

（2）噪声源建模

完成建筑物建模后，在建筑物的基础上进行噪声源建模。由于空压机、空冷器、发动机排气消声器（圆柱筒体）的相对体积尺寸较大，因此将其设置为面声源，发动机排气管直径相对较小，将排气管及其管口分别设置为线声源和点声源。根据声源发声部位及传播特性，空压机面声源包括四个垂直面声源和一个水平面声源，分别位于空压机的侧立面和顶面；空冷器在进风口和排风口位置的噪声较大，因此将空冷器的进风口端面和排风口端面分别设置为两个垂直面声源；发动机排气消声器为圆柱面声源。图 4.12 为用 Cadna/A 建立的噪声源模型，包括两台压缩机组和两台空冷器，圆柱体为发动机消声器，点声源位于消声器出口位置，排气管线声源连接空压机和排气消声器。

声源位置及形状建立之后，需对每个声源进行频谱设置。设备噪声频谱数据获取可来自现场噪声测量或由设备厂家提供。现以一台压缩机垂直面声源的噪声频谱设置为例进行简要说明。

双击压缩机的垂直面声源，打开声源设置界面，如图 4.13（a）所示。可根据需要对声源进行命名和 ID 设置，声源类型下拉菜单有众多选项，包括单频、频谱以及常见机械设备如风扇、电机、泵等设备的噪声源。

图 4.12　噪声源建模

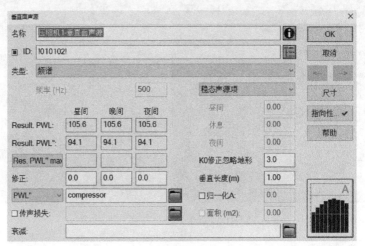

(a) 声源设置界面

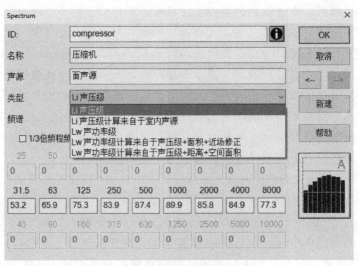

(b) 声源频谱输入

图 4.13　声源频谱设置过程

（3）噪声频谱输入

这里我们已经获得了压缩机的噪声频谱数据，因此声源类型一项选择频谱。对于面声源，PWL 和 PWL″分别表示面声源的总声功率级和单位面积声功率级，选择哪一个与声功率级的计算方式有关。点击后面的文件夹，然后新建插入一行，进入声源编辑，如图 4.13（b）所示。声源的频谱可以通过以下五种方式进行输入计算：

① L_i 声压级；

② L_i 声压级计算来自室内声源；

③ L_W 声功率级；

④ L_W 声功率级计算来自声压级＋面积＋近场修正；

⑤ L_W 声功率级计算来自声压级＋距离＋空间面积。

①和③两种方式为直接输入，其他均通过计算得到。

若选择②——L_i 声压级计算来自室内声源，即根据室内声源及室内条件，按统计声学原理计算室内声压级，且假设室内声场为混响声场，其计算公式为：

$$L_i = L_W - 10\lg A + 6 \tag{4-26}$$

式中　L_i——室内声压级；

　　　L_W——室内声源的声功率级；

　　　A——室内吸声量，m^2，$A = \alpha S$；

　　　α——室内平均吸声系数；

　　　S——室内表面积。

采用这种方式计算室内声压级，一般需要知道室内表面的吸声系数，同一材料对不同频率声波的吸声系数不同。吸声系数一般通过大量实验获得，或查找相关资料。此外，该方法还需要输入声源的数量和声功率级，计算相对复杂。图 4.14 为选择"L_i 声压级计算来自室内声源"的设置界面。

若选择④——L_W 声功率级计算来自声压级＋面积＋近场修正，即利用测得的声压级、面积即近场修正来获得声源的声功率级，通常用于表征从某声源出口（Openning）排出的辐射噪声源强，如排气噪声等，其计算公式为：

$$L_W = L_p + 10\lg S \tag{4-27}$$

式中　S——声源出口面积。

图 4.15 为选择该计算方法的设置界面。这里需要注意近场修正量的确定，当测量声压级位置距离声源特别近时，此时测量距离远小于声波的波长，此时易产生近场误差。又如声源声线并非沿物体表面垂直传播时，也易产生近场误差。如果从面积 S 穿透出来的声音向各个方向传播，则近场修正量为 $-3dB$，如房间内机器的噪声通过敞开的门向户外传播；如果噪声是从吸声管道的开口向外辐射，则修正量为 $0dB$；如果管道是没有吸声的，则修正量介于 $0 \sim -3dB$ 之间。使用该计算方法时，应根据现场情况填写合适的修正量。

若选择⑤——L_W 声功率级计算来自声压级＋距离＋空间面积，即根据测量的声压级及测量条件计算声源的声功率级，这时需要测量距离明显大于声源尺寸。如果声源各向异性，则应在声源周围尽量多布置测点，根据测量距离、测量声压级及空间面积，可计算出声源的

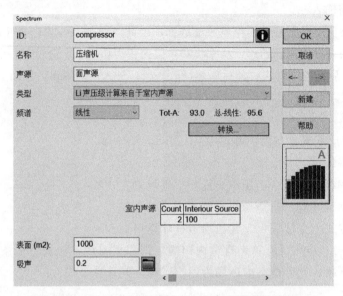

图 4.14　L_i 声压级计算来自室内声源设置界面

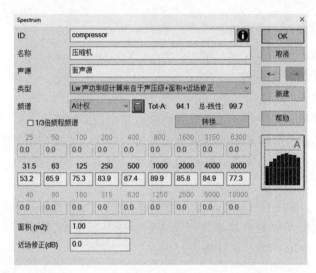

图 4.15　利用面积及近场修正计算声功率级

声功率级，其计算公式为：

$$L_W = L_p + 10\lg(4\pi r^2) + \lg\left(\frac{n\%}{100\%}\right) \tag{4-28}$$

式中　r——测量距离；

　　　n——声源辐射空间面积修正量，$n=100\%$ 时为自由声场空间辐射，$n=50\%$ 时为半自由声场空间辐射。

图 4.16 为利用距离及空间修正计算声功率级的设置界面。

根据计算原理可知，利用该方法计算源强时，要求测点距声源的距离明显大于声源尺寸，此时声源才可按照点声源进行处理。很多情况下，由于声源体积很大，测点距离声源在 1m 附近时，此时声源近似为"体源"（可用面源模拟），则不能用该方法计算。此情况下，

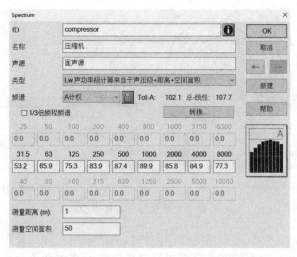

图 4.16　利用距离及空间修正计算声功率级

为了准确计算源强，可将声源模拟为体源，通过对源强的不断输入调整反推预测点噪声，使其值与测量值一致，从而确定源强。

以上介绍了声源源强的几种计算方法，在实际使用时应根据现场情况选择其中一种方式进行计算。对压缩机而言，由于其体积庞大，故将其设备的五个面视为面声源处理，因此压缩机的噪声源强通过选择"L_i 声压级"的方法进行输入计算。此外，输入噪声时应注意频谱计权方式，一般采用 A 计权噪声频谱，也可采用不计权的方式，即软件中提供的线性频谱输入。

对其他噪声源，可参照同样的流程方法进行噪声频谱的输入。

（4）K_0 参数设置

在声源参数设置界面有一项关于 K_0 参数的设置选项，该选项主要用来表征声源距离反射体较近时所产生的附加噪声。如果输入该项，则不需要再重复计算反射面的噪声影响，一般情况下可输入为 0。可直接通过设置反射次数及反射属性来决定反射噪声的影响。

$K_0=0$，对应立体角为 2π，声源高于地面任意高度时；

$K_0=3$，对应立体角为 π，声源高于地面任意高度位于一反射体前时；

$K_0=6$，对应立体角为 $\pi/2$，声源高于地面任意高度位于一角落时。

如果输入 $K_0>0$，表示已经考虑了声源附近的反射体影响，因此在计算反射声影响时不应重复计算，可通过在计算≫设定≫反射页面中设置适当的声源距反射体的最小间距，以避免反射声的重复计算。

（5）声源指向性

声源的指向性用来表征噪声传播的方向性，大部分声源传播的方向是各个方向均匀的，也有一部分声源传播具有明显的指向性，如管道排气口噪声、喇叭声等。

在油气田噪声设备中，发动机的排气口噪声具有明显的声源指向性，为了更加真实地反映排气口噪声的传播特性，在模拟时应对其进行声源指向性的设置。若不考虑声源指向性因素的影响，则排气口噪声均匀地向着四周传播，模拟结果如图 4.17（a）所示；若考虑声源指向性因素的影响，排气口噪声将主要沿着排气方向传播，模拟结果如图 4.17（b）所示。

由以上噪声模拟结果可知，考虑声源指向性与否，对结果的影响较大。若噪声具有沿着

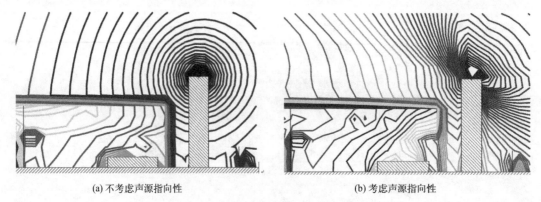

(a) 不考虑声源指向性　　　　　　　　　　　(b) 考虑声源指向性

图 4.17　发动机排气口噪声模拟

某一方向传播的特性，在模拟时必须考虑指向性因素的影响，否则模拟结果将与实际有较大的差距。此外，排气口的气流速度、温度以及环境风速对噪声的传播也有一定的影响，在声源指向性设置界面均匀相关设置，如图 4.18 所示，噪声模拟时应根据实际情况输入。

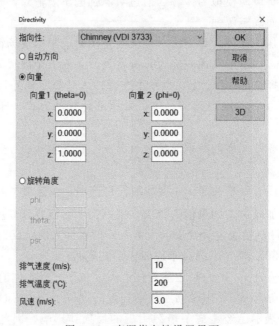

图 4.18　声源指向性设置界面

4.4.2　噪声计算设置

（1）选择计算标准

所有的计算结果都是根据所选择的相应的计算标准而得到的，在开始计算前，必须首先选择计算标准。用户应根据自己国家认可的标准或规范情况选择相应的标准，可通过菜单计算≫设定≫标准页面，如图 4.19 所示，选择所需的计算标准进行设置（需购买相应的标准模块）。

一般默认情况下，工业和铁路噪声标准按照 HJ 2.4—2021 和 Scha Ⅱ 03 模式计算。计算所得到的结果均是基于所选择的标准而来，不同的标准对应相同条件的计算结果也会不

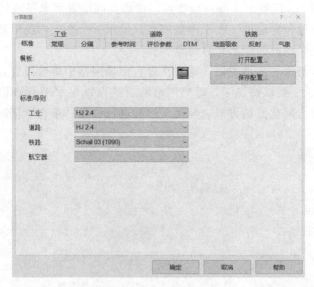

图 4.19　计算标准设置页面

同，Cadna/A 软件只是提供了这种计算方法，具体差异需要靠用户自己把握（取决于选择的标准）。Cadna/A 软件根据不同标准及规范的计算结果已经经过了相关部门的认可，除了在德国等欧洲国家取得相关认证外，在 2001 年，该软件也通过了中国国家环境保护总局评估中心组织的专家认可，软件认证号为"环声模-001 号"。

其他相关设置，例如工业、道路、铁路、反射、DTM、地面吸收等参数均可在相应的页面进行设置。若对任何设置项有疑问，可点击帮助按钮打开相关帮助文档，其中对各部分参数设置有详细的解释和说明。

（2）网格设置

依次点击菜单网格≫属性，即打开网格参数设置，该网格为水平声场的计算网格，如图 4.20 所示。其中 dx 和 dy 分别表示在水平声场内，沿 x（水平）方向和沿 y（垂直）方向网格的间距，例如设置 $dx=1$、$dy=1$，则表示沿水平方向每隔 1m 设置一个噪声接收点，

图 4.20　水平声场网格设置

以及沿垂直方向每隔 1m 设置一个噪声接收点。接收点高度表示水平声场网格距离地面的高度，也即接收点距离地面的高度。水平声场网格仅显示一个平面内的声场计算结果，每次计算只能查看一个高度平面内的噪声计算结果。

垂直网格的设置与水平网格类似，需要在垂直声场网格中单独设置，垂直声场网格的设置页面如图 4.21 所示。默认情况下，垂直网格的属性设置与水平网格相同，如果要自定义设置网格属性，点击全局前面的方框去掉勾，然后进行设置。垂直声场网格的高度在尺寸项中设置。

图 4.21　垂直声场网格设置

（3）多核 CPU 设置

网格的间距越小、面积越大，计算的噪声接收点数越多，计算量也就越大。为了提高计算效率，可打开多任务处理设置（见图 4.22）。点击菜单计算≫多任务处理页面，软件会自动获取电脑 CPU 的相关信息，可分别设置只是用一个核，使用所有核心以及自定义选择使用的核心数目。目前软件最多可以支持 64 个核心，若要使用第 32～64CPU 核心，则要启用 Pro 模块。

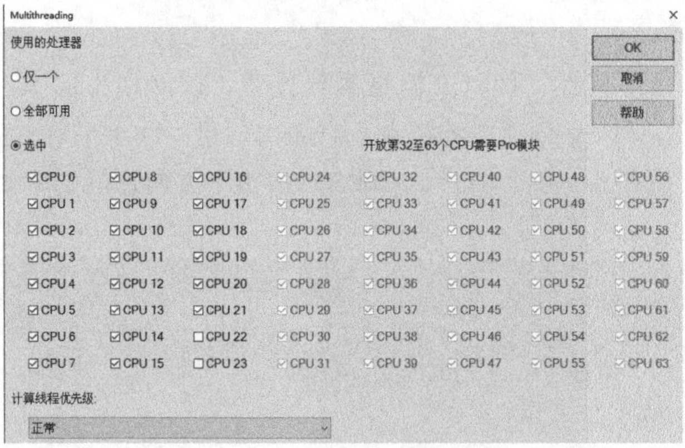

图 4.22　多任务处理器设置

4.4.3　计算结果显示

噪声模拟计算的结果有多种显示方式，二维平面网格显示方式有等声值线、等声值区、格栅等，图 4.23（a）为噪声模拟结果二维平面网格的等声值线，图 4.23（b）为其等声值区。由计算结果可知，在南厂界外设置，噪声值在 70dB（A）以上，厂界噪声排放严重超标。一方面原因是噪声源的声源强度高，噪声辐射范围广；另一方面原因，则是声源距离厂界太近，噪声衰减距离短，声源和厂界之间无遮挡物，这是导致厂界噪声超标的重要原因。

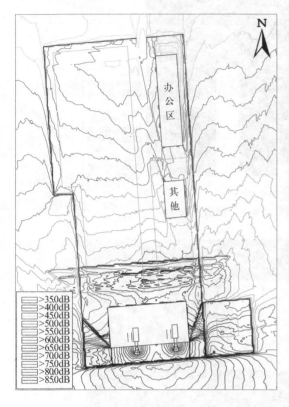

(a) 等声值线

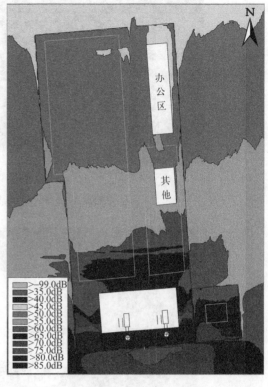

(b) 等声值区

图 4.23　噪声模拟结果二维平面网格显示

除了二维平面网格显示外，还可以通过立面网格显示噪声在某一空间立面的传播情况。图 4.24(a) 为噪声模拟结果二维立面网格的等声值线，图 4.24(b) 为其等声值区。

在二维平面网格显示中，可以单独显示某一点的噪声预测值，应用 Level Box 工具箱，在二维平面网格声场中任意放置一点，即可显示该点的噪声预测值，如图 4.25 所示。

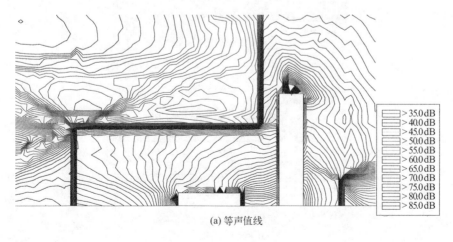

(a) 等声值线

图 4.24

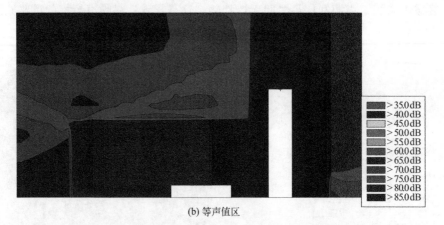

	>35.0dB
	>40.0dB
	>45.0dB
	>50.0dB
	>55.0dB
	>60.0dB
	>65.0dB
	>70.0dB
	>75.0dB
	>80.0dB
	>85.0dB

(b) 等声值区

图 4.24　噪声模拟结果二维立面网格显示

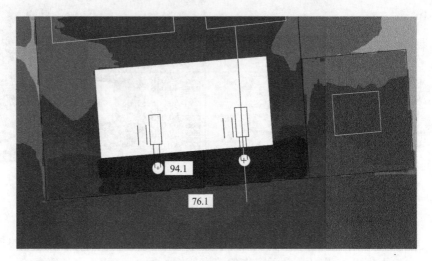

图 4.25　网格点噪声预测值

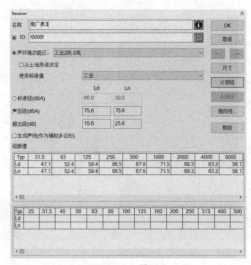

(a) Receiver界面

分部声级

| 关闭 | 同步图像 | 复制 | 打印 | 字体 | 帮助 |

Source			Partial Level 南厂界3																		
Name	M.	ID	Ld	31.5	63	125	250	500	1000	2000	4000	8000	Ln	31.5	63	125	250	500	1000	2000	4000	8000
压缩机1-消声器排气口	+	!010004!	61.7	27.6	32.9	42.8	50.9	52.3	57.7	56.2	51.3	44.9	61.7	27.6	32.9	42.8	50.9	52.3	57.7	56.2	51.3	44.9
压缩机2-消声器排气口	+	!010004!	60.7	26.4	31.7	41.6	49.8	51.3	56.7	55.1	50.2	43.6	60.7	26.4	31.7	41.6	49.8	51.3	56.7	55.1	50.2	43.6
压缩机1-排气管1		!010002!	65.9	39.6	42.9	49.5	56.7	57.5	61.9	59.8	52.3	45.1	65.9	39.6	42.9	49.5	56.7	57.5	61.9	59.8	52.3	45.1
压缩机1-排气管2		!010002!	67.3	41.8	45.1	51.6	58.7	59.7	63.3	60.4	52.9	44.7	67.3	41.8	45.1	51.6	58.7	59.7	63.3	60.4	52.9	44.7
压缩机2-排气管1		!010003!	66.6	40.0	43.5	50.2	57.5	58.3	62.6	60.5	52.8	44.6	66.6	40.0	43.5	50.2	57.5	58.3	62.6	60.5	52.8	44.6
压缩机2-排气管2		!010003!	65.7	38.4	41.8	48.6	56.0	56.8	62.1	59.8	52.0	44.6	65.7	38.4	41.8	48.6	56.0	56.8	62.1	59.8	52.0	44.6
压缩机1-水平面声源		!010103!	58.2	23.6	35.4	43.5	51.5	53.4	53.2	46.6	42.6	32.8	58.2	23.6	35.4	43.5	51.5	53.4	53.2	46.6	42.6	32.8
压缩机2-水平面声源		!010101!	55.1	21.8	33.4	41.6	49.0	50.1	50.0	43.1	39.1	28.2	55.1	21.8	33.4	41.6	49.0	50.1	50.0	43.1	39.1	28.2
压缩机1-垂直面声源		!010102!	65.2	32.0	43.4	51.4	59.1	60.2	60.0	53.2	49.1	38.4	65.2	32.0	43.4	51.4	59.1	60.2	60.0	53.2	49.1	38.4
压缩机1-垂直面声源		!010100!	61.4	28.7	39.9	48.3	55.4	56.3	56.1	49.4	46.0	35.4	61.4	28.7	39.9	48.3	55.4	56.3	56.1	49.4	46.0	35.4
空冷器1-垂直面声源-后		!010200!	56.1	31.7	42.0	47.0	49.5	51.6	48.3	44.9	39.8	28.6	56.1	31.7	42.0	47.0	49.5	51.6	48.3	44.9	39.8	28.6
空冷器1-垂直面声源-前		!010200!	49.5	17.9	27.1	40.6	42.9	45.2	42.1	38.0	32.9	20.6	49.5	17.9	27.1	40.6	42.9	45.2	42.1	38.0	32.9	20.6
空冷器2-垂直面声源-后		!010201!	43.3	19.0	28.3	33.2	34.7	36.2	37.9	35.6	32.3	21.4	43.3	19.0	28.3	33.2	34.7	36.2	37.9	35.6	32.3	21.4
空冷器2-垂直面声源-前		!010201!	56.7	32.4	42.7	47.7	50.1	52.2	48.9	44.9	40.2	29.1	56.7	32.4	42.7	47.7	50.1	52.2	48.9	44.9	40.2	29.1
压缩机1-消声器筒体	+	!010001!	67.6	32.4	36.6	45.0	54.2	57.4	63.7	62.8	57.5	51.3	67.6	32.4	36.6	45.0	54.2	57.4	63.7	62.8	57.5	51.3
压缩机2-消声器筒体	+	!010001!	66.2	30.9	35.2	43.5	52.7	55.9	62.3	61.3	56.0	49.4	66.2	30.9	35.2	43.5	52.7	55.9	62.3	61.3	56.0	49.4

(b) Receiver 分部声级

图 4.26　Receiver 噪声结果显示

此外，可以利用 Receiver（接收点）对声场中任一点的噪声预测值进行显示，该功能在分析噪声源对某点的噪声贡献值时十分有用。如图 4.26(a) 为 Receiver 的界面，当设置了声环境功能区后，可显示该点噪声值与标准值之间的差值。点击 Receiver 分部级功能选项，即可查看所有噪声源对该点噪声贡献值的统计情况，如图 4.26(b) 所示。

根据 Receiver 的噪声分部级统计结果，可以分析出哪个噪声源、哪个频率的噪声对该点的噪声贡献较大，例如将 Receiver 放置在厂界处，就可以清楚地知道厂区内噪声源对厂界噪声的贡献值，从而制定出有效的降噪方案。

第五章

油气田噪声治理典型案例

5.1 注水泵站噪声治理实例

5.1.1 工程概况

本项目油田注水泵站位于陕西省吴起县长庆油田第九采油厂，厂区内的主要声源包括室内 5 台注水泵和室外一组注水机组，厂区围墙高度约 2.1m。注水泵房围护结构采用实心砖砌墙，单层铝合金门窗，注水泵房距离最近厂界围墙约 2m，泵房室内现场情况如图 5.1 所示。

图 5.1 室内注水泵现场

注水机组设置于室外，采取开放式，上方设有彩钢顶棚，四周无围护结构，室外注水机组距离最近的厂界约 9m，现场情况如图 5.2 所示。

5.1.2 噪声概况

对注水泵站厂区内外的噪声情况进行现场监测，厂区平面及测点布置示意图如图 5.3 所

图 5.2　室外注水机组现场

示。泵房外设有原水罐三个，直径约 5m，高度约 8m。工作区内除泵房外同时设有办公及生活设施，其中部分办公室与泵房紧邻。

如图 5.3 所示，本次测试中设置三类噪声测点分别进行监测：

① 泵房内工作环境测点；

② 厂区内工作环境测点；

③ 噪声对厂区外环境影响测点。

测试方法根据《工业企业厂界环境噪声排放标准》（GB 12348—2008）的规定，采用 1min 等效声级。

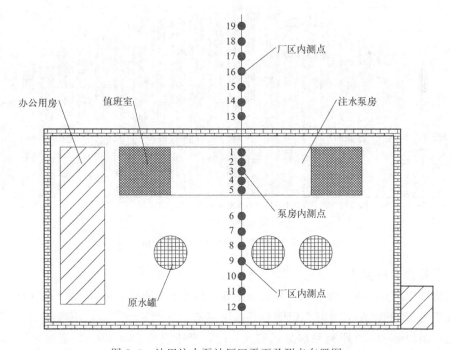

图 5.3　油田注水泵站厂区平面及测点布置图

（1）室内噪声测量

注水泵房内噪声测点的声压级和频谱分别如图 5.4 和图 5.5 所示。从图中可以看到，注水泵房内等效 A 声级平均值约为 92dB(A)，所有测点的噪声值均超过 90dB(A)。另外注水泵房噪声以 400～1600Hz 的中低频噪声为主，频域分布较广，因此各测点数据中 A 声级与 C 声级存在约 2dB 的差异。

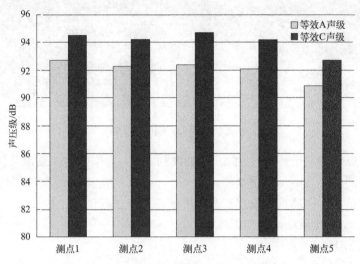

图 5.4　注水泵室内噪声测点 A、C 声级对比

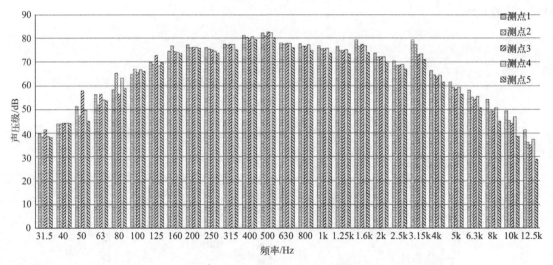

图 5.5　注水泵室内噪声测点频谱

（2）厂区内噪声测量

厂区内噪声测点的声压级和频谱分别如图 5.6 和图 5.7 所示。可以看到厂区内所测等效 A 声级最大值为 73.8dB(A)，并且声级随与泵房距离的增加而显著降低，距离从 3m（距离泵房最近测点）增加至 21m（距离泵房最远测点）时，声压级从 73.8dB(A) 衰减至 63.3dB(A)，衰减量约 10dB。从频谱上看，低频衰减要弱于高频，距离泵房较远处测点的低频成分要高于距离泵房较近测点，因此 C 声级的衰减要小于 A 声级的衰减。

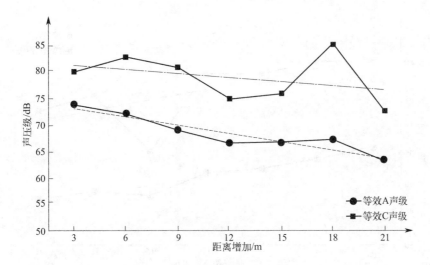

图 5.6　厂区内噪声测点 A、C 声级对比

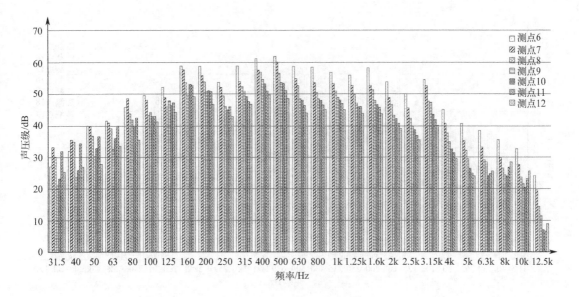

图 5.7　厂区内噪声测点频谱

（3）厂区外噪声测量

厂区外噪声测点的声压级和频谱分别如图 5.8 和图 5.9 所示。从数据中可以看出，厂区外所测等效 A 声级最大值为 65.9dB（A），并且声级随与泵房的距离增加而显著降低，距离从 5m（距离泵房最近测点）增加至 23m（距离泵房最远测点）时，声压级从 65.9dB（A）衰减至 57.5dB（A），衰减量约 8dB。从频谱上看，各频带衰减基本相同，在各个测点 C 声级均大于 A 声级，差值约为 15dB。

表 5.1 所列为本次噪声测量中所有测点的噪声数据。

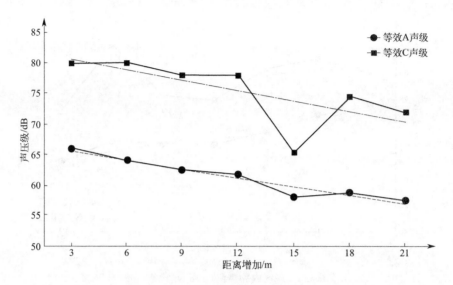

图 5.8　厂区外噪声测点 A、C 声级对比

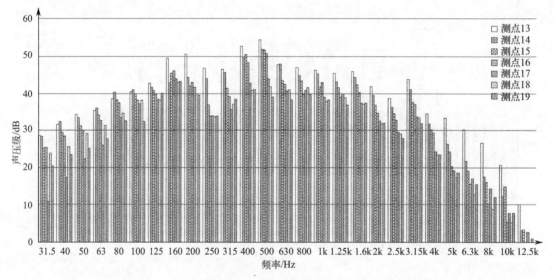

图 5.9　厂区外噪声测点频谱

5.1.3　噪声治理目标

（1）注水泵房室内降噪目标

油田注水泵站设备噪声除了对厂界外环境造成显著的影响外，同时对于作业工人的健康，厂区内其他非噪声用房中人员的健康均有潜在的影响，因此制定噪声控制目标时应同时考虑这三个主要的噪声控制目的，确定相应的噪声限值。

根据《工作场所有害因素职业接触限值　第 2 部分：物理因素》（GBZ 2.2—2007）及《工业企业噪声控制设计规范》（GB/T 50087—2013）中的规定，考虑到油田注水泵站设备基本为稳态噪声情况，因此宜设定室内噪声接触限值为 85dB(A)，即 $L_{eq} \leqslant 85$dB(A)。

表 5.1　注水泵站各噪声测点测量结果一览表

测点位置	测点编号	L_eq A	L_eq C	31.5 Hz	40 Hz	50 Hz	63 Hz	80 Hz	100 Hz	125 Hz	160 Hz	200 Hz	250 Hz	315 Hz	400 Hz	500 Hz	630 Hz	800 Hz	1 kHz	1.25 kHz	1.6 kHz	2 kHz	2.5 kHz	3.15 kHz	4 kHz	5 kHz	6.3 kHz	8 kHz	10 kHz	12.5 kHz
室内	1	92.7	94.5	39.9	44.0	51.4	56.3	58.4	64.8	70.0	74.7	77.3	76.2	77.6	81.3	82.3	78.1	77.8	76.8	76.7	79.3	73.8	70.6	79.4	66.4	61.6	58.2	54.3	49.5	41.6
	2	92.3	94.2	38.5	44.1	47.4	52.0	65.4	67.1	68.9	76.9	76.0	75.5	77.1	80.4	81.1	77.6	76.6	75.5	74.9	76.6	72.1	68.7	77.5	64.6	59.4	55.3	50.1	45.3	36.2
	3	92.4	94.7	41.5	44.3	57.9	56.5	56.5	65.7	72.9	74.5	76.2	75.3	77.5	80.2	82.6	78.0	76.7	75.8	75.0	77.4	72.3	68.6	73.2	63.7	58.6	54.4	49.4	44.2	35.0
	4	92.1	94.2	38.7	44.3	49.7	54.1	63.3	66.8	68.3	74.2	76.2	74.7	77.5	80.8	82.3	78.0	77.3	75.9	75.3	76.8	72.3	68.9	73.5	64.4	59.3	55.5	50.9	47.0	37.5
	5	90.9	92.7	38.2	44.2	45.2	53.8	58.9	66.1	69.9	73.6	75.9	73.9	75.2	79.5	80.3	76.0	74.9	73.9	73.5	74.0	70.1	67.0	71.1	61.5	56.5	50.8	45.2	38.7	29.0
	6	73.8	80.0	26.9	31.8	39.8	41.3	45.6	49.3	52.0	58.6	58.5	53.5	58.7	60.9	61.6	58.5	58.3	56.6	55.8	58.0	53.6	49.8	54.3	44.9	40.5	38.3	35.4	32.6	24.1
	7	72.0	82.7	33.0	35.3	39.6	40.7	48.3	47.9	48.7	57.5	55.7	52.0	53.7	57.3	59.9	54.7	53.4	53.2	52.5	52.6	48.6	45.4	52.4	40.6	35.1	33.0	29.8	27.5	19.6
	8	69.0	80.8	30.1	34.7	36.6	38.6	43.6	43.1	45.7	53.4	53.6	49.2	52.2	56.7	56.4	52.6	50.2	50.8	49.7	51.2	46.4	42.1	47.5	37.5	32.1	29.0	26.5	23.6	14.4
站内	9	66.5	74.9	21.2	23.5	30.2	32.4	41.7	44.0	47.6	49.8	50.5	45.8	48.9	54.5	54.5	48.3	48.2	48.7	46.9	47.7	43.1	39.8	47.2	34.7	29.3	28.4	24.3	21.6	11.5
	10	66.6	75.8	23.1	25.8	32.7	35.8	39.8	42.7	46.2	52.9	50.9	44.8	48.9	53.0	53.0	47.9	47.8	47.9	45.7	46.5	42.0	38.6	43.3	32.5	26.4	24.1	24.0	20.3	7.0
	11	67.2	85.2	31.7	34.2	36.4	39.8	42.2	42.7	47.0	52.7	50.6	45.7	47.4	50.8	50.8	46.2	46.3	46.8	45.8	45.6	40.6	36.8	41.6	31.2	24.8	24.7	26.7	23.1	6.6
	12	63.3	72.7	25.2	26.8	27.6	33.6	35.3	41.0	44.0	49.0	46.6	42.7	46.6	49.5	48.4	43.8	44.0	44.9	43.6	43.7	38.9	35.4	39.9	29.4	23.9	25.5	28.4	25.5	8.9
	13	65.9	80.0	28.7	31.7	34.4	35.4	38.6	40.5	42.8	49.6	50.6	46.9	46.6	52.8	54.5	47.5	47.0	46.4	45.5	46.0	41.9	38.7	43.8	34.6	33.5	30.4	26.8	20.8	10.2
	14	64.1	80.0	28.5	32.5	33.6	36.1	40.4	41.0	41.7	42.9	44.3	44.0	45.7	49.7	51.9	48.0	44.8	45.3	43.2	44.3	39.6	36.4	41.1	31.9	26.5	21.8	17.7	12.4	3.2
站外	15	62.5	78.0	25.3	29.6	31.3	34.2	38.3	39.9	40.8	45.5	42.0	37.0	41.4	50.5	51.8	43.5	43.5	41.8	41.6	42.4	37.0	34.6	37.7	30.4	24.4	19.2	16.2	15.0	3.4
	16	61.7	78.0	25.5	28.6	30.2	32.8	37.5	38.2	39.9	42.0	43.0	34.0	39.2	48.4	42.5	42.5	39.9	39.9	39.1	40.4	34.7	32.9	37.1	29.5	20.4	15.7	10.4	5.4	0.0
	17	58.0	65.3	11.0	17.5	22.4	26.1	33.6	37.3	38.5	43.9	41.7	34.1	35.8	42.8	43.8	40.6	40.8	40.8	40.0	37.4	32.7	29.7	33.8	24.4	19.3	17.2	14.5	7.9	2.7
	18	58.7	74.5	24.0	25.7	29.3	31.4	34.7	38.2	38.2	43.0	39.9	33.8	37.2	40.8	41.8	41.0	41.6	37.6	38.9	37.2	31.9	29.2	33.6	23.6	17.5	12.9	8.9	5.3	0.0
	19	57.5	72.0	20.6	23.6	25.2	27.8	32.7	32.5	40.1	43.3	39.6	34.0	38.5	41.1	39.1	38.3	39.8	38.3	37.0	37.4	32.1	28.0	32.0	23.6	18.7	15.6	12.1	7.9	1.0

（2）厂区内降噪目标

根据规范，厂区内非噪声工作地点的噪声限值应符合表 5.2 中的规定。

表 5.2　厂区内非噪声工作地点噪声限值要求

地点	噪声级/dB(A)	工效限值/dB(A)
噪声车间观察/值班室	≤75	
非噪声车间办公室、会议室	≤60	≤55
主控室、精密加工室	≤70	

鉴于工作站点情况复杂，设施用途多样，因此宜采用非噪声车间办公室/会议室的要求作为厂区内噪声的限值标准，即 $L_{eq} \leq 60 dB(A)$。

（3）厂界降噪目标

工业企业厂界噪声限值应根据周围环境的声环境功能分区制定，因此各油田、气田相关厂区应根据周围环境实际状况，首先确定其功能分区，具体规定如下：《声环境质量标准》乡村区域一般不划分，根据需要，由县级以上人民政府环境保护行政主管部门按要求确定：

① 康复疗养区为 0 类；

② 村庄原则上定为 1 类，工业活动较多或交通干线经过村庄可局部或全部执行 2 类；

③ 集镇执行 2 类；

④ 独立于村庄集镇之外的工业区执行 3 类；

⑤ 交通干线旁噪声敏感建筑物执行 4 类。

根据厂界外声环境功能分区确定的工业企业厂界环境噪声排放限值应符合表 4.2 的规定。鉴于油气田设备在正常运行情况下昼夜同等运行，因此宜采用夜间较为严格的噪声执行标准。本案例中厂区位于村庄集镇之外，则可定为 3 类声环境区，即夜间噪声限值为 55dB（A）。

5.1.4　泵房室内降噪方案设计

（1）室内降噪量计算

在噪声源特性和噪声控制目标确定后，即可进行所需降噪量的计算，据此可以对噪声控制方案进行初步的估计和分析，同时也是后期检验降噪效果时的依据。

注水泵房室内的降噪设计是整个降噪设计中的第一个环节，降低了厂房内的噪声相当于从源头上降低了噪声的强度，厂区内和厂界外的噪声都会随之减少。因此在造价允许的情况下应该尽量降低厂房内的噪声值，从而降低后续的处理难度。本案例中，厂房内的降噪量计算表格如表 5.3 所示。

表 5.3　注水泵房室内降噪量计算

声压级		厂房内噪声	标准限值/dB(A)	安全系数/dB(A)	降噪量/dB(A)	降噪目标/dB(A)
总 A 声级		87.5				82.0
1/3 倍频程中心频率	31.5Hz	40.2	85.0	3.0	5.5	34.6
	40Hz	46.8				41.3
	50Hz	47.3				41.8
	63Hz	52.8				47.3

续表

声压级		厂房内噪声	标准限值 /dB(A)	安全系数 /dB(A)	降噪量 /dB(A)	降噪目标 /dB(A)
1/3倍频程中心频率	80Hz	58.1	85.0	3.0	5.5	52.6
	100Hz	63.8				58.3
	125Hz	69.3				63.8
	160Hz	72.9				67.4
	200Hz	68.7				63.2
	250Hz	66.9				61.4
	315Hz	68.2				62.7
	400Hz	75.7				70.2
	500Hz	72.1				66.6
	630Hz	72.8				67.2
	800Hz	70.5				65.0
	1kHz	69.7				64.1
	1.25kHz	68.6				63.1
	1.6kHz	73.6				68.0
	2kHz	68.5				63.0
	2.5kHz	65.2				59.7
	3.15kHz	69.3				63.8
	4kHz	63.5				58.0

（2）降噪方案设计

根据注水泵房的现场情况，采用的降噪措施如表5.4所示。现有厂房为半封闭式结构，对后续厂区和厂界外的处理十分不利，因此采用围护结构将厂房包裹，能够有效地解决厂区内和厂界外的噪声污染程度，而室内的噪声可以通过设置吸声墙面和吸声吊顶等降噪措施予以降低。

表5.4　注水泵房室内降噪措施一览表

降噪设计内容		具体降噪措施	标记符号
设备隔振	设备隔振	设置大质量底座	△
		设置减振地台	√
	管道隔振	悬挂管道隔振降噪	×
		管道穿围护结构隔振降噪	△
室内吸声降噪设计	室内吸声降噪	墙面吸声处理	√
		顶棚吸声处理	√
		隔声罩	×
		可移动式隔声屏障	√

注：表中的标记符号√为设计采用，△为已有，×为不采用。

① 设备隔振

从噪声源分析可知，厂房室内的噪声频谱以宽频噪声为主，夹杂有窄带噪声，因此采用减振降噪频带较宽的橡胶减振器效果较好，其构造如图5.10所示。

② 吸声降噪

设置吸声板可以有效地降低厂房室内的噪声情况，由于室外注水泵房增加了围护结构，

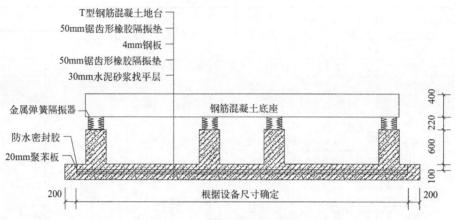

图 5.10　设备减振地台构造

虽然极大地降低了厂区内和厂界外的噪声污染，但是由于混响声的叠加效应，厂房室内的噪声是增加的，因此可以通过在墙面和顶面设置吸声板来降低厂房内噪声。为了便于维护，采用穿孔铝板吸声板，其构造如图 5.11 和图 5.12 所示。为了满足其防爆要求，构造层面密度要求小于 $5kg/m^2$。

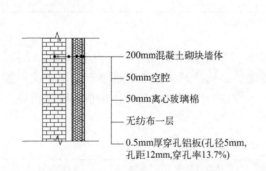

图 5.11　吸声墙面构造示意图

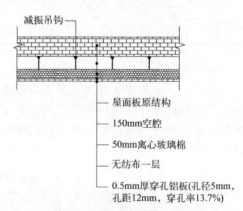

图 5.12　吸声吊顶构造示意图

③ 可移动式隔声屏障

由于注水站内设备的噪声大，在靠近电机的某些位置仅直达声的影响就超出规范限值，增加隔声罩又无法解决设备通风散热的问题，更无法保证设备长期稳定运行，因此采用可移动式隔声屏进行局部降噪，隔声屏上有双层隔声窗，按需摆放，不影响日常的设备使用和日常维护。

图 5.13 为可移动式隔声屏障结构示意图。

采用上述措施后，注水泵房室内设备正常运行时的噪声在 80dB（A）左右，满足 85dB（A）的噪声限值要求。

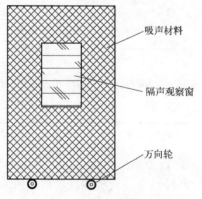

图 5.13　可移动式隔声屏障

5.1.5　厂区内降噪方案设计

对厂区内的注水泵机组设备采取如表 5.5 所示的降噪措施。

表 5.5　厂区内注水泵机组降噪措施一览表

具体降噪措施		标记符号
墙体隔声	增加墙体质量	√
	复合吸隔声墙体	√
	减少开洞面积	√
门窗隔声	门隔声	√
	窗隔声	√
通风洞口消声设计	设置进风口消声器	√
	设置排风口消声器	√

注：表中的标记符号√为设计采用，△为已有，×为不采用。

注水泵机组降噪示意图如图 5.14 所示。

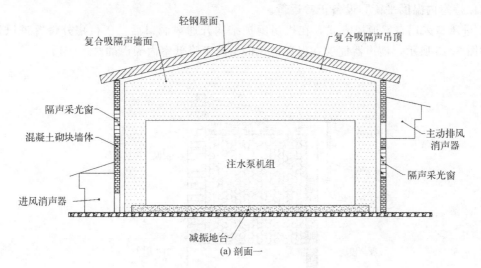

(a) 剖面一

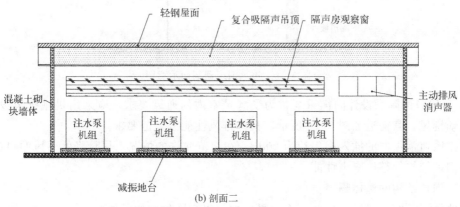

(b) 剖面二

图 5.14　注水泵机组降噪示意图

（1）墙体隔声

墙体隔声是厂房隔声中最有效的隔声手段，本案例中墙体采用 200mm 厚混凝土砌块砌筑墙体即可。墙体预留通风和采光洞口。墙体的计权隔声量为 48dB。

（2）门窗隔声

门窗是维护结构隔声中的薄弱环节，提高门窗的隔声性能能够防止围护结构隔声性能的大幅下降。窗应采用双层隔声窗，计权隔声量大于 35dB。门应采用隔声门，隔声量大于 30dB。

（3）通风洞口消声设计

原方案为半封闭厂房，并不存在通风散热问题，但是隔声问题严重。增加围护结构以后，则需要满足通风散热和降噪的双重要求。由于门窗隔声性能较为薄弱，而且开启门窗通风后隔声性能完全丧失，围护结构整体隔声下降严重，因此应单独设置进风口和排风口，并进行相应的消声处理。由于泵房内为动力而产生热源，通风散热是保证设备正常运行的关键，在泵房墙面上部安装防爆型排风机及配套消声器，在室内安装温度在线监测仪，对室内的温度进行自动监控和温度控制。具体为：室内温度在超过设定的环境温度时，温度监测仪自动打开排风装置进行排风，在低于设定的环境温度时，温度监测仪自动关闭排风装置停止排风，保持室内温度平衡和设备正常运行。

① 进风口采用自然通风方式，在机房围护结构开通风洞口后，于机房外设置进风消声器，如图 5.15 所示，消声器能够在保证通风的情况下降低室内噪声的对外传播。

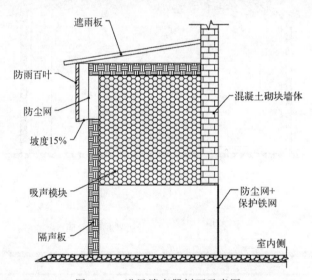

防雨板
防雨百叶
防尘网
坡度15%
吸声模块
隔声板
混凝土砌块墙体
防尘网+保护铁网
室内侧

图 5.15　进风消声器剖面示意图

② 出风口的降噪设计同样重要，为了满足室内的通风要求，应采用机械排风设计，即风机主动排风，其构造如图 5.16 所示，具体排风性能按规范要求。

进排风口消声器的插入损失约为 20dB。在规范允许的情况下尽量降低通风洞口的面积，以提高围护结构的整体隔声性能。

（4）围护结构的整体隔声量

将墙体、门窗、通风洞口的隔声效果叠加，得到围护结构整体隔声量 R：

$$R = 10\lg \frac{\sum S_i}{\sum S_i \cdot 10^{-\frac{R_i}{10}}}$$

式中，S_i 为每种围护结构的面积；R_i 为每种围护结构对应的隔声量。

经过计算，围护结构的总体隔声量为 23dB。考虑 3dB 的计算余量以后，厂区内办公楼的噪声水平为 44.4dB（A），完全满足设计规范要求。

5.1.6　厂区外降噪方案设计

由于在注水泵房室内以及室外注水机组均做了大量降噪措施，即从噪声源处进行了有效降噪，此时根据测试数据和围护结构的隔声量，本案例中敏感点的正常运行噪声情况为 41dB（A），完全满足夜间限值，不需要采取隔声屏障等进一步降噪措施。

5.1.7　噪声治理效果

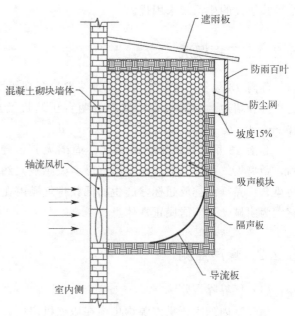

图 5.16　排风消声器剖面示意图

在吴起县注水泵站的降噪设计中，采用了隔振地台、金属弹簧隔振器、复合吸隔声墙体、复合吸隔声吊顶、移动隔声屏障、砌块墙、隔声门窗、通风管道消声器等一系列降噪措施。

采取上述措施后，厂区内噪声值为 80dB（A），满足 85dB（A）的规范要求；厂区内办公楼的噪声值为 44.4dB（A），满足 60dB（A）的规范要求；厂界外敏感点的噪声值为 41dB（A），满足 55dB（A）的规范要求。

图 5.17 为注水泵房室内做完降噪后的照片。

图 5.17　注水泵房室内降噪后现状

5.2　集气站噪声治理实例

油气田集气站内的噪声源主要有空冷器、空压机及发动机排气管口，产生的噪声以中低频为主，声源强度高，噪声影响范围广。集气站内的设备长期昼夜运行，其产生的噪声污染给周边居民的生活带来困扰。

5.2.1　工程概况

苏南-13 集气站位于定边县郝滩乡路庄村属第六采气厂安靖采气作业区，地理位置处于定边县和靖边县交界地带，站内有两台压缩机及配套空冷机组。集气站设计规模为 $50 \times 10^4 \, \text{m}^3/\text{d}$，其中增压规模为 $30 \times 10^4 \, \text{m}^3/\text{d}$。

苏南-13 集气站位于空旷地区，周围无其他建筑物、树木林带等影响噪声传播的遮挡物，距离集气站最近的居民房屋（噪声敏感点）约 700m。集气站在运行时产生较大的噪声污染，厂界噪声排放超标，产生的低频排气噪声在较远的敏感点处仍然能够听见，在夜间听感尤为明显，影响居民正常休息。

5.2.2　噪声监测

（1）厂界噪声监测

集气站内的主要噪声源均集中在压缩机房内，且靠近厂界，图 5.18 为苏南-13 集气站噪

图 5.18　苏南-13 集气站噪声治理前状况

声治理前压缩机房及厂界状况。压缩机房敞开的一面正对厂界，其余墙面及顶棚均为彩钢板结构，厂界有高 2m 左右的砖墙。

为了解集气站厂界噪声情况，分别在南厂界、东厂界、北厂界和西厂界布设若干噪声测点，厂界噪声监测点位如图 5.19 所示。由于压缩机房位置靠近南厂界，因此在南厂界布设 3 个噪声监测点位，其余厂界各布设一个噪声监测点位。

分别监测采集了设备在正常运行下，厂界各个噪声点位的噪声总值及噪声频谱，噪声总值监测结果见表 5.6，噪声频谱数据见表 5.7。

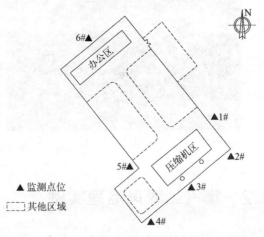

图 5.19　苏南-13 集气站厂界噪声监测点位布置

表 5.6　苏南-13 集气站厂界噪声总值监测结果及执行标准

点位序号	测点位置	噪声总值/dB(A)	标准限值(昼/夜)/dB(A)	备注
1#	东厂界	56.0	60/50	
2#	南厂界	67.1	60/50	
3#	南厂界	73.0	60/50	正对排气
4#	南厂界	69.3	60/50	
5#	西厂界	59.5	60/50	
6#	北厂界	43.4	60/50	

表 5.7　苏南-13 集气站厂界噪声频谱数据

数据名称	倍频程中心频率声压级/dB											A 计权噪声值/dB(A)
	16k Hz	8k Hz	4k Hz	2k Hz	1k Hz	500 Hz	250 Hz	125 Hz	63 Hz	31.5 Hz	16 Hz	
1#	29.4	37.7	43.0	44.0	47.3	51.2	59.6	65.5	71.9	75.7	85.6	56.0
2#	36.2	50.2	56.0	57.5	58.9	63.3	70.2	75.1	74.9	76.6	84.7	67.1
3#	43.5	56.6	61.8	62.2	63.5	67.5	75.8	84.2	80.3	81.0	89.1	73.0
4#	40.8	55.4	60.7	60.6	61.0	64.4	70.7	76.6	77.8	78.3	83.7	69.3
5#	30.9	36.2	40.3	42.2	47.2	52.5	62.9	73.2	77.0	78.2	83.2	59.5
6#	15.4	19.1	24.5	30.5	35.2	40.7	45.5	53.4	58.0	65.3	72.9	43.4

图 5.20 为厂界各噪声测点的频谱图。

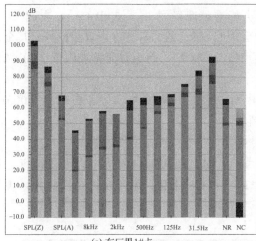

(a) 东厂界1#点

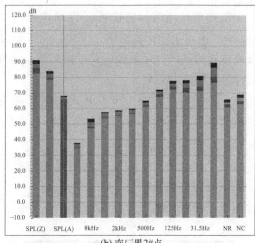

(b) 南厂界2#点

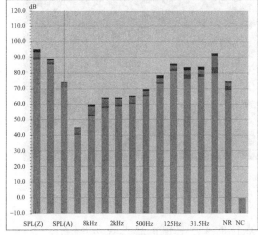

(c) 南厂界3#点

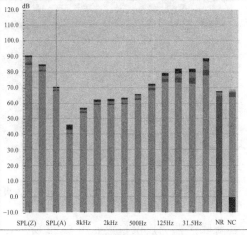

(d) 南厂界4#点

图 5.20

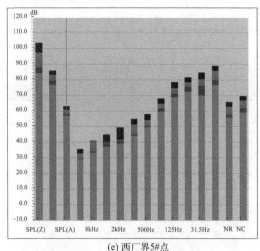
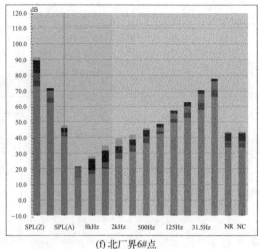

(e) 西厂界5#点　　　　　　　　　　(f) 北厂界6#点

图 5.20　苏南-13 集气站厂界噪声测点的频谱图

集气站声环境功能区执行厂界噪声排放 2 类标准，即昼间 $L_d \leqslant 60\text{dB}(\text{A})$，夜间 $L_n \leqslant$ $50\text{dB}(\text{A})$。由以上噪声监测结果可知，除了距离压缩机区较远的北厂界噪声未超标外，其余厂界噪声排放均不同程度超标，其中南厂界最大噪声值 $73\text{dB}(\text{A})$，超出昼间排放限值 $13\text{dB}(\text{A})$，夜间排放限值 $23\text{dB}(\text{A})$。

从厂界的噪声频谱中可以看出，中低频噪声对总值的贡献较大，尤其是 $125 \sim 1000\text{Hz}$ 频段的噪声，是引起厂界噪声排放超标的主要频段。

（2）声源噪声监测

为进一步分析引起厂界噪声超标的主要噪声源，对压缩机房内的噪声源设备进行了测量。压缩机房内共有两台 DPC-2803（JW-10-021）型空压机组，并列放置在机房内，现场照片如图 5.21 所示。

图 5.21　苏南-13 集气站压缩机房现场照片

声源噪声监测点位布置如图 5.22 所示，各点位的噪声总值汇总见表 5.8。

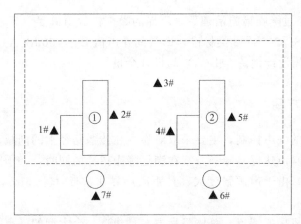

图 5.22 声源噪声监测点位布置

表 5.8 各点位噪声总值汇总

点位序号	测点位置	监测值/dB(A)
1#	1#机空冷侧	85.8
2#	1#机组侧	91.8
3#	两机组之间	87.1
4#	2#机空冷侧	86.6
5#	2#机组侧	93.6
6#	2#机排气	83.4
7#	1#机排气	83.3

由表 5.8 可以看出，两台压缩机的噪声总值均在 90dB(A) 以上，空冷器噪声总值均在 85dB(A) 以上。表 5.9 为各测点的噪声频谱数据，从各测点的频谱中可以看出，两台空压机侧 16Hz 频率下的噪声值均在 100dB(A) 以上，31.5Hz 频率下的噪声值也均在 95dB(A) 以上，这种低频声不仅强度大，而且传播距离远，是集气站噪声治理中的难点。

表 5.9 噪声监测点位噪声频谱

数据名称	倍频程中心频率声压级/dB											A 计权噪声值/dB(A)
	16k Hz	8k Hz	4k Hz	2k Hz	1k Hz	500 Hz	250 Hz	125 Hz	63 Hz	31.5 Hz	16 Hz	
1#	56.3	69.3	74.7	77.3	78.4	81.7	88.6	92.0	97.9	90.9	94.6	85.8
2#	65.5	75.9	82.2	82.5	82.2	87.5	95.3	99.8	99.1	97.8	105.1	91.8
3#	58.9	72.1	77.5	77.9	78.4	82.4	90.2	94.4	93.5	88.4	90.3	87.1
4#	57.5	70.8	76.0	77.7	78.7	82.9	90.0	92.6	96.3	92.8	96.8	86.6
5#	67.3	76.7	83.6	83.9	83.9	90.2	97.6	97.5	97.0	95.6	101.9	93.6
6#	52.0	67.2	72.5	72.5	72.3	79.5	87.9	91.5	90.5	87.3	95.8	83.4
7#	54.0	69.1	74.2	73.2	72.9	78.3	86.6	91.9	93.8	88.7	95.9	83.3

5.2.3 降噪目标

本工程案例中，苏南-13集气站厂界噪声排放执行《工业企业厂界环境噪声排放标准》（GB 12348—2008）中的 2 类标准。具体标准值见表 5.10。

表 5.10 声环境执行标准限值一览表

标准类别(所处功能区类别)	标准限值/dB(A)		标准适用范围
	昼间	夜间	
GB 12348—2008 2 类标准	60	50	厂界

苏南-13集气站经过降噪措施治理后，厂界的噪声排放值满足《工业企业厂界环境噪声排放标准》（GB 12348—2008）2类标准，即昼间噪声值 $L_{eq} \leqslant 60dB(A)$，夜间噪声值 $L_{eq} \leqslant 50dB(A)$，此外，降噪设计预留 3dB(A) 的设计余量。

5.2.4 噪声控制方案

集气站压缩机房的噪声控制，主要采取对噪声在传播路径上的削减，使之满足厂界噪声排放标准以及敏感点噪声达标。降噪方案在满足降噪指标的同时，必须同时考虑设备通风散热、安全防爆等要求。由于声源强度大，且距离厂界非常近（3~5m），进一步加大了降噪的难度。

针对集气站压缩机房的特点，总体降噪方案是建造一个大型的隔声降噪房，将所有噪声设备包围在其中。隔声降噪房围护结构需具备较强的吸隔声能力，同时设置进排风通道，满足设备散热需求，且在进排风通道上设置消声器；针对发动机的低频排气噪声，需要设计专用的排气消声器；隔声房顶面设置主动排风机，风机排风口安装消声器；隔声房墙面设置隔声窗、隔声门，室内安装防爆照明设施；空冷器排风设置专用的排风消声器。

图5.23为集气站压缩机房的降噪平面示意图，图5.24为压缩机房的降噪立面示意图。

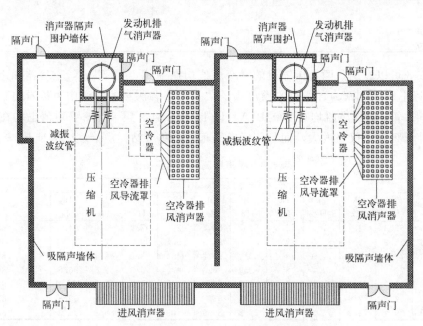

图5.23 苏南-13集气站压缩机房降噪平面示意图

压缩机降噪房各部分降噪措施如下。

① 墙面及屋顶

墙面及屋顶采用吸隔声模块，吸隔声模块主要由三部分组成，内层为吸声模块，中间层为空腔结构，外层为隔声模块。内层吸声模块的外面板为穿孔板，内部填充吸声材料，并用吸声布包裹吸声材料，吸声模块主要用于吸收、降低室内的混响声，同时兼具一定的隔声作用；外层为具有高隔声量的隔声板模块，隔声板两面采用不同厚度的压型钢板，中间填充高密度隔声材料；内外层之间留有10cm厚度的空腔层，该结构设计主要

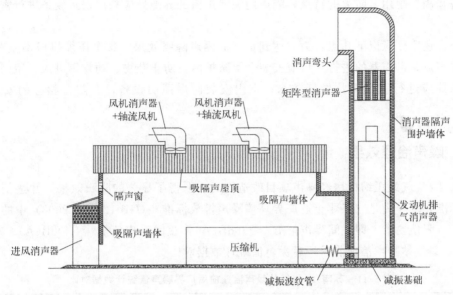

图 5.24　苏南-13 集气站压缩机房降噪立面示意图

用来降低低频噪声的传播。

②发动机排气消声器

发动机的排气噪声采用三级消声，第一级为发动机专用排气消声器，该消声器根据发动机的排气频率专门设计，同时考虑耐高温、耐腐蚀、抗振等要求，消声器的入口管连接采用柔性减振波纹管，以降低压缩机传递的固体振动。消声器的出口设置二级矩阵型消声器，出气末端连接三级消声弯头。为降低因消声器壳体振动而产生的结构噪声，在消声器的外围设置消声器隔声围护墙体。消声器底座安装在减振基础上，以隔绝压缩机基础传递的振动。

③进风消声器

进风消声器采用阻性消声器，设置在一侧墙体上，采用"Z"字形进风通道结构，总体进风量大于空冷器排风量与屋顶风机排风量之和。进风消声器的进风风速控制在 5m/s 以下，通透率不小于 50%。

④空冷器排风消声器

空冷器排风消声器的排风面积根据空冷器的排风量计算，空冷器排风口与排风导流罩之间采用柔性软连接，以防止空冷器的固体振动传递至消声器。为降低气流阻力，消声器的入口与软连接之间采用喇叭形排风导流罩，空冷器排风消声器的排风风速控制在 5m/s 以下，通透率不小于 50%。

⑤屋顶风机及消声器

屋顶安装排风机的主要目的是安全防爆要求，天然气泄漏容易积聚在室内上空，必须及时将其排出室外。风机消声器采用消声弯头，安装在风机的排风口位置，以降低风机噪声，消声弯头的出风口方向背离最近厂界，将风机噪声最大程度降低对厂界的影响。

⑥隔声门窗

为满足人员日常巡检、设备搬运，在必要的位置安装隔声门，在背离厂界一侧墙体上部安装隔声窗，隔声门和隔声窗的隔声量按照等透射原理进行设计，与墙体隔声量接近。隔声门应具备坚固、耐用、防火的特点，隔声门和隔声窗的缝隙处应采用密封胶条进行密封，防止漏声。

此外，还应注意以下几点：为了达到良好的隔声降噪效果，整个压缩机房不应有孔洞、缝隙等漏声点；消声器的进排风口应安装金属防护网，防止杂物、动物等进入。屋面开孔之后的缝隙处应进行密封以及做好防水；室内安装防爆照明设备，并配备相应的安全消防器材。

5.2.5　噪声治理效果

苏南-13集气站压缩机房经噪声项目改造之后，取得了显著的降噪效果，并达到厂界噪声排放标准要求，满足《工业企业厂界环境噪声排放标准》（GB 12348—2008）中的2类区域噪声排放限值要求，即昼间噪声值 $L_{eq} \leqslant 60dB(A)$，夜间噪声值 $L_{eq} \leqslant 50dB(A)$。表5.11为苏南-13集气站噪声治理前后厂界噪声值统计数据对比。

表5.11　苏南-13集气站噪声治理前后厂界噪声值统计数据对比

点位序号	测点位置	噪声值/dB(A)		标准限值（昼/夜）/dB(A)	降噪量/dB(A)
		治理前	治理后		
1#	东厂界	56.0	42.0	60/50	14.0
2#	南厂界	67.1	47.3	60/50	23.8
3#	南厂界	73.0	48.5	60/50	26.5
4#	南厂界	69.3	45.2	60/50	24.1
5#	西厂界	59.5	39.6	60/50	19.9
6#	北厂界	43.4	38.5	60/50	4.9

由表5.11可知，南厂界3#监测点噪声排放超标最为严重，经降噪治理，该位置的噪声值由治理前的73dB(A)降低至46.5dB(A)，降噪量为26.5dB(A)。除了距离声源较远的北厂界外，其他厂界监测点的噪声均有较大程度的消减，治理后厂界最大噪声值为46.5dB(A)，满足3dB(A)余量的设计要求。

图5.25和图5.26分别为苏南-13集气站噪声治理后压缩机降噪房室内和室外照片。降噪后，一方面集气站内厂区的工作环境得到了显著改善，工人的身心健康得到了良好保障；另一方面，集气站周边的声环境质量明显提高，压缩机运行所带来的噪声扰民问题也得到妥善解决。

图5.25　苏南-13集气站压缩机降噪房室内

图 5.26 苏南-13 集气站压缩机降噪房室外

5.3 天然气处理厂噪声治理实例

5.3.1 工程概况

本项目为长庆油田苏里格第一天然气处理厂噪声治理项目，主要噪声源为压缩机房及室外空冷器噪声，厂站内配置七台 JGC-4/G3608 机组，7 台压缩机组安装在降噪厂房内，机组配套的 7 台空冷器安置在压缩机房外。图 5.27 为苏里格第一天然气处理厂平面图，图 5.28 为天然气处理厂室内外噪声源现状。

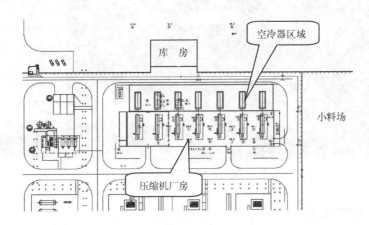

图 5.27 苏里格第一天然气处理厂平面图

压缩机的高噪声是天然气发动机和由此带动的压缩机发出的噪声。主要由高压天然气压缩后产生的动态噪声、发动机活塞和压缩机运行过程中往复运动产生的脉冲机械噪声、管道振动噪声等组成，它具有低频带宽和高声强特性。空气冷却器产生的噪声主要是机械设备运行期间移动部件相互摩擦造成的机械噪声、进气风扇旋转引起的空气快速流动造成的空气动力噪声、外部辐射通过连接管道引起的振动噪声，主要噪声来源包括空冷器进风口处噪声、空冷器排风口处噪声、安装在空冷器排风口处的噪声。

图 5.28　苏里格第一天然气处理厂噪声源

5.3.2　噪声概况

通过 Soundplan 声学模拟软件，输入现场测试机组、厂房、空冷器的噪声数据，得到第一天然气处理厂噪声治理前的压缩机组及其配套的室外空冷器噪声对声环境影响模拟，噪声现状模拟结果如图 5.29 所示。

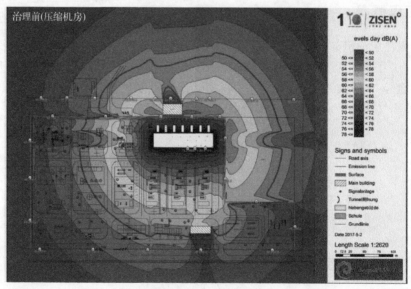

图 5.29　苏里格第一天然气处理厂噪声模拟平面图

5.3.3　噪声治理目标

根据设计要求，苏里格第一天然气处理厂站厂界噪声排放值达到《工业企业厂界环境噪声排放标准》（GB 12348—2008）2 类区域标准的限值要求，即昼间不高于 60dB(A)，夜间不高于 50dB(A)。

5.3.4　噪声治理方案

5.3.4.1　压缩机厂房噪声治理

苏里格第一天然气处理厂压缩机安装于压缩机房室内，压缩机厂房为钢结构厂房，屋面板、外墙板均为夹心轻质墙板，隔声量较低，同时采光窗、大门均为隔声薄弱点，为满足压缩机工作运行的要求，厂房设置了进、排风通道通风机，本次治理方案主要从隔声、吸声、消声等措施入手，使压缩机噪声排放贡献值满足对项目整体噪声排放相关要求。

(1) 轻质复合墙板

为解决压缩机房墙体隔声量不足的问题，本次治理方案考虑在压缩机厂房内安装轻质复合墙板，轻质多层复合墙体结构选用集成模块式吸声装置，分结构层和吸声层，结构层选用减振轻钢龙骨做骨架，吸声层安装吸声棉板，面层选用吸声穿孔板即外饰面，整体降噪量大于 6dB(A)，隔声量大于 20dB(A)。

① 结构层

结构层选用组合装配式 C 型减振轻钢龙骨，该材料具有良好的减振性能和整体的稳定性，确保轻质多层复合墙体结构整体稳定和平整度，轻钢龙骨骨架结构与建筑结构可靠连接，不破坏原有墙体结构及性能。

② 吸声层

吸声层选用平纹无碱憎水玻璃丝布包裹超细玻璃棉板，厚度为 50mm；容重为 $48kg/m^3$；纤维直径为 $3.5\mu m$，吸声系数 $\geqslant 0.95$，憎水率 $\geqslant 98\%$，使用最高温度 610℃；平纹无碱憎水玻璃丝布：$12\mu m \times 12\mu m$。

③ 吸声穿孔板

吸声穿孔板结构为穿孔结构，面板及背板间贴上一层吸声布，有效阻止了空气流动，使声波受到阻碍，提高了吸声系数。吸声穿孔板规格：外形尺寸 $1200mm \times 600mm$，厚度为 1.0mm，穿孔率大于 20%，孔径 $\phi 4mm$，流阻小于 $0.05Pa \cdot s/m$，消声系数大于 0.25，吸声布采用优质的无纺布做吸声材料。

(2) 隔声门

压缩机厂房进出门更换隔声门，隔声门选用较高精度的冷轧钢板，门体空腔中填充隔声材料（玻璃布包超细玻璃棉或岩棉制品），隔声材料容重控制在 $50\sim100kg/m^3$ 之内。门四周均用橡胶条密封，保证其计权隔声量 RW$\geqslant$40dB。

(3) 隔声窗

当隔声墙板与隔声门的隔声效果达到较好效果时，由于隔声窗的隔声量较前两者来得低，成为隔声的薄弱环节。为此，将压缩机房的所有窗户采用隔声窗，以钢材质作为外框，并在框的空腔体内填充吸声玻璃棉，其玻璃采用三层中空与叠合玻璃。

(4) 通风消声器

为满足压缩机运行要求，在压缩厂房内分别设置进风道、排风道，风道内安装通风消声器，以降低进排风系统噪声对周围环境的影响。

a. 消声器是允许气流通过，却又能阻止或减小声音传播的一种器件，是消除空气动力性噪声的重要措施。消声器能够阻挡声波的传播，允许气流通过，是控制噪声的有效工具。

b. 消声器外壳：采用 2mm 厚镀锌板，双面镀锌量不小于 $140g/m^2$，双面静电粉末喷涂，涂层总厚度不小于 $80\mu m$（寿命不低于 15 年）。材料组成：2mm 厚镀锌板（双面静电粉末喷涂）＋平纹无碱憎水玻璃布包裹 $48kg/m^3$ 玻璃棉＋0.6mm 厚镀锌穿孔板。

c. 超细玻璃棉：玻璃棉采用超细玻璃棉，经过国家认可的声学实验室鉴定，有详细吸声系数与频谱特性，资料数据齐全。超细玻璃棉，容重为 $48kg/m^3$，含水率不大于 1%，质量吸湿率不大于 5%，憎水率不小于 98%。且流阻适当，孔隙均匀，有较高的吸声性能和化学稳定性。离心玻璃棉允许容重误差不超过 ±5%，含杂质量不大于 3%，吸声系数 NRC≥0.90，纤维直径小于 6μm，不含渣球，防潮、不吸水。

d. 吸声材料护面板：采用厚度不小于 0.6mm 镀锌穿孔板，穿孔率 20%～23%，孔径 φ4mm。

e. 消声片导流尖：采用 0.8mm 镀锌板制作。双面静电粉末喷涂，涂层总厚度不小于80μm（寿命不低于 15 年）。

f. 消声片材料组成：0.8mm 厚镀锌穿孔护面板＋骨架 1.2mm 镀锌板＋平纹无碱憎水玻璃布包裹 48kg/m³ 超细玻璃棉。

5.3.4.2 空冷器设备噪声治理

本工程主要内容包括空冷器设备外围安装吸隔声降噪棚、空冷器排风口安装导流消声筒、空冷器吸隔声降噪棚安装防爆隔声平开门和采光隔声窗安装通风道。根据空冷器噪声分析并参照一般情况下空冷器安装要求，充分考虑空冷器运行时所需的工况，其治理方案主要包括下部进风消声器和上部排风消声器，同时通过插入损失、换热及空冷器背压损失计算，得出合理消声器安装要求。

（1）进、排风矩阵式消声器

① 矩阵式消声器是一种管体吸声体，通过管体的轴线沿气流方向平行排列，并由支架固定管体，安装在通风口处的消声结构形式，其消声量可达 30dB(A)，这样的消声器结构能够满足需要大风量的噪声设备使用，而且由于矩阵式消声器是由单体的消声体拼接而成，所以其具有能够适应各种复杂现场情况下的安装需求的优点。

② 进风矩阵式消声器安装在空冷器下部的进风口处，排风矩阵式消声器安装在空冷器顶部的排风口处，其消声单体内填充防火吸声材料，表面为金属穿孔结构，单体长度决定了矩阵式消声器的消声通道长度，同时消声单体安装完成后，四周均安装金属隔声板，从而使其具备消声、吸声、隔声及防火耐久的优异性能。

③ 空冷器安装矩阵式消声器，能够将消声器与空冷器合理地结合在一起，在设备的整体性和增压站合理布局及美观性方面均满足了目前场站的需求。

（2）空冷器消声器设计

本工程空冷器进气消声器采用阻性消声器，消声器长度 3.5m，消声量≥28dB。由于空冷器区域低频声重，消声器设计重点偏向针对空冷器低频段噪声进行设计，消除低频段噪声对厂界的影响。本工程空冷器排气消声器的消声量≥25dB，空冷器排风消声器含导流装置设计。

（3）空冷器风道维护板设计

空冷器风道维护板采用红色外板＋阻尼板＋100mm 厚洁净型吸隔声模块，100mm 厚洁净型吸隔声模块计权隔声量 R_W≥35dB。

（4）空冷器区域安全逃生小门的设计

本工程空冷器区域安全逃生小门是降噪厂房墙面总体隔声量的又一薄弱环节，安全逃生门朝向厂界，且距厂界约 20m，针对本工程具体情况，对空冷器区域的安全逃生门处设置声闸构造，以保证空冷器区域总体降噪量要求。安全逃生小门为降噪小门，其计权隔声量 $R_W \geqslant 30dB$。

5.3.5　噪声治理效果

通过对压缩机、空冷器噪声的分析，采用隔声、吸声、设计消声器等措施，将矩阵式消声器运用于空冷器的噪声治理中，经过计算及实际运用，能够解决目前压缩机、空冷器噪声治理过程中遇到的降噪要求高、安全要求高、美观性要求高等问题，噪声治理结果满足《工业企业厂界环境噪声排放标准》（GB 12348—2008）2 类区域标准的限值要求，即昼间不高于 60dB（A），夜间不高于 50dB（A）。图 5.30 为苏里格第一天然气处理厂降噪治理后的实拍外观，图 5.31 为治理后的噪声模拟平面图。

图 5.30　苏里格第一天然气处理厂噪声治理外观图

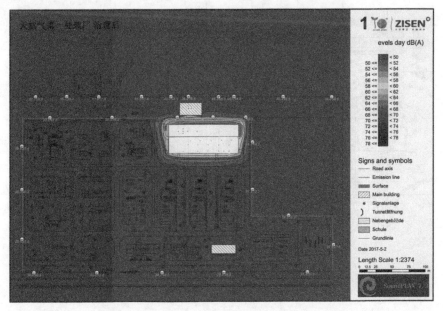

图 5.31　苏里格第一天然气处理厂噪声治理模拟图

5.4 天然气增压站噪声治理实例

5.4.1 工程概况

本工程为中国石化重庆天然气管道有限责任公司涪陵白涛-石柱王场天然气管道站场增压扩能工程。扩建涪陵增压站噪声源降噪范围包括压缩机房、循环水泵房及空压机房、已建循环水泵房及空压机房、空冷器、冷却水塔等。图 5.32 为涪陵增压站厂区现状，图 5.33 为涪陵增压站厂区噪声源平面图。

图 5.32　中国石化涪陵增压站厂区

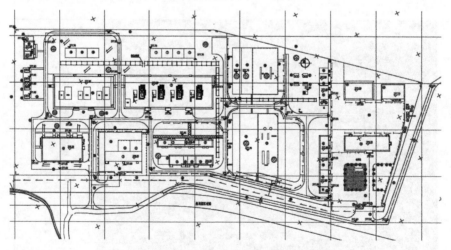

图 5.33　中国石化涪陵增压站噪声源平面图

5.4.2 噪声概况

（1）压缩机房

涪陵增压站扩建工程安装 3 台压缩机组，压缩机组及其附属设备正常运行时产生的噪声主要有压缩机本体噪声、管道噪声、机械旋转噪声、电机噪声、压缩机台架结构振动辐射噪声等，压缩机房内平均 A 声级为 90～100dB（A），压缩机工作时产生的噪声主要以中高频为主，峰值出现在 4000Hz 左右，中高频噪声波长短，穿透力较强，能够穿透一般彩钢墙面及吊顶向外辐射，对周围影响较为明显。图 5.34 为涪陵增压站室内噪声设备。

图 5.34　中国石化涪陵增压站压缩机噪声源

（2）空冷器

空冷器是采用空气进行冷却的工业热交换装置，实际上是需要通过空冷器中风机的做功来实现空冷器管束换热，空冷器的噪声来源于它的风机，单台噪声值为 90～100dB（A），空冷轴流风机噪声源主要有以下 4 种：

① 风机叶轮在工作时产生的气动噪声，包括进气噪声和排气噪声；

② 风机传动系统产生的机械噪声，如风机采用皮带传动时，皮带与叶轮组传动时相互摩擦产生的噪声；

③ 风机在运行中电动机运转时产生的电磁噪声，如风机为减速机传动，那么噪声就是电机与减速机共同产生的；

④ 与风机相连接的钢结构在风机运行中相互碰撞、相互振动产生的噪声。

（3）空压机房及循环水泵房

空压机是一个多生源发声体，噪声主要为进气噪声、排气噪声、机械噪声和电磁噪声，进气口噪声呈现低频特性，噪声在 90～95dB（A）之间，而排气噪声则呈现中高频特性，噪声频率较复杂，噪声值在 80～90dB（A）之间，机械性噪声具有随机性质，频谱窄，频率相对固定，呈现宽频特性，机械性噪声一般在 90～95dB（A）左右。循环水泵噪声主要是由电机噪声与泵的机械噪声两部分组成，其噪声值大于 85dB（A）。图 5.35 为涪陵增压站室外空冷器噪声设备。

（4）冷却塔

涪陵增压站二期扩建计划安装 4 台冷却塔，距离西侧厂界直线距离约为 8m，冷却塔噪声主要来源于其水泵噪声及顶部散热风扇噪声，其噪声水平值为 75～80dB（A），由于其距离厂界近，所以对西侧厂界噪声贡献值较大。

本期噪声治理项目通过对涪陵增压站一期空压机房及循环水泵房、二期压缩机房、空冷器、空压机房及循环水泵房等，采用合理的消声、吸声及隔声治理措施，降低站场内噪声对厂界声环境的影响，同时减少噪声对站内工作人员的影响。

图 5.35 中国石化涪陵增压站室外空冷器噪声源

5.4.3 噪声治理目标

① 通过噪声治理，涪陵增压站噪声排放满足重庆市涪陵环境监测中心及《工业企业厂界环境噪声排放标准》要求，即厂界外声环境功能区类别为 3 类，厂界噪声环境限值为昼间 $L_{eq} \leqslant 65dB(A)$，夜间 $L_{eq} \leqslant 55dB(A)$。

② 满足噪声治理要求的前提下，噪声治理设计效果与周围环境一致。

③ 充分考虑到现场实际情况，确保降噪设计实施的安全性、可行性和经济性。

④ 降噪措施安装后能够满足设备正常情况下的通风散热需求。

5.4.4 噪声治理方案

对于本次增压站噪声治理项目，降噪方法主要通过吸声、消声、隔声等措施，站场内主要区域噪声措施如表 5.12 所示。

表 5.12 涪陵增压站噪声治理措施一览表

治理区域	治理措施	降噪效果
压缩机房	室内墙面及吊顶安装吸隔声模块 通风口安装导流式通风消声器 压缩机房设置钢质隔声门	整体降噪量大于 20dB(A)
空冷器	下部进风口安装声流式进风消声器 上部排风口安装矩阵式排风消声器 外围设置金属隔、吸声板模块	整体降噪量大于 30dB(A)
空压机房及循环水泵房	室内墙面及吊顶安装吸隔声模块 通风口安装导流式通风消声器 设置钢质隔声门、铝合金隔声窗	整体降噪量大于 20dB(A)
二期冷却塔	下部进风口设置进风消声百叶 排风口设置排风消声器	整体降噪量大于 20dB(A)

综合考虑涪陵增压站设备噪声特性及站场环境，根据场内设备的安装位置及噪声现状，本次噪声治理主要内容包括以下几个方面。

(1) 压缩机房

涪陵增压站二期压缩机房共新建 3 套电驱离心式压缩机组，其正常运行后，室内平均 A 声级为 90～100dB(A)，由于压缩机噪声以中高频为主，声波穿透力较强，噪声通过墙面、门体洞口及厂房通风口向外传播，对距离较近的西侧厂界和北侧厂界噪声贡献较大。压缩机房位于涪陵站场内西侧，距离西侧厂界 44m，北侧厂界 51m，南侧厂界 73m。

本次治理对压缩机厂房安装墙面及吊顶吸隔声模块、通风口安装通风消声器及安装隔声门等措施进行降噪处理，具体方案如下。

① 室内墙面及吊顶安装吸隔声模块

室内墙面及吊顶吸隔声模块选用集成模块式吸声装置，分为结构层和吸声层，结构层选用减振龙骨做骨架，吸声层安装不同容重的吸声棉板，以吸收不同频谱的噪声，面层选用吸声穿孔板即外饰面，整体荷载不大于 $15kg/m^2$。

墙面及吊顶吸隔声模块采用扣条式安装方法，选用减振龙骨做骨架，吸、隔声层选用不同容重吸声棉板，面层选用吸声穿孔板，整体吸声量大于 6dB(A)，隔声量大于 20dB(A)。

② 通风消声器

在压缩机通风口安装导流式通风消声器，该消声器是一种由导流消声片组合形成的适用于大风量、宽频带、工艺要求较高的消声设备，针对压缩机房设备工况及噪声现状，在压缩机房排风口及进风口安装导流式通风消声器。

本次安装导流式通风消声器，单体结构采用金属钢板做框架，内填无碱平纹玻璃纤维布包裹不同容重专用吸声棉，面板为双凹槽波形穿孔板，有效增大消声器与声波的接触面积，迎风面及排风面采用翼型整流尖劈结构，内部通过微穿孔板与阻性消声元件降低排风噪声。通风量＞30000m^3/h，压力损失＜180Pa，消声量≥20dB(A)。

③ 安装钢质隔声门

压缩机房采用钢质隔声门，门体厚度不小于 80mm，双面喷塑处理，结构合理，整体性好，强度高，具有表面平整美观，开启灵活，坚固耐用等优点。选用Ⅲ级隔声门，计权隔声量 R_W≥35dB(A)。

④ 压缩机房顶部通风消声器

压缩机房顶部安装有事故风机，以保证压缩机房紧急情况下的通风需求，本次在通风口安装通风消声器，通过型钢结构与原有风口结构固定相连，满足压缩机房的通风量，并保证气流的均匀流动，通风消声器通过型钢骨架与原有厂房结构固定连接。通风消声器为阻抗复合式消声器，消声量大于 25dB(A)。

(2) 空冷器

涪陵站扩建工程共安装 3 台空冷器机组，正常工作时单台噪声值为 90～100dB(A)，由于其直接安装于室外，其噪声为宽频稳态噪声，传播较远，直接对北侧厂界及西侧厂界产生较大影响。空冷器位于压缩机房的北侧，直接安装于室外，其距离北侧厂界直线距离为 20m，距离西侧厂界 96m。

根据空冷器噪声分析、测量及计算，并按照现有空冷器安装要求，充分考虑空冷器运行时所需的工况，采用消声进行噪声治理，主要包括空冷器安装进风口（三面）声流式消声器和排风口新型矩阵式消声器（见图 5.36）。

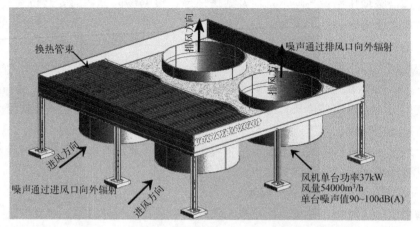

图 5.36 中国石化涪陵增压站空冷器空气流向及原理

① 进风声流式消声器

在空冷器下部进风口安装进风声流式消声器，由于空冷器进风量大，本次安装声流式消声器单体结构采用金属钢板做框架，内填无碱平纹玻璃纤维布包裹不同容重专用吸声棉，面板为双凹槽波形穿孔板，有效增大消声器与声波的接触面积，迎风面及排风面采用翼型整流尖劈结构，在减小风阻的同时增加消声量，声流式通风消声器适用于大风量消声单元，压力损失＜150Pa，消声量≥20dB(A)。

② 排风新型矩阵式消声器

在空冷器上部安装矩阵式消声器，该消声器是一种管体吸声体，通过管体的轴线沿气流方向平行排列，并由支架固定管体，安装在通风口处的消声结构形式，其消声量可达20dB(A)。单体消声体长度按照空冷器排风、散热及消声要求设定消声长度，在同等截面积下，长度越长，消声量越大。单体消声器净间距决定矩阵消声器的压力损失，一般情况下，单体消声器净间距为100～200mm，压力损失小于200Pa。具有吸声、吸能、防水、防火、耐腐蚀、耐老化等各项优异性能。

③ 隔声板模块

单体消声器安装完毕后，在进风声流式声器顶部及两侧、排风矩阵式消声器四周采用金属隔声板模块封面，防止消声器与空冷器连接处产生"漏声"现象，隔声板内层穿孔板，平均密度不小于30kg/m²，采用翼尾螺丝与消声器钢骨架连接固定，隔声板模块隔声量大于25dB(A)（见图 5.37）。

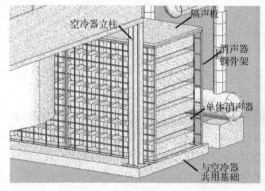

图 5.37 中国石化涪陵增压站空冷器降噪效果图

（3）空压机房及循环水泵房

空压机房及循环水泵房为框架填充墙结构，机房内噪声值约为 90dB(A) 以上，噪声通过空压机房及循环水泵房自然进风口、排风口、门体及门框缝隙向外传播，因为距离西北侧厂界近，主要对西北侧厂界噪声贡献值较大。空压机房及循环水泵房位于二期空冷器的西侧，处在整个涪陵站场的西北角，距离北侧厂界直线距离仅为 14m，距离西侧厂界为 11m。

① 室内墙面安装吸隔声模块

室内墙面吸隔声模块选用集成模块式吸声装置，分为结构层和吸声层，结构层选用减振龙骨做骨架，吸声层安装不同容重吸声棉板，以吸收不同频谱的噪声，面层选用吸声穿孔板即外饰面。墙面吸隔声模块采用扣条式安装方法，选用减振龙骨做骨架，吸声板选用不同容重吸声棉板，面层选用吸声穿孔板，整体吸声量大于 6dB(A)，隔声量大于 20dB(A)。

② 导流式通风消声器

针对空压机房及循环水泵房设备工况及噪声现状，在空压机及循环水泵房排风口及进风口安装导流式通风消声器。本次安装导流式通风消声器，单体结构采用金属钢板做框架，内填无碱平纹玻璃纤维布包裹不同容重专用吸声棉，面板为双凹槽波形穿孔板，有效增大消声器与声波的接触面积，迎风面及排风面采用翼型整流尖劈结构，内部通过微穿孔板与阻性消声元件降低排风噪声。通风量 $>12000m^3/h$，压力损失 $<180Pa$，消声量 $\geqslant 20dB(A)$。

③ 钢质隔声门

空压机房及循环水泵房采用钢质隔声门，门体厚度不小于 80mm，双面喷塑处理，结构合理，整体性好，强度高，具有表面平整美观、开启灵活、坚固耐用等优点。选用Ⅲ级隔声门，计权隔声量 $R_W \geqslant 30dB(A)$。

（4）二期冷却塔

二期冷却塔距离西侧厂界直线距离较近，其主要对涪陵站西侧厂界影响比较严重。4 台冷却塔位于压缩机房的西侧，距离西侧厂界直线距离为 11m，距离北侧厂界距离为 43m。

本次通过下部进风口设置进风消声百叶排风口设置排风消声器降低其噪声对场界的影响。

① 进风消声器

本次针对冷却塔工艺原理，下部进风口安装进风消声器，消声器由消声百叶组合而成，消声百叶由两侧护板，加装消声叶片而成，内部填充吸声材料，外护钢板，消声叶片为双半月形，防潮、不吸水，防火等级 A 级，抗拉性强，耐腐蚀。通风消声百叶表面均需进行静电喷涂工艺处理，经过声学计算，消声百叶插入损失可达 12～15dB(A)。

② 排风消声器

冷却塔顶部为 3 台风扇排风，风量较大，针对冷却塔排风噪声，在排风口安装排风消声器，排风消声器为折板组合消声器，通过消声通道计算安装角度，消声量大于 20dB(A)。

5.4.5 噪声治理效果

通过噪声治理，涪陵增压站噪声排放满足重庆市涪陵环境监测中心及《工业企业厂界环境噪声排放标准》要求，即厂界外声环境功能区类别为 3 类，厂界噪声环境限值为昼间

$L_{eq} \leqslant 65dB(A)$，夜间 $L_{eq} \leqslant 55dB(A)$。

　　满足噪声治理要求的前提下，噪声治理设计效果与周围环境相一致。具体见图 5.38～图 5.40，降噪措施安装后能够满足设备正常情况下的通风散热需求。

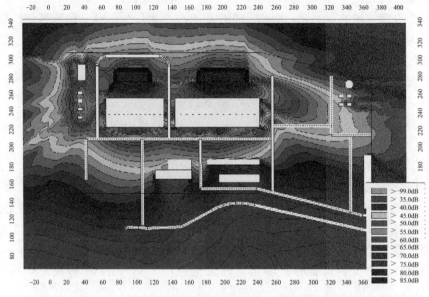

图 5.38　中国石化涪陵增压站噪声治理效果模拟平面图

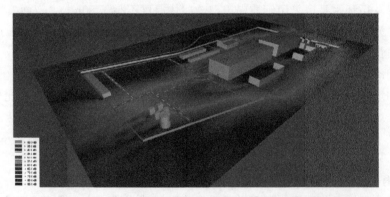

图 5.39　中国石化涪陵增压站噪声治理效果模拟三维图

图 5.40　中国石化涪陵增压站噪声治理外观图

石油天然气在开采、加工、输送的生产过程中，使用大量的专业机械设备，其中高噪声设备及管线对现场工作人员和周围环境及敏感目标人群产生危害。通过分析油气田设备噪声产生的机理，对声源进行系统的分析计算，采取合理、经济、可靠的降噪方法，利用隔声、吸声、消声相关技术及措施，在满足油气田场站正常工况的前提下，使得区域噪声得到有效控制，减少了对厂界噪声污染的贡献，可有效降低厂界噪声污染。利用专业噪声软件 Cadna/A 建立噪声模型并对其在正常运行工况下对厂界及敏感点的噪声影响进行预测分析，结合噪声治理最终效果对技术方案进行验证。实践证明，通过科学的方法，选用可行的技术方案和材料，油气田噪声可得到有效控制，区域声环境得到有效改善，厂界和敏感目标噪声可实现达标排放。

5.5　结语

本章通过对油气田设备噪声源的具体分析，结合相关设备工况，对噪声进行频谱分析，采用隔声、吸声、消声等相关措施，在满足设备正常工况条件下，使电厂噪声达标排放。

① 油气田噪声源分布较广，大部分属于中高强度声源，种类复杂、辐射面广、直接和叠加超标声源多，噪声治理时应针对各类声源噪声特性进行详细分析，分析声源与厂界噪声和敏感点噪声的关系，有针对性地对重点、难点声源采取相应的治理措施。

② 注水泵、压缩机、空冷器等为油气田噪声的治理重点，其噪声以中高频为主，应加强区域噪声的治理，同时根据其与厂界及敏感点的关系，采取局部与整体相结合的治理方案，确保该区域噪声对厂界及敏感点的贡献值满足排放标准。

③ 油气田建设选址时应结合当地规划、环保相关要求及实际状况，充分考虑其环境污染排放余量，合理布局，使产生高噪声区域尽可能远离厂界及敏感点，利用场站自身的建筑结构形成的隔声维护结构及屏障，使噪声最大程度地衰减。

④ 油气田在设备选型时尽可能选用低噪声设备及设备自身采取相关的降噪措施，如设备隔声罩、排气消声器、风机消声器等降低噪声源的相关措施。

⑤ 噪声治理重点应加强前期规划设计，针对不同区域、不同声源进行计算分析，结合相关计算机仿真技术及相关软件，有针对性地选取合理的治理措施，其噪声可实现达标排放，噪声污染可以得到有效控制，环境保护目标可以实现。

油气田生产单位的各种设备操作安全性要求高，在生产过程中要控制噪声产生，前提是要满足生产工艺的要求，不影响安全生产和设备正常运转。在充分满足生产所需条件的情况下，确定噪声降低的量，实施彻底的噪声控制后，区域环境噪声降到 85dB 以下或更低，厂界排放满足国家环保要求。设备和机械的噪声控制设施和材料的使用有关。降低噪声的设备要求简单易行，并且满足构件 15 年以上的可靠使用寿命；在油气田噪声治理中用于噪声控制的材料，必须具有防腐、防潮、防火阻燃性能。为了应对上述这些要求，从噪声控制设计制造工艺运行和维护上进行统筹分析。降噪设计要进行系统分析，运用有效的新技术、新材料、新方法来降低成本，提高性能，以及为企业和社会获取良好的环境和经济效益。

综上所述，由于油气田设备噪声的来源、性质、频率具有多样性、复杂性、叠加性，且不同情况下进行噪声防治也有多种途径，因此对油气田的噪声治理将是一项涉及规划、设计、工程、管理等多方面治理措施的有机结合，决定了油气田噪声防治的基本原则是分散防治、综合治理，割裂其中的任何一方都有可能导致最终无法满足降噪效果。油气田的降噪治理技术已趋于成熟，噪声治理方案依托计算机软件模拟、新技术新材料应用、工程经验积累，结合降噪目标要求、投资造价控制，综合分析确定降噪方案，实现降噪设计与主体工程和谐统一，最终达到噪声治理目标。

参考文献

[1] 马大猷. 噪声与振动控制工程手册. 北京：机械工业出版社，2002.

[2] 吕玉恒. 噪声控制与建筑声学设备和材料选用手册. 北京：化学工业出版社，2011.

[3] 洪宗辉. 环境噪声控制工程. 北京：高等教育出版社，2002.

[4] 高洪武. 噪声控制技术. 武汉：武汉理工大学出版社，2009.

[5] 马大猷，沈嚎. 声学手册. 北京：科学出版社，2004.

[6] 陈克安，曾向阳，杨有粮. 声学测量. 北京：机械工业出版社， 2010.

[7] 智乃刚，许亚芬. 噪声控制工程的设计与计算. 北京：水利电力出版社，1994.

[8] 钟祥璋. 建筑吸声材料与隔声材料. 北京：化学工业出版社，2005.

[9] 方丹群，王文奇，孙家麒. 噪声控制. 北京：北京出版社，1986.

[10] 任文堂，赵俭，李孝宽. 工业噪声和振动控制技术. 北京：冶金工业出版社，1989.

[11] 吴硕贤. 建筑声学设计原理. 北京：中国建筑工业出版社，2004.

[12] 李耀中. 噪声控制技术. 北京：化学工业出版社，2001.

[13] 李家华. 环境噪声控制. 北京：冶金工业出版社，1995.

[14] 沈嚎. 声学测量. 北京：科学出版社，1986.

[15] 章句才. 工业噪声测量指南. 北京：中国计量出版社，1984.

[16] 康玉成. 实用建筑吸声设计技术. 北京：中国建筑工业出版社，2007.

[17] 孙万刚，汪惠义. 建筑声学设计. 北京：中国建筑工业出版社，1993.

[18] 严济宽. 机械振动隔离技术. 上海：上海科学技术文献出版社，1986.

[19] 赵良省. 噪声与振动控制技术. 北京：化学工业出版社，2004.

[20] （美）F. 奥尔顿. 埃佛勒斯，（美）肯恩. C. 博尔曼著. 声学手册：声学设计与建筑声学实用指南. 郑晓宁，译. 5 版. 北京：人民邮电出版社，2016.

[21] 季振林. 消声器声学理论与设计. 北京：科学出版社，2015.

[22] 汪涛，查雪琴. 噪声控制与声舒适理念、吸声体和消声器. 北京：中国科学技术出版社，2012.

[23] 周兆驹. 噪声环境影响评价与噪声控制实用技术. 北京：机械工业出版社，2016.

[24] 盛美萍，王敏庆，孙进才. 噪声与振动控制技术基础. 北京：科学出版社，2011.

[25] 毛东兴，洪宗辉. 环境噪声控制工程. 北京：高等教育出版社，2010.

[26] 贺启环. 环境噪声控制工程. 北京：清华大学出版社，2011.

[27] 蔡俊. 噪声污染控制工程. 北京：中国环境科学出版社，2011.

[28] 仁文堂，赵剑，李孝宽. 工业噪声与振动控制技术. 北京：冶金工业出版社，2010.

[29] 郑长聚. 环境工程手册—环境噪声控制卷. 北京：高等教育出版社，2000.